輕鬆玩

HTML5 CSS3 JavaScript 第2版

網頁程式設計

黃建庭　編著

作者序

　　筆者想要寫一本易於學習與理解的HTML5、CSS3與JavaScript網頁設計入門書，本書每章節的編排方式，首先進行概念解說，介紹標籤或指令，接著解說標籤或指令的使用方法，再以步驟方式進行範例實作，每一步驟詳細解釋新增的標籤或指令會造成什麼效果，務必讓概念、標籤與指令的解說清楚易懂。

　　本書從基礎概念到進階應用方式安排章節次序，依序為：

- 第1到3章先帶您初步認識HTML5+CSS3+JavaScript與網頁製作軟體的使用；

- 第4到10章介紹使用CSS設定文字與圖片、各種選擇器、版面編排、CSS的套用順序、製作選單與特效等功能及操作；

- 第11與16章介紹HTML5的常用標籤，本書屬於入門書籍，未包含所有HTML5標籤；

- 第12到14章以網頁範例介紹JavaScript的概念與語法，本書屬於入門書籍，不包含JavaScript函式庫與框架；

- 第15章說明JavaScript如何操作DOM（Document Object Model）動態修改網頁；

- 最後，第17到18章則是整合前面章節所學，實際進行網頁設計及網站實作等。

　　每章皆提供問答題或實作型習題，習題為每章節的重點提示，答案都在各章節內，若能夠清楚回答與按照書本進行實作，表示您已經掌握各章節的重點。

　　希望本書能帶領讀者進入HTML5+CSS3+JavaScript網頁設計的世界，並能喜歡上網頁設計，活用這些概念，創造屬於自己的網站，將資訊與全世界分享。

　　最後，感謝全華編輯的規劃與校對及美工的排版，讓本書能夠更臻完善。

黃建庭

目錄

01 網頁基礎概念與 VS Code + Brackets 的使用

02 HTML 與 CSS 初體驗

03 網頁結合CSS與JavaScript入門、Chrome開發人員工具的使用

04 使用CSS設定文字與圖片

05 CSS選擇器

06 使用CSS進行版面編排

07　區塊元素與屬性 position 的使用

08　CSS 的屬性 display 與套用順序

09　使用 CSS 製作多層級選單

10 利用CSS製作各種特效

11 表格、縮排清單、表單、影片與聲音

網頁中加入JavaScript、JavaScript的變數與運算子

JavaScript條件判斷與迴圈

 **JavaScript陣列、函式與事件**

 **文件物件模型**

 **HTML5 與 JavaScript 結合的常用功能**

HTML、CSS與JavaScript的應用範例

網站製作規劃

HTML5
CSS3
JavaScript

01

網頁基礎概念與VS Code + Brackets的使用

1-1 ○ 簡介 HTML5、CSS3 與 JavaScript

➡ HTML5（內容）

　　HTML定義了網頁所呈現的內容，經由HTML可以讓資訊顯示在網頁上。2014年10月，The World Wide Web Consortium（W3C）制定HTML5的最終版本；HTML5是HTML目前的最新版本，取代1999年所制定的HTML 4.01和XHTML 1.0，希望HTML5能符合目前網頁的需求。HTML5增加了標籤video，讓網頁可以直接播放影片；標籤audio用於播放聲音；標籤figure用於顯示圖片；標籤canvas用於產生畫布功能，另外還有標籤header、footer、aside、article、section和nav，則是為了讓網站架構更明確。HTML5新增了許多功能，如何使用這些功能，我們會在之後的章節進行介紹。

➡ CSS3（外觀）

　　CSS（Cascading Style Sheets）為階層式樣式表，利用CSS可以將網頁的樣式獨立出來，讓網頁的內容與外觀分開來。CSS用於設定網頁的外觀，CSS可以設定文字顏色、文字大小、背景顏色、邊線樣式、網頁的排版、區塊的位置等。

　　大部分瀏覽器都支援CSS3，CSS3增加了border-radius、box-shadow、text-shadow、transform與transition等功能，讓網頁外觀色彩更豐富，可產生簡單動畫功能。之後章節會介紹CSS3的設定步驟，與各種功能的使用。

➡ JavaScript（行為）

　　JavaScript是在瀏覽器執行的直譯式語言，支援動態型別與物件導向程式設計，大部分的瀏覽器都支援JavaScript。JavaScript用於控制網頁的行為，例如：讀取、處理與驗證網頁內容、網頁載入時在網頁內插入文字與圖片，點選按鈕呼叫JavaScript產生對應的功能等。JavaScript可以寫在網頁內，也可以由外部載入副檔名為js（js為JavaScript的副檔名）的檔案，讓JavaScript從網頁內獨立出來。載入不同的js檔就有不同的功能；載入網路上其他人製作的JavaScript函式庫，就可以增加新的功能。

1-2 ○ 網頁的結構

🌐 ch1\ch1-2.html

　　以下範例經由製作第一個網頁，介紹整個網頁的架構。網頁中大部分標籤是成對出現的，外層包含內層。節點分成元素節點、文字節點與屬性節點；而文字節點與屬性節點是元素節點的一部分，有了這些概念，就可以開始製作網頁了。

STEP01 第一行為<!DOCTYPE html>，表示網頁文件的類型，告訴瀏覽器本網頁是屬於HTML5的網頁。

```
<!DOCTYPE html>
```

STEP02 網頁的架構是標籤html為網頁的根（root）元素，以成對的<html> </html>包夾所有網頁內容，表示網頁的範圍。標籤html內分成head與body，分別以成對的<head> </head>表示網頁表頭的範圍，與成對的<body> </body>表示網頁身體的範圍。head與body的範圍必須分開，不能有交疊。而html、head與body都屬於元素節點。
詳細網頁HTML語法如下：

```
<!DOCTYPE html>
<html>
<head>
</head>
<body>
</body>
</html>
```

STEP03 可以設定整個網頁所使用的語言，在標籤html加上屬性lang，設定為zh-TW，也有人建議設定為zh-Hant，表示此網頁使用繁體中文。在head內可以加上標籤title，會將標題顯示在瀏覽器上。若要將標題設定為「我的第一個網頁」，則在head內加上<title>我的第一個網頁</title>。在head內加上標籤meta的屬性charset，可以設定網頁文字的編碼，目前大多鼓勵使用utf-8編碼，所以在head內加上<meta charset="utf-8">。<html lang="zh-TW">的lang與<meta charset="utf-8">的charset屬於屬性節點；而<title>我的第一個網頁</title>的「我的第一個網頁」屬於文字節點，文字節點會直接顯示在瀏覽器上。

```
<!DOCTYPE html>
<html lang="zh-TW">
<head>
<title>我的第一個網頁</title>
<meta charset="utf-8">
</head>
<body>
</body>
</html>
```

HTML設定到此，瀏覽此網頁顯示結果如下，標題顯示在網頁的最上方。

STEP04 在網頁內可以增加一些內容，必須寫在標籤body內，使用標籤h1製作標題，使用標籤a製作超連結，說明如下：

語法	說明	預覽結果
\<h1>這是標籤h1</h1>	h1為標題標籤，內容為「這是標籤h1」，h1為元素節點，「這是標籤h1」為文字節點，文字節點會顯示在瀏覽器上。	這是標籤h1
\<a href="https://www.w3schools.com/">w3schools </a>	a為超連結標籤，顯示文字為「w3schools」，屬性href表示設定連結的網址，a是元素節點，「w3schools」是文字節點，文字節點會顯示在瀏覽器上，href是標籤a的屬性節點。	w3schools

網頁HTML語法如下：

```
<!DOCTYPE html>
<html lang="zh-TW">
<head>
<title>我的第一個網頁</title>
<meta charset="utf-8">
</head>
<body>
    <h1>這是標籤h1</h1>
    <a href="https://www.w3schools.com/">w3schools</a>
</body>
</html>
```

STEP05 網頁預覽結果如下：

1-3 ○ VS Code + Brackets的安裝與使用

🔗 ch1\ch1-3.html

　　Visual Studio Code（VS Code）是Microsoft提供免費且開放程式碼的程式開發環境，在VS Code內安裝Brackets擴充套件，就可以用於網頁製作，支援HTML5、CSS3與JavaScript等功能。可以透過瀏覽器進行預覽，利用調色盤選取顏色，自動出現屬性選單，減少程式開發的錯誤，以下介紹VS Code + Brackets的安裝與使用。

1-3-1　VS Code + Brackets的安裝

STEP01　到網址https://code.visualstudio.com/migrate-from-brackets/，下載最新版VS Code軟體。

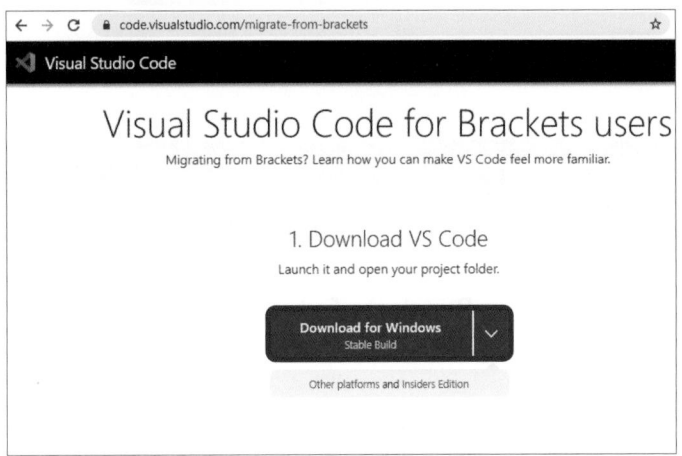

　　點選剛剛下載的安裝檔進行安裝，同意版權宣告，按照步驟安裝成功後，點選「完成」結束安裝。

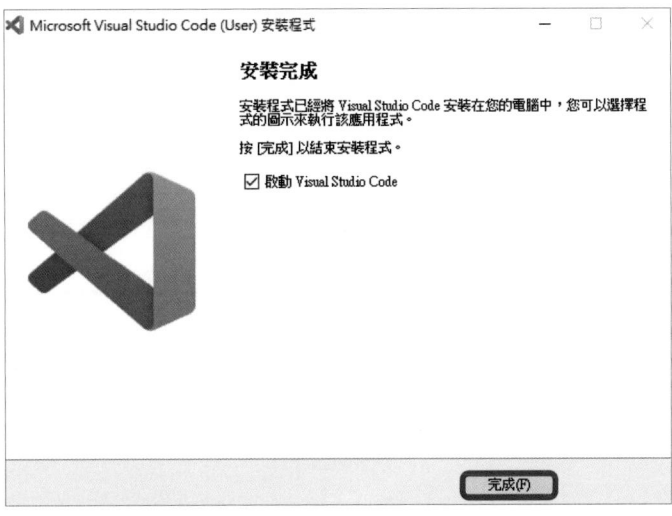

STEP02 安裝Brackets擴充套件。

在前一步驟的網頁內，點選「Brackets Extension Pack」安裝Brackets擴充套件。

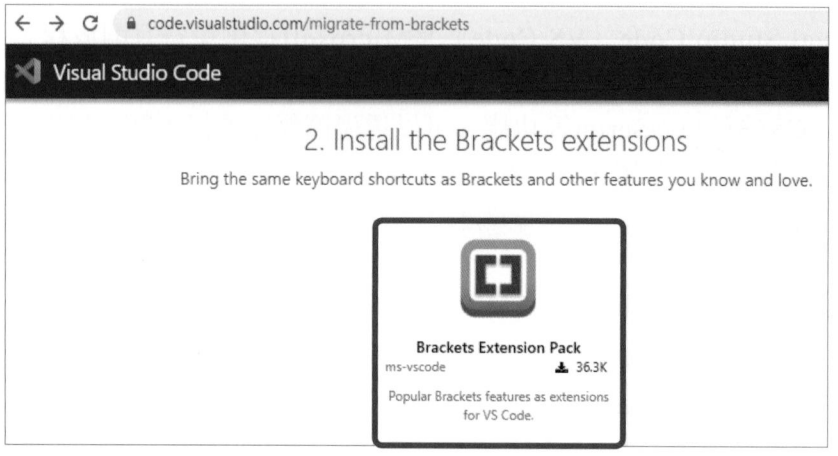

接著點選「Install」。

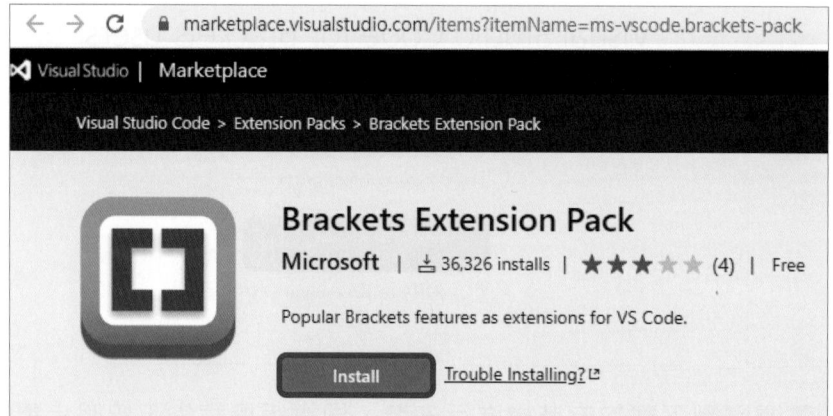

跳出以下視窗，點選「開啟「Visual Studio Code」」開啟已經安裝的VS Code。

點選「Install」安裝Brackets Extension Pack。

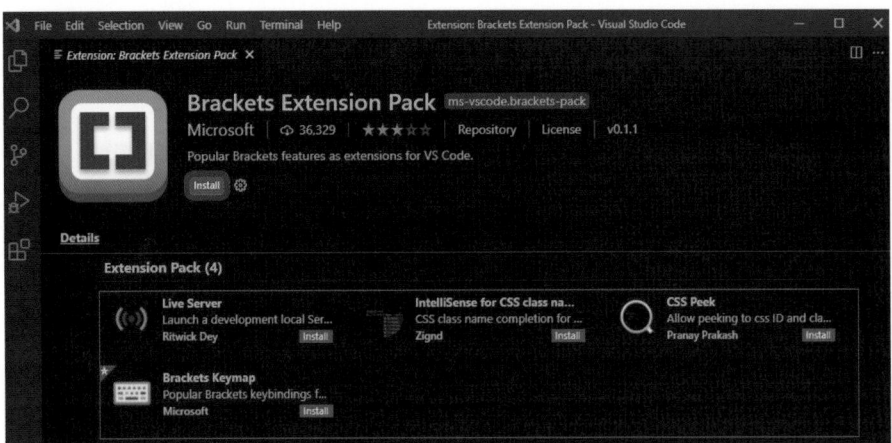

1-3-2　切換成繁體中文介面

開啟VS Code預設使用英文介面，可以切換成繁體中文。

STEP01 點選左邊的「⊞」，搜尋「Language Packs」，點選「Chinese(Traditional) Language Pack」，接著點選「Install」，最後點選右下角的「Choose Language and restart」。

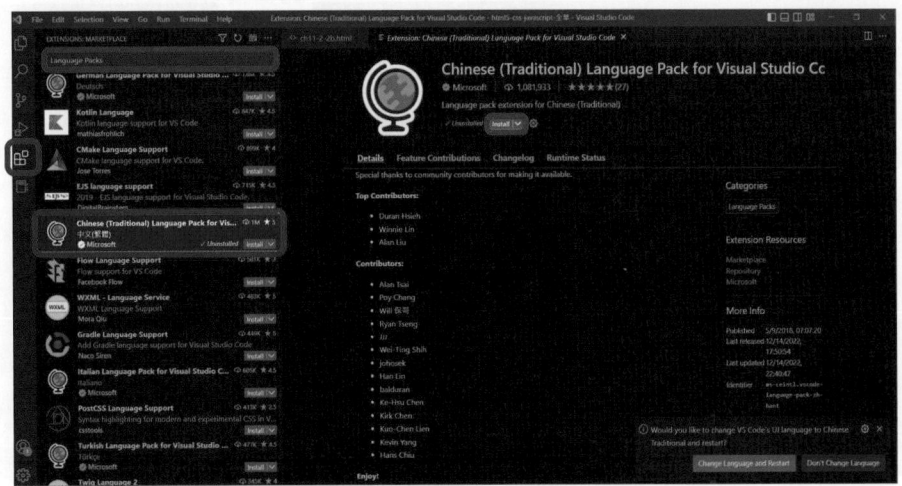

STEP02 重新啟動後就會變成繁體中文畫面。

1-3-3 載入網頁

點選「檔案」→「開啟資料夾」，選取要載入的網頁資料夾，例如：本書的範例檔。

左欄可以看到剛剛載入的資料夾，點選要開啟資料夾與檔案，開啟檔案後會顯示在右欄的編輯區。

1-3-4　即時預覽

STEP01 在編輯區任何一個位置，點選滑鼠右鍵，開啟快選選單，點選「Open with Live Server」。

會以瀏覽器開啟網頁，如下。

1-3-5　快速編輯

本書範例檔1-3.html，修改標籤a的顏色為藍色，也就是超連結文字的顏色為藍色，我們可以使用快速編輯功能更改顏色，之後章節會介紹CSS相關設定與說明。

STEP01 點選「顏色區塊」，可以預覽目前的顏色。

STEP02 選擇想要的顏色，color的顏色數值也會跟著更改。

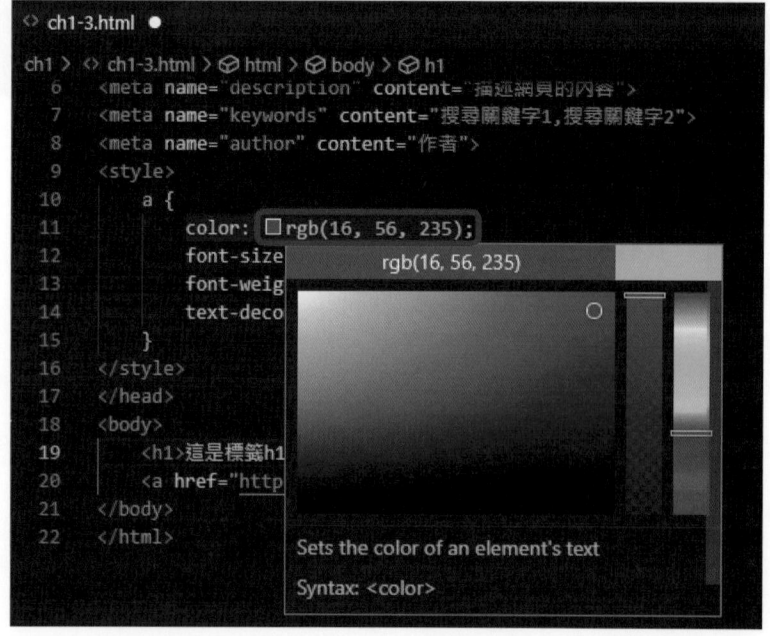

可以看到超連結文字顏色改成藍色，如下圖。

1-3-6　自動產生選單

若想要設定超連結的背景顏色，我們可以加上「background-color: coral;」，只要輸入「back」，就會自動提示back相關的屬性，接著再點選「background-color」，就可以減少輸入的錯誤與加快製作網頁的速度。

```html
<> ch1-3.html 2 ●
ch1 > <> ch1-3.html > ⊗ html > ⊗ head > ⊗ style > ⋮ a
  6        <meta name="description" content="描述網頁的內容">
  7        <meta name="keywords" content="搜尋關鍵字1,搜尋關鍵字2">
  8        <meta name="author" content="作者">
  9        <style>
 10          a {
 11            color: ▢rgb(16, 56, 235);
 12            font-size:120%;
 13            font-weight: bold;
 14            text-decoration: none;
 15            back
 16          }              🔧 background-color
 17        </style>          🔧 background
 18      </head>             🔧 background-image
 19      <body>              🔧 background-position
 20        <h1>這是         🔧 background-repeat
 21        <a href=         🔧 background-size
 22      </body>            🔧 background-clip
 23      </html>            🔧 backface-visibility
```

接著會自動出現「background-color」可能的選項，選取「coral」。

```
<> ch1-3.html 1 ●
ch1 > <> ch1-3.html > ⬡ html > ⬡ head > ⬡ style > ⅗ a
    6    <meta name="description" content="描述網頁的內容">
    7    <meta name="keywords" content="搜尋關鍵字1,搜尋關鍵字2">
    8    <meta name="author" content="作者">
    9    <style>
   10        a {
   11            color: ☐rgb(16, 56, 235);
   12            font-size:120%;
   13            font-weight: bold;
   14            text-decoration: none;
   15            background-color:
   16        }                        ■ coral
   17    </style>                     ■ cornflowerblue
   18    </head>                      ■ cornsilk
   19    <body>                       ▨ crimson
   20        <h1>這是標籤h1</h1>        ⬚ currentColor
   21        <a href="https://www.    ■ cyan
   22    </body>                        darkblue
   23    </html>                      ■ darkcyan
```

如此一來，超連結就會多出背景顏色，如下圖。

1-4 ○ 常用瀏覽器

　　若要確定設計出來的網頁是否在常見瀏覽器上都能使用，可以安裝常見瀏覽器進行測試，以下為常見的瀏覽器。

➡ Chrome

官方網站：https://www.google.com.tw/chrome/

由Google所開發，目前市占率最高，提供「應用程式商店」可以安裝遊戲與應用程式，內建有分頁、書籤、密碼管理、多使用者登入、下載管理員、自訂搜尋引擎、布景主題與無痕式視窗等功能。

➡ FireFox

官方網站：https://www.mozilla.org/zh-TW/firefox/new/

FireFox是開放程式碼的網頁瀏覽器，由Mozilla基金會開發，在某些國家市占率過半，Firefox提供自訂搜尋引擎、附加元件、分頁、書籤、下載管理員、隱私瀏覽和布景主題等。

➡ Edge

Edge官方網站：https://www.microsoft.com/zh-tw/windows/microsoft-edge

Windows10使用瀏覽器Edge，Edge不再支援ActiveX、VBScript與Browser Helper Objects（BHO），轉而支援JavaScript與HTML5。

➡ Safari

官方網站：https://www.apple.com/tw/safari/

Safari為蘋果作業系統內建的瀏覽器，但在2012年7月停止開發Windows版的Safari。Safari強調快速、省電與容易分享，私密瀏覽功能讓瀏覽器不會記錄瀏覽的資料，使用延伸功能讓瀏覽器增加新功能。

1-5 ● 好用的網站

➡ w3schools（https://www.w3schools.com/）

w3schools是很好的網頁製作教學網站，可惜是英文網站。內含HTML5、CSS3與JavaScript的各種標籤與指令的說明文件與範例，並可以經由網站測試各種標籤與指令。

STEP01 進入網站後,點選想要的功能,本範例點選HTML,接著點選HTML Elements,右側會出現HTML Elements的說明。點選每個範例下的Try it Yourself,進入編輯模式,可以自行修改範例並觀看結果。

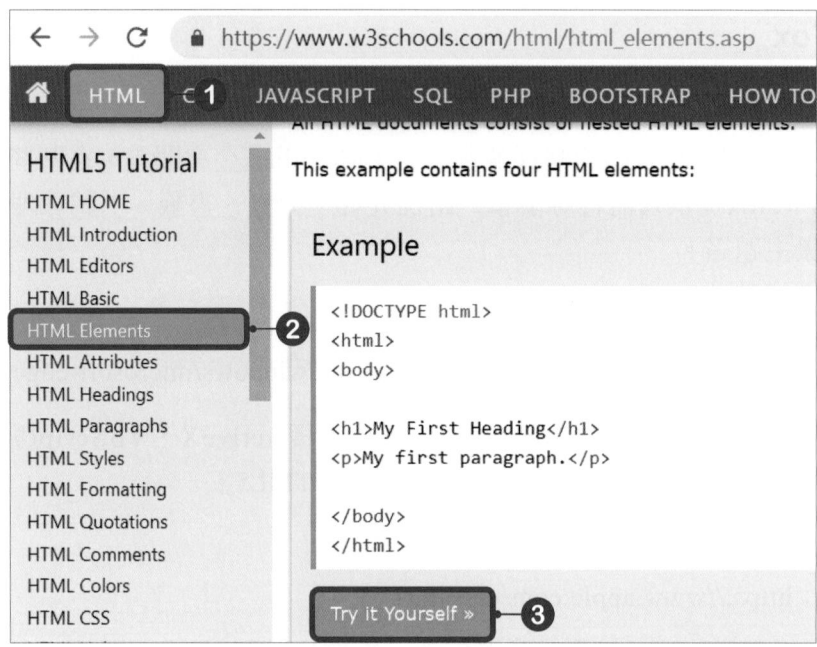

STEP02 左側是HTML,右側是預覽結果,可以修改文字內容觀看結果。

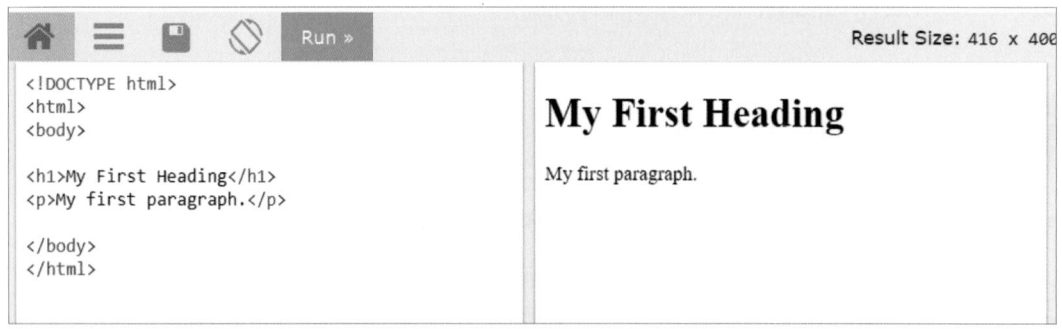

將標籤h1的文字My First Heading改成「我的第一個標題」,點選上方的Run,右側就可以看到修改的結果。

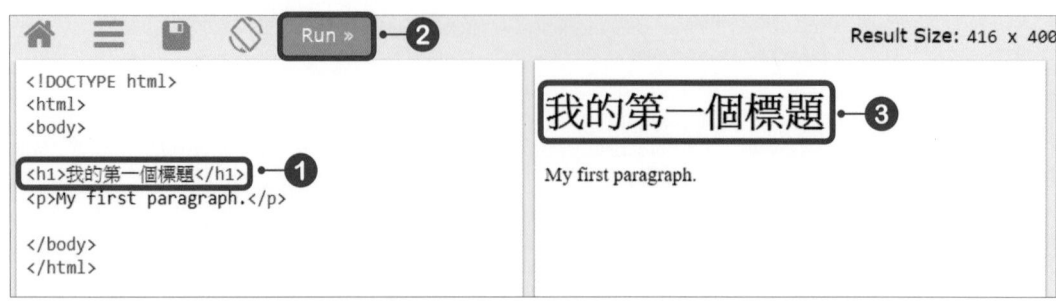

➡ Can I Use（https://caniuse.com/）

要確定瀏覽器是否有支援所用標籤或指令，可以到Can I Use查詢是否可以使用。

STEP01 連線https://caniuse.com/，輸入要搜尋的關鍵字，例如：css transition，下方會列出各家瀏覽器，綠色表示該版本有支援，紅色表示沒有支援，所以Opera Mini沒有支援CSS3 Transitions。

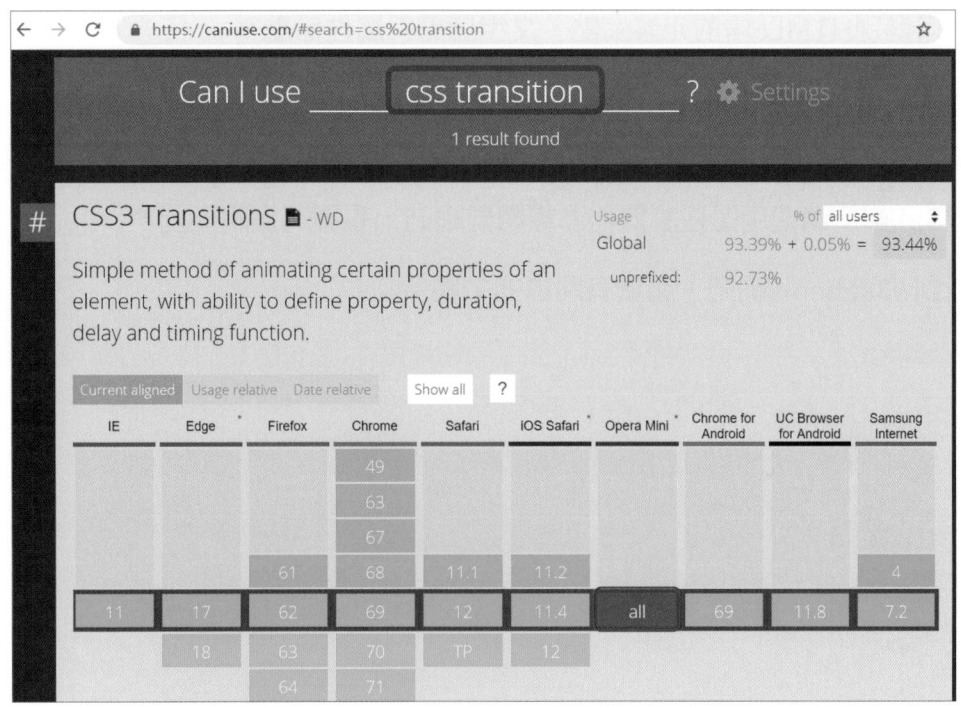

STEP02 點選每個瀏覽器版本有更詳細的資料，包含是否支援、該版本瀏覽器的公布日期與市占率。

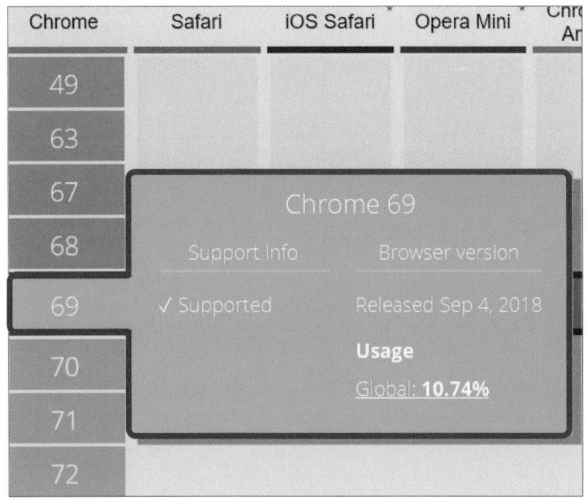

自我評量

1. HTML5、CSS3與JavaScript的用途？

2. 請問<!DOCTYPE html>的用途？

3. 如何辨別HTML5中的元素節點、文字節點與屬性節點？

4. 請問本書介紹哪些Visual Studio Code+Braskets的網頁編輯功能？

5. 請安裝Chrome、FireFox瀏覽器，微軟作業系統內建Edge，蘋果作業系統內建Safari。請使用這些瀏覽器瀏覽相同網站，看看有沒有不同？

6. 請到w3schools網站，瀏覽有興趣的主題。

HTML5
CSS3
JavaScript

02

HTML與CSS初體驗

HTML（HyperText Markup Language）用於在網頁中表示各種類型的資料與排版用控制符號；使用不同的HTML標籤，代表不同類型的資料與排版用控制符號，例如：標籤h1表示第一層的標題，標籤p表示一段文字、標籤img表示要插入一張圖片，標籤br表示換行，標籤div專門用於排版用的區塊。每個HTML標籤都有特殊的意義與用途，善加利用，可以讓網頁呈現的內容更清楚。

2-1 ○ HTML 標籤簡介

HTML標籤分成區塊元素（block）與行內元素（inline）兩種類型。區塊元素永遠會是該行的開始，相當於區塊元素的前面與後面會自動加上換行符號，可以設定高度，寬度沒有設定時，會是其上一層容器的寬度；而行內元素與相鄰的行內元素會顯示在同一行內，無法設定高度，寬度與自己所表示的文字或圖片寬度相同。

	區塊元素（block）	行內元素（inline）
特性	區塊元素永遠會是該行的開始，相當於區塊元素的前面與後面會自動加上換行符號，可以設定高度；寬度沒有設定時，會是其上一層容器的寬度	行內元素與相鄰的行內元素會顯示在同一行內，無法設定高度；寬度與自己所表示的文字或圖片寬度相同
常用元素	div（區塊） section（區塊） article（文章） p（文字段落） h1、h2、h3、h4、h5、h6（標題） ul與li（清單）	img（圖片） a（超連結） span（行內的區塊） strong（粗體）

2-1-1　區塊元素（block）

 ch2\ch2-1-1.html

常見區塊元素有p（文字段落）、h1、h2、h3、h4、h5、h6（標題）、ul與li（清單）、div（區塊）、section（區塊）與article（文章），以下分別介紹。

➡ 標籤p

p表示一段文字。

範例	預覽結果
`<p>`四草綠色隧道在台江國家公園內，裡面有溼地及豐富的生態資源，可以坐船遊覽由紅樹林交織成的綠色隧道，潮間帶的招潮蟹、彈塗魚與紅樹林，體會不一樣的大自然感受。`</p>`	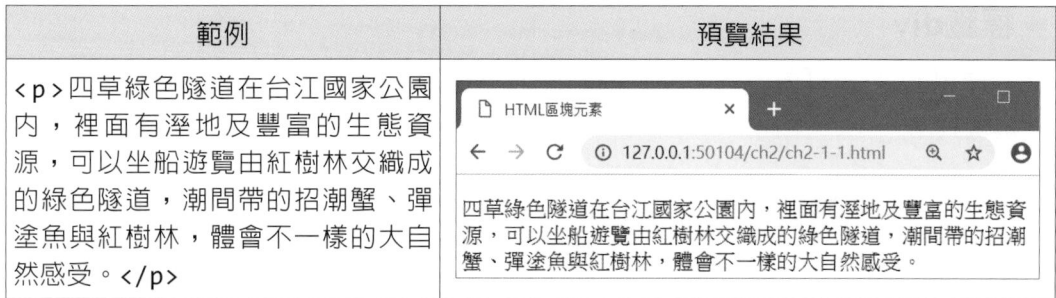

➡ 標籤h1、h2、h3、h4、h5、h6

h1、h2、h3、h4、h5與h6用於標題，h1標題的字型最大，通常用於最外層；h2標題的字型第二大，用於第二層；依此類推，h6標題的字型最小，通常用於最內層。

範例	預覽結果

`<h1>`這是h1`</h1>`
`<h2>`這是h2`</h2>`
`<h3>`這是h3`</h3>`
`<h4>`這是h4`</h4>`
`<h5>`這是h5`</h5>`
`<h6>`這是h6`</h6>`
	這是**h1**
	這是**h2**
	這是**h3**
	這是**h4**
	這是**h5**
	這是**h6**

➡ 標籤ul與li

ul用於定義清單，li為清單ul的選項。

範例	預覽結果

`<ul>`
　`<li>`四草綠色隧道`</li>`
　`<li>`井仔腳瓦盤鹽田`</li>`
　`<li>`赤崁樓`</li>`
　`<li>`台南孔廟`</li>`
`</ul>`
	• 四草綠色隧道
	• 井仔腳瓦盤鹽田
	• 赤崁樓
	• 台南孔廟

⇒ 標籤div

使用div將網頁內容區分成不同的區塊，通常沒有特殊的意義，常用於排版與設定樣式用。

範例	預覽結果

`<div>`
　　這是div
`</div>`
	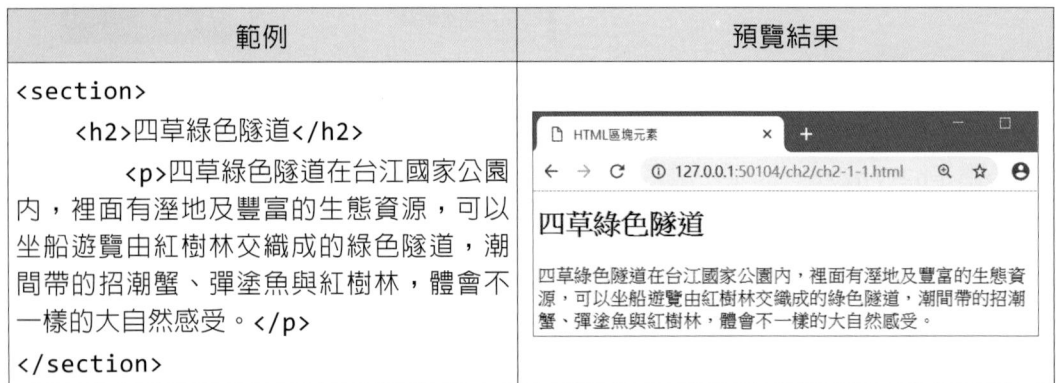

⇒ 標籤section

section為網頁內容的一部分，通常含有標題，例如：網站首頁有簡介、內容與聯絡資訊，就可以區分成不同的section。

範例	預覽結果

`<section>`
　　`<h2>`四草綠色隧道`</h2>`
　　　`<p>`四草綠色隧道在台江國家公園內，裡面有溼地及豐富的生態資源，可以坐船遊覽由紅樹林交織成的綠色隧道，潮間帶的招潮蟹、彈塗魚與紅樹林，體會不一樣的大自然感受。`</p>`
`</section>`
	四草綠色隧道
	四草綠色隧道在台江國家公園內，裡面有溼地及豐富的生態資源，可以坐船遊覽由紅樹林交織成的綠色隧道，潮間帶的招潮蟹、彈塗魚與紅樹林，體會不一樣的大自然感受。

⇒ 標籤article

article為可以自成獨立且完整的內容；而section是整體的一部分。例如：article是一則新聞事件、一篇討論文章與一則發文等。

範例	預覽結果

`<article>`
　　`<h2>`HTML`</h2>`
　　`<p>`HTML是用於建立網頁的標準標記式語言。`</p>`
`</article>`
	HTML
	HTML是用於建立網頁的標準標記式語言。

2-1-2　行內元素（inline）

🔗 ch2\ch2-1-2.html

➡ 標籤strong

標籤strong用於標示重要的文字，大部分瀏覽器會將標籤strong內的文字設定為粗體。以下範例，將「台江國家公園」放在標籤strong內，「台江國家公園」就會變成粗體。

範例	預覽結果
`<p>`四草綠色隧道在`<strong>`台江國家公園`</strong>`內，裡面有溼地及豐富的生態資源，可以坐船遊覽由紅樹林交織成的綠色隧道，潮間帶的招潮蟹、彈塗魚與紅樹林，體會不一樣的大自然感受。`</p>`	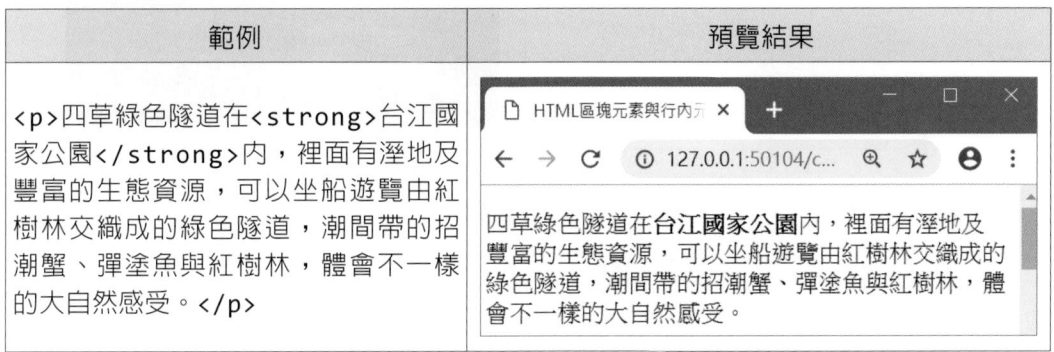

➡ 標籤span

標籤span沒有特別的意義，通常用於一段文字只取其中幾個字，要設定特別的樣式或要與程式碼結合，就可以使用span，類似區塊元素div的功能。

以下範例，在四草綠色隧道加上span，因為尚未指定樣式，所以看起來沒有改變，本章之後單元將進行樣式的設定，文字外觀就會改變。

範例	預覽結果
`<p><span>`四草綠色隧道`</span>`在`<strong>`台江國家公園`</strong>`內，裡面有溼地及豐富的生態資源，可以坐船遊覽由紅樹林交織成的綠色隧道，潮間帶的招潮蟹、彈塗魚與紅樹林，體會不一樣的大自然感受。`</p>`	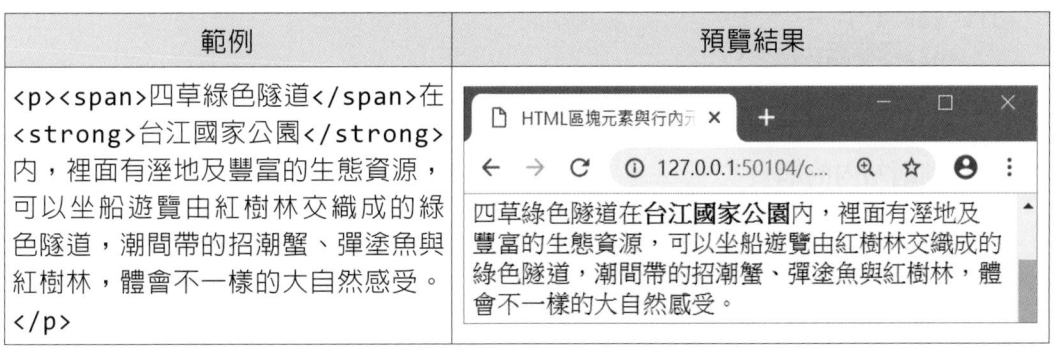

➡ 標籤img

標籤img用於在網頁中加入圖片，使用src指定要插入的圖片，就會顯示在網頁上。可以設定圖片的高度（height）與寬度（width）。以下範例，設定圖片來源為本網頁所在資料夾下的子資料夾img下的圖檔1.jpg，並設定高度為200像素。

範例	預覽結果
`<img src="img/1.jpg" height="200px">`	

➡ 標籤a

標籤a要讓圖片或文字設定超連結,可以連結到網頁內的位置、網站內的網頁或網站外的網頁。點選後,瀏覽器就會載入指定的頁面。標籤a的屬性href表示要連結的位置,分成以下三種類型。

1. 連結到網頁內的位置

先要設定某個標籤的id,例如:以下範例的標籤div設定id為1,接著再使用#表示要存取id,例如:href="#1"表示連結到網頁中id為1的位置,則點選此超連結,就會跳到網頁中id為1的位置。

```
<a href="#1">四草綠色隧道</a>
<div id="1">
    <h2>四草綠色隧道</h2>
</div>
```

2. 連結到網站內的網頁

連結到網站內的網頁,直接在href後加上完整的檔案名稱,例如:href="ch2-1-1.html",表示連結到檔案ch2-1-1.html。ch2-1-1.html與超連結網頁在相同的資料夾下。

```
<a href="ch2-1-1.html">ch2-1-1.html</a>
```

也可以使用資料夾下的網頁,href後加上資料夾名稱,再加上完整的檔案名稱。例如:href="site/my.html"表示連結到超連結網頁所在資料夾下的子資料夾site的檔案my.html。

```
<a href="site/my.html">my.html</a>
```

　　連結到網站內的網頁，通常使用相對檔案路徑表示要連結的網頁，如以上兩個範例。相對檔案路徑為從超連結網頁為出發點，如何到達要連結的網頁，若超連結網頁與要連結的網頁在同一個資料夾下，直接加上要連結網頁的完整檔案名稱；若要連結的網頁相對於超連結網頁在子資料夾下，則加上子資料夾名稱再加上連結網頁的完整檔案名稱。使用相對檔案路徑表示超連結網址，當網站要移到另一台伺服器時，將整個網站的資料夾與檔案移動過去就好，不需要修改網頁就可以正常運作。

3. 連結到網站外的網頁

　　連結到網站外的網頁，使用http與https可以指定網站外的網頁，例如：網站網址為www.w3schools.com。

```
<a href="https://www.w3schools.com/">w3schools</a>
```

💡 範例

```
<a href="#1">四草綠色隧道</a>
<a href="ch2-1-1.html">ch2-1-1.html</a>
<a href="site/my.html">my.html</a>
<a href="https://www.w3schools.com/">w3schools</a>
```

💡 預覽結果

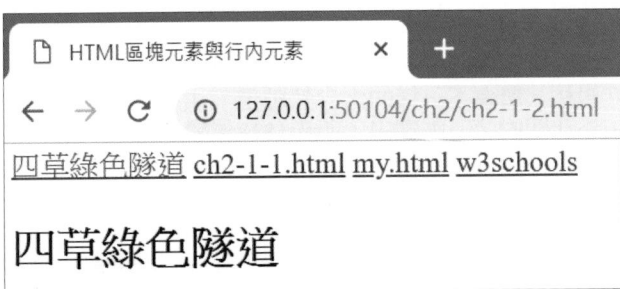

2-2 使用HTML標籤製作網頁

　　在網頁中若沒有使用任何標籤，原本看似有斷行的文字，使用瀏覽器瀏覽網頁會發現所有字黏在一起。使用適當的標籤讓網頁可以斷行，字也會有大小的差別，讓網頁更容易閱讀。

2-2-1　使用HTML標籤讓網頁更容易閱讀

修改前ch2\ch2-2-1-a.html與修改後ch2\ch2-2-1-b.html

以下標籤body內沒有任何標籤，看起來都有斷行，也能夠清楚閱讀。

```
1    <!DOCTYPE html>
2 ▼  <html lang="zh-TW">
3 ▼  <head>
4    <title>台南景點介紹</title>
5    <meta charset="utf-8">
6    <meta name="description" content="台南景點">
7    <meta name="keywords" content="台南,四草綠色隧道,井仔腳瓦盤鹽田,赤崁樓,台南孔廟">
8    <meta name="author" content="作者">
9    </head>
10 ▼ <body>
11   台南景點介紹
12   四草綠色隧道
13   井仔腳瓦盤鹽田
14   赤崁樓
15   台南孔廟
16
17   四草綠色隧道
18   四草綠色隧道在台江國家公園內，裡面有溼地及豐富的生態資源，可以坐船遊覽由紅樹林交織成的綠色隧
     道，潮間帶的招潮蟹、彈塗魚與紅樹林，體會不一樣的大自然感受。
19
20   井仔腳瓦盤鹽田
21   井仔腳瓦盤鹽田是北門的第一座鹽田，西元1818年開始曬鹽，因人工成本過高，在2002年停止曬鹽，鹽田
     漸漸荒廢，目前開發為觀光景點，遊客在此可體驗傳統曬鹽、挑鹽與收鹽。
```

但是使用瀏覽器瀏覽後，發現所有字都黏在一起，需使用標籤才能夠斷行，字體才會區分大小。

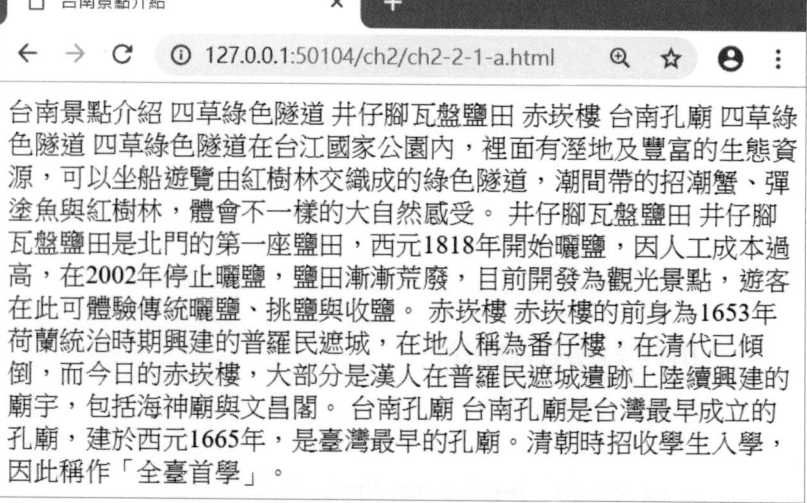

使用HTML標籤讓網頁文字可以換行，對每一個部分使用適合的標籤。

STEP01　使用標籤div加在最外層

　　　　將所有文字包在標籤div裡，才能對整個網頁進行格式的設定。

```
<body>
<div>
台南景點介紹
...
台南孔廟
台南孔廟是台灣最早成立的孔廟,建於西元1665年,是臺灣最早的孔廟。清朝
時招收學生入學,因此稱作「全臺首學」。
</div>
</body>
```

STEP02 使用標籤h1、ul與li加上標題與清單

　　「台南景點介紹」使用標籤h1,「四草綠色隧道」、「井仔腳瓦盤鹽田」、「赤崁樓」、「台南孔廟」使用標籤ul與li。

網頁	預覽結果

`<h1>台南景點介紹</h1>`
`<ul>`
　　`<li>四草綠色隧道</li>`
　　`<li>井仔腳瓦盤鹽田</li>`
　　`<li>赤崁樓</li>`
　　`<li>台南孔廟</li>`
`</ul>`
	台南景點介紹
	① 127.0.0.1:50104/ch2/ch2-2-1-b.html
	
	台南景點介紹
	
	• 四草綠色隧道
	• 井仔腳瓦盤鹽田
	• 赤崁樓
	• 台南孔廟

STEP03 使用標籤section、h2與p修改景點說明

　　每個景點說明放置於標籤section內,景點名稱使用標籤h2,內容說明使用標籤p。

網頁

`<section>`
　　`<h2>四草綠色隧道</h2>`
　　`<p>四草綠色隧道在台江國家公園內,裡面有溼地及豐富的生態資源,可以坐船遊覽由紅樹林交織成的綠色隧道,潮間帶的招潮蟹、彈塗魚與紅樹林,體會不一樣的大自然感受。</p>`
`</section>`
`<section>`
　　`<h2>井仔腳瓦盤鹽田</h2>`
　　`<p>井仔腳瓦盤鹽田是北門的第一座鹽田,西元1818年開始曬鹽,因人工成本過高,在2002年停止曬鹽,鹽田漸漸荒廢,目前開發為觀光景點,遊客在此可體驗傳統曬鹽、挑鹽與收鹽。</p>`

```
</section>
<section>
    <h2>赤崁樓</h2>
    <p>赤崁樓的前身為1653年荷蘭統治時期興建的普羅民遮城，在地人稱為番仔樓，
在清代已傾倒，而今日的赤崁樓，大部分是漢人在普羅民遮城遺跡上陸續興建的廟宇，
包括海神廟與文昌閣。</p>
</section>
<section>
    <h2>台南孔廟</h2>
    <p>台南孔廟是台灣最早成立的孔廟，建於西元1665年，是臺灣最早的孔廟。清朝
時招收學生入學，因此稱作「全臺首學」。</p>
</section>
```

預覽結果

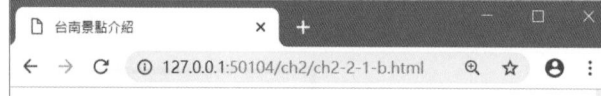

2-2-2　插入圖片與超連結

🕑 修改前ch2\ch2-2-2-a.html與修改後ch2\ch2-2-2-b.html

　　加入圖片讓網頁內容更豐富，插入超連結可以讓網頁依照使用者需求跳轉到其他網頁，獲得所需要的資訊。

STEP01 使用標籤img插入圖片與標籤strong加強重點文字

　　使用標籤img在景點名稱下方插入圖片，使用屬性src指定來源的檔案路徑，屬性height指定圖片的高度。使用標籤strong標示出說明文字的重要文字。

網頁
``` <section>   <h2>四草綠色隧道</h2>   <img src="img/1.jpg" height="200px">   <p>四草綠色隧道在<strong>台江國家公園</strong>內，裡面有溼地及豐富的生態資源，可以坐船遊覽由紅樹林交織成的綠色隧道，潮間帶的招潮蟹、彈塗魚與紅樹林，體會不一樣的大自然感受。</p> </section> <section>   <h2>井仔腳瓦盤鹽田</h2>   <img src="img/2.jpg" height="200px">   <p>井仔腳瓦盤鹽田是<strong>北門</strong>的第一座鹽田，西元1818年開始曬鹽，因人工成本過高，在2002年停止曬鹽，鹽田漸漸荒廢，目前開發為觀光景點，遊客在此可體驗傳統曬鹽、挑鹽與收鹽。</p> </section> <section>   <h2>赤崁樓</h2>   <img src="img/3.jpg" height="300px">   <p>赤崁樓的前身為1653年荷蘭統治時期興建的<strong>普羅民遮城</strong>，在地人稱為番仔樓，在清代已傾倒，而今日的赤崁樓，大部分是漢人在普羅民遮城遺跡上陸續興建的廟宇，包括海神廟與文昌閣。</p> </section> <section>   <h2>台南孔廟</h2>   <img src="img/4.jpg" height="300px">   <p>台南孔廟是台灣最早成立的孔廟，建於西元1665年，是臺灣最早的孔廟。清朝時招收學生入學，因此稱作「<strong>全臺首學</strong>」。</p> </section> ```

預覽結果
顯示網頁的前半部結果，如下。 

STEP02 使用標籤id標示出站內連結的位置與標籤a製作超連結

在標籤section新增屬性id，並給予id名稱。使用標籤a製作超連結，屬性href設定超連結位址，使用#表示id，後面接上id名稱，點選連結文字（在<a>與</a>所包夾的文字），就可以快速跳到網頁內所指定的id名稱的位置。

網頁

```
<div>
<h1>台南景點介紹</h1>
<ul>
    <li><a href="#1">四草綠色隧道</a></li>
    <li><a href="#2">井仔腳瓦盤鹽田</a></li>
    <li><a href="#3">赤崁樓</a></li>
    <li><a href="#4">台南孔廟</a></li>
</ul>
<section id="1">
```

```
    <h2>四草綠色隧道</h2>

    <img src="img/1.jpg" height="200px">

    <p>四草綠色隧道在<strong>台江國家公園</strong>內，裡面有溼地及豐富的生
態資源，可以坐船遊覽由紅樹林交織成的綠色隧道，潮間帶的招潮蟹、彈塗魚與紅樹林，
體會不一樣的大自然感受。</p>
</section>
<section id="2">

    <h2>井仔腳瓦盤鹽田</h2>

    <img src="img/2.jpg" height="200px">

    <p>井仔腳瓦盤鹽田是<strong>北門</strong>的第一座鹽田，西元1818年開始曬
鹽，因人工成本過高，在2002年停止曬鹽，鹽田漸漸荒廢，目前開發為觀光景點，遊客
在此可體驗傳統曬鹽、挑鹽與收鹽。</p>
</section>
<section id="3">

    <h2>赤崁樓</h2>

    <img src="img/3.jpg" height="300px">

    <p>赤崁樓的前身為1653年荷蘭統治時期興建的<strong>普羅民遮城</strong>，
在地人稱為番仔樓，在清代已傾倒，而今日的赤崁樓，大部分是漢人在普羅民遮城遺跡上
陸續興建的廟宇，包括海神廟與文昌閣。</p>
</section>
<section id="4">

    <h2>台南孔廟</h2>

    <img src="img/4.jpg" height="300px">

    <p>台南孔廟是台灣最早成立的孔廟，建於西元1665年，是臺灣最早的孔廟。清朝
時招收學生入學，因此稱作「<strong>全臺首學</strong>」。</p>
</section>
```

預覽結果

台南景點介紹

- 四草綠色隧道
- 井仔腳瓦盤鹽田
- 赤崁樓
- 台南孔廟

2-3 ○ CSS樣式

CSS樣式用於設定網頁的外觀，例如：background可以設定背景、border可以設定邊界的樣式、color可以設定文字的顏色。

2-3-1　顏色的設定

🔍 ch2\ch2-3-1.html

顏色的設定有以下三種方式。

➡ 以文字表示

red表示紅色、lime（或green，但兩者顏色不同）表示綠色、blue表示藍色、black表示黑色、white表示白色、gray表示灰色等。

網頁	預覽結果

`<div style="background-color:red;">`設定為red的紅色`</div>`
`<div style="background-color:lime;">`設定為lime的綠色`</div>`
`<div style="background-color:blue;">`設定為blue的藍色`</div>`
`<div style="background-color:green;">`設定為green的綠色`</div>`
	設定為red的紅色
	設定為lime的綠色
	設定為blue的藍色
	設定為green的綠色

➡ 以十六進位表示

紅、綠與藍為三原色，每個顏色使用兩個十六進位值表示，利用混色混出其他顏色。#ff0000表示紅色、#00ff00表示綠色、#0000ff表示藍色，而紅色與綠色合起來是黃色，所以#ffff00表示黃色，#ffffff表示白色，#000000表示黑色。ff表示該顏色最強，也可以使用#7f0000表示較深的紅色，數值越小，該顏色越暗。

網頁	預覽結果

`<div style="background-color: #ff0000;">`設定為#ff0000的紅色`</div>`
`<div style="background-color: #00ff00;">`設定為#00ff00的綠色`</div>`
`<div style="background-color: #0000ff;">`設定為#0000ff的藍色`</div>`
`<div style="background-color: #7f0000;">`設定為#7f0000的紅色`</div>`
	設定為#ff0000的紅色
	設定為#00ff00的綠色
	設定為#0000ff的藍色
	設定為#7f0000的紅色

➡ 以函式rgb表示

紅、綠與藍爲三原色，每個顏色使用十進位值表示，利用混色混出其他顏色。rgb(255,0,0)表示紅色、rgb(0,255,0)表示綠色、rgb(0,0,255)表示藍色，而紅色與綠色合起來是黃色，所以rgb(255,255,0)表示黃色，rgb(255,255,255)表示白色，rgb(0,0,0)表示黑色。255表示該顏色最強，也可以使用127表示深一些的紅色，數值越小，該顏色越暗。

網頁	預覽結果
`<div style="background-color: rgb(255,0,0);">`設定爲rgb(255,0,0)的紅色`</div>` `<div style="background-color: rgb(0,255,0);">`設定爲rgb(0,255,0)的綠色`</div>` `<div style="background-color: rgb(0,0,255);">`設定爲rgb(0,0,255)的藍色`</div>`	設定爲rgb(255,0,0)的紅色 設定爲rgb(0,255,0)的綠色 設定爲rgb(0,0,255)的藍色

2-3-2 盒子模型（box model）

🔘 ch2\ch2-3-2.html

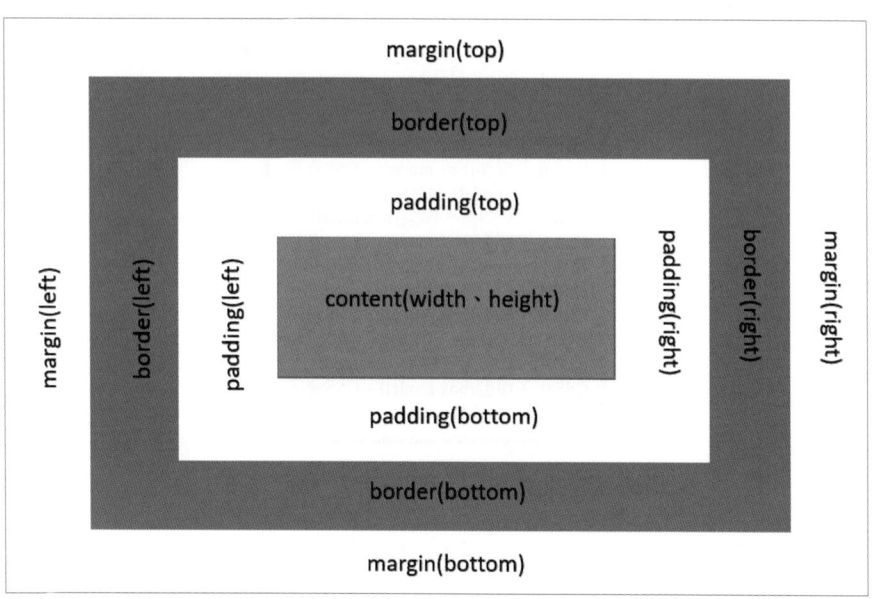

上圖爲網頁的盒子模型（box model），內容（content）爲文字或圖片，可以設定寬度（width）與高度（height）；padding包圍整個內容，是透明的，介於邊界（border）與內容（content）之間，用於控制邊界與內容的距離，分成上（top）、右（right）、下（bottom）與左（left），可以分開設定；邊界

（border）包圍padding與內容，可以設定顏色與粗細，也分成上、右、下與左，可以分開設定；margin放置於邊界外，是透明的，用於設定邊界與其他網頁元件的距離，也分成上、右、下與左，可以分開設定。

設定div的寬度為250px，padding為10px，表示所有padding都是10px，所以文字距離紅色的邊界為10px，而邊界的寬度為5px、紅色（red）、實心的線（solid），margin為30px，表示所有margin都是30px，所以邊界距離其他網頁元件都是30px。

網頁
```<div style="width:250px;padding:10px;border:5px red solid;margin:30px;"> CSS盒子模型(box model)、CSS盒子模型(box model)、CSS盒子模型(box model) 、CSS盒子模型(box model)、CSS盒子模型(box model)、CSS盒子模型(box model) 、CSS盒子模型(box model)、CSS盒子模型(box model)、CSS盒子模型(box model) 、CSS盒子模型(box model)、CSS盒子模型(box model)、CSS盒子模型(box model) 、CSS盒子模型(box model)、CSS盒子模型(box model) </div>```
預覽結果

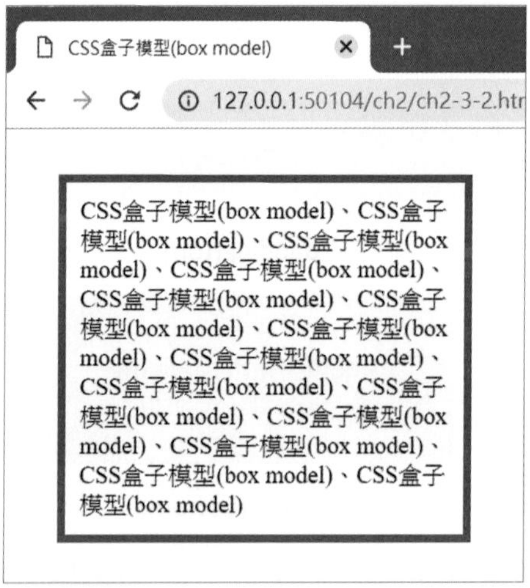

CSS盒子模型(box model)
127.0.0.1:50104/ch2/ch2-3-2.htr

CSS盒子模型(box model)、CSS盒子
模型(box model)、CSS盒子模型(box
model)、CSS盒子模型(box model)、
CSS盒子模型(box model)、CSS盒子
模型(box model)、CSS盒子模型(box
model)、CSS盒子模型(box model)、
CSS盒子模型(box model)、CSS盒子
模型(box model)、CSS盒子模型(box
model)、CSS盒子模型(box model)、
CSS盒子模型(box model)、CSS盒子
模型(box model)

分開設定四邊的padding與margin，有以下幾種方式。

➡ 使用一個數值表示

padding與margin後面只接一個數字，表示「上下左右」都相同，以padding為範例，margin也可以使用類似方式進行設定。

網頁

`<div style="width:200px;padding:20px;border:5px red solid;margin:30px;">`
設定padding:20px(上下左右) 設定padding:20px(上下左右) 設定padding:20px(上下左右) 設定padding:20px(上下左右) 設定padding:20px(上下左右) 設定padding:20px(上下左右) 設定padding:20px(上下左右) 設定padding:20px(上下左右)
`</div>`

預覽結果
設定padding:20px(上下左右) 設定padding:20px(上下左右) 設定padding:20px(上下左右) 設定padding:20px(上下左右) 設定padding:20px(上下左右) 設定padding:20px(上下左右) 設定padding:20px(上下左右) 設定padding:20px(上下左右)

➡ 使用兩個數字表示

　　padding與margin後面接兩個數字，表示「上下」使用第一個數字，「左右」使用第二個數字，以padding為範例，margin也可以使用類似方式進行設定。

網頁

`<div style="width:200px;padding:20px 60px;border:5px red solid;margin:30px;">`
設定padding:20px(上下) 60px(左右) 設定padding:20px(上下) 60px(左右) 設定padding:20px(上下) 60px(左右) 設定padding:20px(上下) 60px(左右) 設定padding:20px(上下) 60px(左右) 設定padding:20px(上下) 60px(左右) 設定padding:20px(上下) 60px(左右)
`</div>`

預覽結果
設定padding:20px(上下) 60px(左右) 設定 padding:20px(上下) 60px(左右) 設定padding:20px(上下) 60px(左右) 設定 padding:20px(上下) 60px(左右) 設定padding:20px(上下) 60px(左右) 設定 padding:20px(上下) 60px(左右) 設定padding:20px(上下) 60px(左右)

⇒ 使用三個數字表示

　　padding與margin後面接三個數字，表示「上」使用第一個數字，「左右」使用第二個數字，「下」使用第三個數字，以padding為範例，margin也可以使用類似方式進行設定。

網頁

```
<div style="width:200px;padding:20px 60px 100px;border:5px red solid;margin:30px;">
設定padding:20px(上) 60px(左右) 100px(下) 設定padding:20px 60px
100px 設定padding:20px 60px 100px 設定padding:20px 60px 100px 設定
padding:20px 60px 100px 設定padding:20px 60px 100px 設定padding:20px
60px 100px
</div>
```

預覽結果

設定padding:20px(上)
60px(左右) 100px(下) 設定
padding:20px 60px 100px 設
定padding:20px 60px 100px
設定padding:20px 60px 100px
設定padding:20px 60px 100px
設定padding:20px 60px 100px
設定padding:20px 60px 100px

⇒ 使用四個數字表示

　　padding與margin後面接四個數字，表示「上」使用第一個數字，「右」使用第二個數字，「下」使用第三個數字，「左」使用第四個數字，以padding為範例，margin也可以使用類似方式進行設定。

網頁

```
<div style="width:200px;padding:20px 60px 100px 140px;border:5px red
solid;margin:30px;">
設定padding:20px(上) 60px(右) 100px(下) 140px(左) 設定20px(上) 60px(右)
100px(下) 140px(左) 設定20px(上) 60px(右) 100px(下) 140px(左) 設定20px(
上) 60px(右) 100px(下) 140px(左) 設定20px(上) 60px(右) 100px(下) 140px(
左)
</div>
```

預覽結果
設定padding:20px(上) 60px(右) 100px(下) 140px(左) 設定20px(上) 60px(右) 100px(下) 140px(左) 設定 20px(上) 60px(右) 100px(下) 140px(左) 設定20px(上) 60px(右) 100px(下) 140px(左) 設定20px(上) 60px(右) 100px(下) 140px(左)

2-3-3　長度單位

設定width、height、padding與margin時，需要設定長度的單位，分成以下幾種，其中px、%與em較常使用。

單位	意義
px	像素
%	百分比，相對於上一層
em	通常瀏覽器預設字型高度為16px，1em等於16px。
cm	公分/厘米
mm	公釐/毫米
in	英吋，1in = 2.54cm = 96px

2-4 ○ 使用CSS設定網頁樣式

🖋 ch2\ch2-4-a.html與ch2\ch2-4-b.html

　　CSS用於更改網頁的外觀，讓外觀（CSS）與內容（HTML）可以分開設定。CSS可以寫在標籤內，也可以獨立出來寫在標籤head內。以下範例的兩種寫法，其結果相同。

種類	網頁

寫在標籤body內	`<body>`
	　　`<div style="width:250px;padding:10px;border:5px red solid;margin:30px;">`
	CSS盒子模型(box model)、CSS盒子模型(box model)、CSS盒子模型(box model)、CSS盒子模型(box model)、CSS盒子模型(box model)、CSS盒子模型(box model)、CSS盒子模型(box model)、CSS盒子模型(box model)、CSS盒子模型(box model)、CSS盒子模型(box model)、CSS盒子模型(box model)、CSS盒子模型(box model)、CSS盒子模型(box model)、CSS盒子模型(box model)
	　　`</div>`
	`</body>`

寫在標籤head內	`<head>`
	`<title>CSS盒子模型(box model)</title>`
	`<style>`
	　　`div{`
	　　　　`width:250px;`
	　　　　`padding:10px;`
	　　　　`border:5px red solid;`
	　　　　`margin:30px;`
	　　`}`
	`</style>`
	`</head>`
	`<body>`
	　　`<div>`
	CSS盒子模型(box model)、CSS盒子模型(box model)、CSS盒子模型(box model)、CSS盒子模型(box model)、CSS盒子模型(box model)、CSS盒子模型(box model)、CSS盒子模型(box model)、CSS盒子模型(box model)、CSS盒子模型(box model)、CSS盒子模型(box model)、CSS盒子模型(box model)、CSS盒子模型(box model)、CSS盒子模型(box model)、CSS盒子模型(box model)
	　　`</div>`
	`</body>`

預覽結果如下。

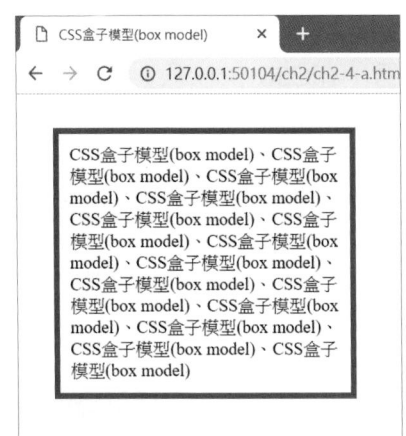

2-4-1 CSS選擇器入門

🔵 ch2\ch2-4-1-a.html　ch2\ch2-4-1-b.html　ch2\ch2-4-1-c.html

選擇器為CSS套用範圍，基本分成標籤、類別（class）與id三種，標籤指的是HTML標籤，網頁中運用到此標籤都會受到影響，使用標籤名稱為選擇器；類別是網頁設計師所設定，相同類別名稱的區域都會受到影響，通常不只一個；id也是網頁設計師所設定，通常只有一個，CSS中指定該id，設定只影響此id所指定的區域。

➡ 標籤

網頁中所有此標籤都套用這個CSS，例如：以下範例，所有標籤img都設定border-radius為10px，照片四個角出現圓弧。

網頁	預覽結果
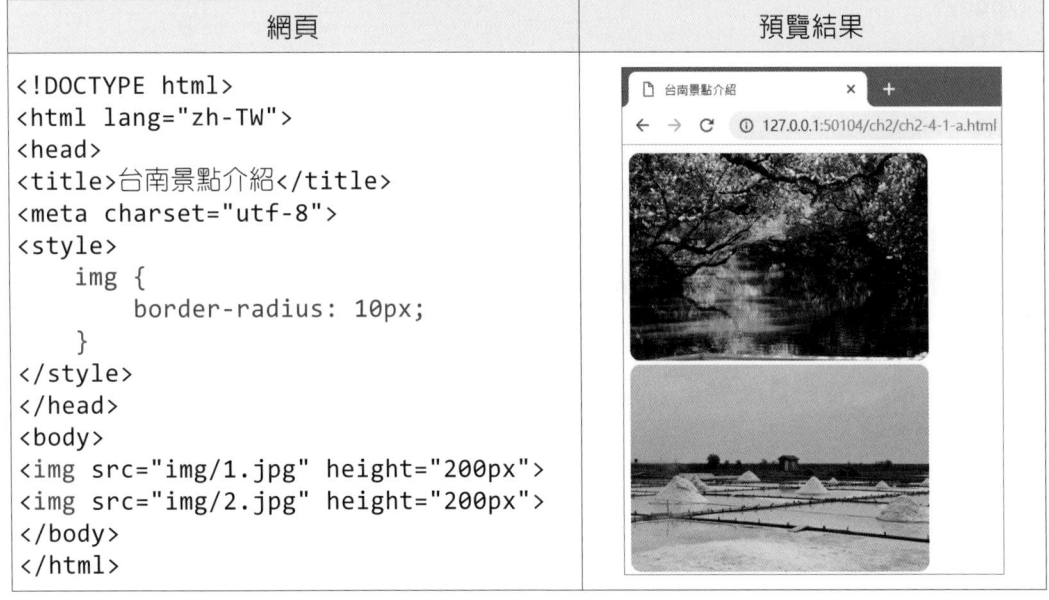	

```
<!DOCTYPE html>
<html lang="zh-TW">
<head>
<title>台南景點介紹</title>
<meta charset="utf-8">
<style>
    img {
        border-radius: 10px;
    }
</style>
</head>
<body>
<img src="img/1.jpg" height="200px">
<img src="img/2.jpg" height="200px">
</body>
</html>
```

⇒ 類別（class）

通常多於一個地方設定此類別，網頁中套用此類別都套用此CSS，使用「.」串接「類別名稱」為選擇器，在CSS中，「.」表示使用類別選擇器。例如：以下範例，有兩個section指定為place類別，設定背景顏色為lightblue。

網頁	預覽結果

<pre><!DOCTYPE html>
<html lang="zh-TW">
<head>
<title>台南景點介紹</title>
<meta charset="utf-8">
<style>
    .place{
        background: lightblue;
    }
</style>
</head>
<body>
<section class="place">
    <h2>四草綠色隧道</h2>
    <img src="img/1.jpg"
height="200px">
</section>
<section class="place">
    <h2>井仔腳瓦盤鹽田</h2>
    <img src="img/2.jpg"
height="200px">
</section>
</body>
</html></pre>

⇒ id

通常網頁中只有一個地方使用此id，網頁中使用此id的區域套用此CSS，使用「#」串接「id名稱」為選擇器，在CSS中，「#」表示使用id選擇器。例如：以下範例，最外層div設定id為「content」，設定背景顏色為coral。

網頁	預覽結果

``html
<!DOCTYPE html>
<html lang="zh-TW">
<head>
<title>台南景點介紹</title>
<meta charset="utf-8">
<style>
    #content {
        background: coral;
    }
</style>
</head>
<body>
<div id="content">
<h1>台南景點介紹</h1>
<section>
    <h2>四草綠色隧道</h2>
    <img src="img/1.jpg"
height="200px">
</section>
</div>
</body>
</html>
``

2-4-2　使用CSS美化網頁

🔵 修改前ch2\ch2-4-2-a.html與修改後ch2\ch2-4-2-b.html

　　使用CSS讓單調的網頁可以塗上不同的顏色、修改文字的顏色與設定文字的距離等，增加網頁的可讀性，讓網頁看起來更好看。

STEP01　讓圖片產生圓弧，設定標籤img的border-radius為10px；讓說明文字與圖片沒有空隙，設定標籤p的margin為0px；讓圖片標題（h2）與圖片沒有空隙，但圖片標題（h2）上方要有空隙，設定標籤h2為10px 0px 0px；去除超連結的底線，設定標籤a的屬性text-decoration為none。CSS設定如下，本範例將CSS寫在標籤head內的標籤style內。

設定前	CSS設定	設定後

	``css
	img {
	    border-radius: 10px;
	}
	``	

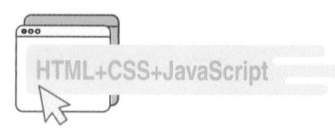

設定前	CSS設定	設定後

四草綠色隧道在**台江國家公園**內，裡面有溼地可以坐船遊覽由紅樹林交織成的綠色隧道，魚與紅樹林，體會不一樣的大自然感受。	```
	p{
	    margin: 0px;
	}
	``
		四草綠色隧道在**台江國家公園**內，裡面有溼地可以坐船遊覽由紅樹林交織成的綠色隧道，魚與紅樹林，體會不一樣的大自然感受。

井仔腳瓦盤鹽田	```
	h2{
	    margin: 10px 0px 0px;
	}
	``
		井仔腳瓦盤鹽田

• 四草綠色隧道
• 井仔腳瓦盤鹽田
• 赤崁樓
• 台南孔廟
	``
	a{
	    text-decoration: none;
	}
	``
		• 四草綠色隧道
		• 井仔腳瓦盤鹽田
		• 赤崁樓
		• 台南孔廟

STEP02 對每個section設定類別（class）為place，類別place設定背景顏色為lightblue。

對四個section都設定類別為place，修改HTML如下：

```
<section class="place" id="1">
    <h2>四草綠色隧道</h2>
    <img src="img/1.jpg" height="200px">
    <p>四草綠色隧道在<strong>台江國家公園</strong>內，裡面有溼地及豐富的
生態資源，可以坐船遊覽由紅樹林交織成的綠色隧道，潮間帶的招潮蟹、彈塗
魚與紅樹林，體會不一樣的大自然感受。</p>
</section>
<section class="place" id="2">
    <h2>井仔腳瓦盤鹽田</h2>
    <img src="img/2.jpg" height="200px">
    <p>井仔腳瓦盤鹽田是<strong>北門</strong>的第一座鹽田，西元1818年開始
曬鹽，因人工成本過高，在2002年停止曬鹽，鹽田漸漸荒廢，目前開發為觀光
景點，遊客在此可體驗傳統曬鹽、挑鹽與收鹽。</p>
</section>
<section class="place" id="3">
```

```
    <h2>赤崁樓</h2>
    <img src="img/3.jpg" height="300px">
    <p>赤崁樓的前身為1653年荷蘭統治時期興建的<strong>普羅民遮城</strong>
，在地人稱為番仔樓，在清代已傾倒，而今日的赤崁樓，大部分是漢人在普羅
民遮城遺跡上陸續興建的廟宇，包括海神廟與文昌閣。</p>
</section>
<section class="place" id="4">
    <h2>台南孔廟</h2>
    <img src="img/4.jpg" height="300px">
    <p>台南孔廟是台灣最早成立的孔廟，建於西元1665年，是臺灣最早的孔廟。
清朝時招收學生入學，因此稱作「<strong>全臺首學</strong>」。</p>
</section>
```

類別place設定背景顏色為lightblue，四個section都會改變背景顏色，以下只顯示一個section為範例。CSS設定如下，本範例將CSS寫在標籤head內的標籤style內。

設定前	CSS設定	設定後

四草綠色隧道	`.place{`
	`    background: lightblue;`
	`}`
		四草綠色隧道

STEP03 在最外層的div新增屬性id為content，設定整個div的max-width為800px，當瀏覽器寬度小於800px時，下方不會出現水平移動桿，會以瀏覽器寬度設定為最外層標籤div的寬度；當瀏覽器寬度超過800px時，最外層標籤div所包含區域的寬度只會有800px。

在最外層的div新增屬性id為content。

```
<body>
<div id="content">
<h1>台南景點介紹</h1>
...
</div>
</body>
```

CSS設定如下，CSS必須寫在標籤head內的標籤style內。

```
#content {
    max-width: 800px;
}
```

max-width尚未設定前，瀏覽器放到最大時，最外層標籤div的寬度也會跟著放大，佔滿整個畫面，這時寬度超過1200px以上，如下圖。

max-width設定後，瀏覽器放到最大時，最外層標籤div的寬度最大只有800px，多餘部分會以空白顯示，如下圖。

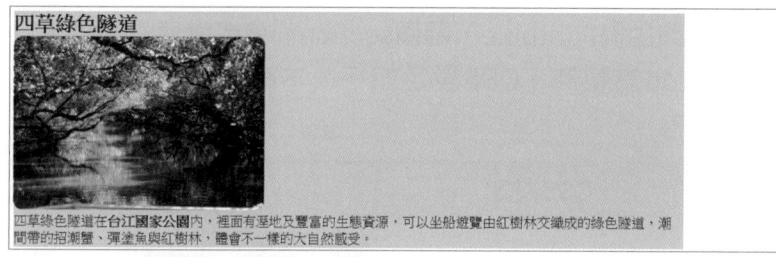

整個網頁修改結果如下：

行號	網頁
1	`<!DOCTYPE html>`
2	`<html lang="zh-TW">`
3	`<head>`
4	`<title>台南景點介紹</title>`
5	`<meta charset="utf-8">`
6	`<meta name="description" content="台南景點">`
7	`<meta name="keywords" content="台南,四草綠色隧道,井仔腳瓦盤鹽田,赤崁樓,台南孔廟">`
8	`<meta name="author" content="作者">`
9	`<style>`
10	`    img {`
11	`        border-radius: 10px;`
12	`    }`
13	`    p{`
14	`        margin: 0px;`
15	`    }`
16	`    h2{`
17	`        margin: 10px 0px 0px;`
18	`    }`
19	`    a{`

行號	網頁
20	`        text-decoration: none;`
21	`    }`
22	`    .place{`
23	`        background: lightblue;`
24	`    }`
25	`    #content {`
26	`        max-width: 800px;`
27	`    }`
28	`</style>`
29	`</head>`
30	`<body>`
31	`<div id="content">`
32	`<h1>台南景點介紹</h1>`
33	`<ul>`
34	`    <li><a href="#1">四草綠色隧道</a></li>`
35	`    <li><a href="#2">井仔腳瓦盤鹽田</a></li>`
36	`    <li><a href="#3">赤崁樓</a></li>`
37	`    <li><a href="#4">台南孔廟</a></li>`
38	`</ul>`
39	`<section class="place" id="1">`
40	`    <h2>四草綠色隧道</h2>`
41	`    <img src="img/1.jpg" height="200px">`
42	`    <p>四草綠色隧道在<strong>台江國家公園</strong>內，裡面有溼地及豐富的生態資源，可以坐船遊覽由紅樹林交織成的綠色隧道，潮間帶的招潮蟹、彈塗魚與紅樹林，體會不一樣的大自然感受。</p>`
43	`</section>`
44	`<section class="place" id="2">`
45	`    <h2>井仔腳瓦盤鹽田</h2>`
46	`    <img src="img/2.jpg" height="200px">`
47	`    <p>井仔腳瓦盤鹽田是<strong>北門</strong>的第一座鹽田，西元1818年開始曬鹽，因人工成本過高，在2002年停止曬鹽，鹽田漸漸荒廢，目前開發為觀光景點，遊客在此可體驗傳統曬鹽、挑鹽與收鹽。</p>`
48	`</section>`
49	`<section class="place" id="3">`
50	`    <h2>赤崁樓</h2>`
51	`    <img src="img/3.jpg" height="300px">`
52	`    <p>赤崁樓的前身為1653年荷蘭統治時期興建的<strong>普羅民遮城</strong>，在地人稱為番仔樓，在清代已傾倒，而今日的赤崁樓，大部分是漢人在普羅民遮城遺跡上陸續興建的廟宇，包括海神廟與文昌閣。</p>`
53	`</section>`
54	`<section class="place" id="4">`
55	`    <h2>台南孔廟</h2>`
56	`    <img src="img/4.jpg" height="300px">`

行號	網頁
57	`<p>`台南孔廟是台灣最早成立的孔廟，建於西元1665年，是臺灣最早的孔廟。清朝時招收學生入學，因此稱作「`<strong>`全臺首學`</strong>`」。`</p>`
58	`</section>`
59	`</div>`
60	`</body>`
61	`</html>`

網頁預覽結果如下，只擷取其中一部分。

台南景點介紹

- 四草綠色隧道
- 井仔腳瓦盤鹽田
- 赤崁樓
- 台南孔廟

四草綠色隧道

四草綠色隧道在台江國家公園內，裡面有溼地及豐富的生態資源，可以坐船遊覽由紅樹林交織成的綠色隧道，潮間帶的招潮蟹、彈塗魚與紅樹林，體會不一樣的大自然感受。

井仔腳瓦盤鹽田

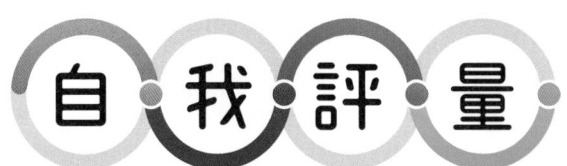

1. 請比較區塊元素（block）與行內元素（inline）的差異？

2. 請說明標籤div、section與article的差異？

3. 請說明超連結如何辨別連結到網頁內的位置、網站內的網頁或網站外的網頁？

4. 請上機練習將ch2\ch2-2-1-a.html修改成ch2\ch2-2-1-b.html。

5. 請上機練習將ch2\ch2-2-2-a.html修改成ch2\ch2-2-2-b.html。

6. 請問什麼是盒子模型（box model）？

7. 請問設定padding與margin使用1到4個數字所代表的意義？

8. 請問CSS的標籤、類別（class）與id選擇器如何辨別？

9. 請問max-width的意義？

NOTE

HTML5
CSS3
JavaScript

03

網頁結合CSS與 JavaScript入門、Chrome 開發人員工具的使用

3-1 ○ HTML、CSS與JavaScript的角色

○ ch3\ch3-1.html

　　瀏覽器讀取HTML標籤與標籤對應的內容,根據HTML標籤的功能,將內容顯示在瀏覽器上,使用HTML可以寫出網頁的架構;而CSS用於控制網頁的外觀,例如:更改文字顏色、背景顏色與區塊的大小等;JavaScript用於影響網頁的行為,例如:按下按鈕更換文字內容或隱藏指定的區塊等。結合HTML、CSS與JavaScript可以完成指定的功能,讓網頁更加生動。本章包含簡單的JavaScript程式碼,主要是讓讀者對HTML、CSS與JavaScript的結合有進一步的了解,不須自行撰寫程式碼,能夠執行並觀察執行結果即可。

　　以下範例結合HTML、CSS與JavaScript更改文字的顏色。

　　在這個過程中,HTML網頁的標籤body定義標題「點我改變顏色」,CSS用於設定文字的顏色,JavaScript定義函式changeh1。當標題「點我改變顏色」被點選時,呼叫函式changeh1,套用不同的類別的CSS達成文字顏色的更改。所以HTML用於定義網頁的架構與內容,CSS用於修改網頁的外觀,JavaScript用於控制網頁的行為,各有各的功能與用途。

行號	網頁
1	`<!DOCTYPE html>`
2	`<html lang="zh-TW">`
3	`<head>`
4	`<title>更換文字顏色</title>`
5	`<meta charset="utf-8">`
6	`<style>`
7	`    .c1 {`
8	`        color:blue;`
9	`    }` ← CSS用於定義網頁的外觀
10	`    .c2 {`
11	`        color:red;`
12	`    }`
13	`</style>`
14	`<script language="javascript">`
15	`function changeh1(){`
16	`    document.getElementById("myh1").className="c2";` ← JavaScript用於定義網頁的行為
17	`}`
18	`</script>`
19	`</head>`
20	`<body>`
21	`<h1 id="myh1" class="c1" onclick="changeh1()">點我改變顏色</h1>`
22	`</body>`
23	`</html>` ← HTML用於定義網頁的架構與內容

- **第6到13行：** 定義類別c1與c2的CSS，若套用類別c1，則文字顏色為藍色；若套用類別c2，則文字顏色為紅色。

- **第14到18行：** 使用JavaScript定義函式changeh1。函式changeh1會取出id為myh1的網頁區塊，接著套用類別c2，所以文字顏色改變為紅色。

- **第20到22行：** 定義HTML網頁的標籤body，包含標題「點我改變顏色」，設定類別為c1，所以文字顏色為藍色，id為myh1，設定onclick為changeh1()，表示當這標題被點選時，會驅動函式changeh1。

執行結果如下圖，點選文字「點我改變顏色」後，文字顏色由藍色改變成紅色。

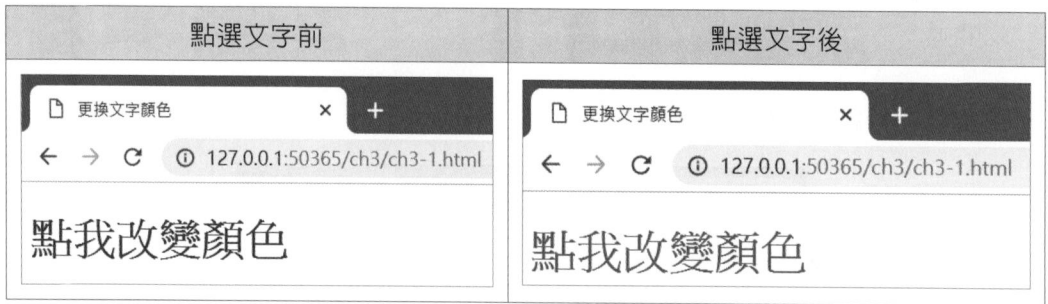

3-2 JavaScript與CSS匯入的方式

JavaScript與CSS匯入的位置皆可以區分為行內（inline）、網頁內匯入、外部匯入三種。若是行內，則將JavaScript與CSS定義在HTML標籤內；若是網頁內匯入，則大部分會寫在標籤head內；若是外部匯入，則將JavaScript與CSS定義在網頁外的檔案中，經由標籤script將外部的JavaScript檔案匯入，或標籤link將外部的CSS檔案匯入。

外部匯入可以讓製作網頁內容人員、網頁美工人員、網頁程式設計人員得以分開，各自完成自己的工作，最後再整合在一起，增加網頁製作的彈性。

3-2-1 CSS的匯入方式

CSS匯入的位置可以區分為行內（inline）、網頁內匯入、外部匯入三種，以設定文字顏色為範例進行說明。

➡ 行內（inline）

直接在標籤內加上屬性style，設定文字顏色為藍色。

🔵 ch3\ch3-2-1-a.html

```html
<!DOCTYPE html>
<html lang="zh-TW">
<head>
<title>行內CSS</title>
<meta charset="utf-8">
</head>
<body>
<h1 style="color:blue">行內CSS</h1>
</body>
</html>
```

網頁執行結果，如下。

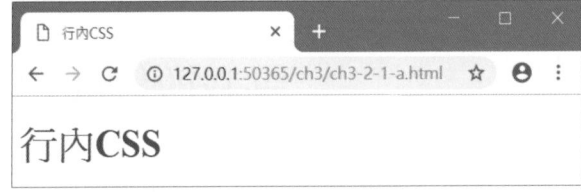

➡ 網頁內匯入

在標籤head內新增標籤style，定義標籤h1的顏色為藍色。

🔵 ch3\ch3-2-1-b.html

```html
<!DOCTYPE html>
<html lang="zh-TW">
<head>
<title>網頁載入CSS</title>
<meta charset="utf-8">
<style>
    h1{
        color: blue;
    }
</style>
</head>
<body>
<h1>網頁載入CSS</h1>
</body>
</html>
```

網頁執行結果，如下。

➡ 外部匯入

在標籤head中使用標籤link，匯入資料夾css下的檔案my.css。

🕙 ch3\ch3-2-1-c.html與ch3\css\my.css

```
<!DOCTYPE html>
<html lang="zh-TW">
<head>
<title>由外部匯入CSS</title>
<meta charset="utf-8">
<link href="css/my.css" rel="stylesheet" type="text/css">
</head>
<body>
<h1>由外部匯入CSS</h1>
</body>
</html>
```

資料夾css下的檔案my.css，定義標籤h1的顏色為藍色，如下：

```
h1{
    color:blue;
}
```

網頁執行結果，如下。

3-2-2　JavaScript的匯入方式

JavaScript匯入的位置也可以區分為行內（inline）、網頁內匯入、外部匯入三種，以點選後更改標題文字顏色為範例進行介紹。

➡ 行內（inline）

直接在標籤內的屬性onclick加上JavaScript，點選後將id為myh1區塊的CSS類別改成c2，標題顏色改成紅色。

🕐 ch3\ch3-2-2-a.html

行號	網頁
1	`<!DOCTYPE html>`
2	`<html lang="zh-TW">`
3	`<head>`
4	`<title>更換文字顏色(JavaScript在行內)</title>`
5	`<meta charset="utf-8">`
6	`<style>`
7	`    .c1 {`
8	`        color:blue;`
9	`    }`
10	`    .c2 {`
11	`        color:red;`
12	`    }`
13	`</style>`
14	`</head>`
15	`<body>`
16	`<h1 id="myh1" class="c1" onclick="document.getElementById('myh1').className='c2'">點我改變顏色(JavaScript在行內)</h1>`
17	`</body>`
18	`</html>`

網頁執行結果，如下，點選文字前：

點選文字後：

➡ 網頁內匯入

在標籤head內新增標籤script，撰寫JavaScript程式於此。本範例定義函式changeh1，該函式將id為myh1區塊的CSS類別改成c2。點選第21行的標題「點我改變顏色(JavaScript由網頁匯入)」會驅動定義在標籤script內的函式changeh1。

ch3\ch3-2-2-b.html

行號	網頁
1	`<!DOCTYPE html>`
2	`<html lang="zh-TW">`
3	`<head>`
4	`<title>更換文字顏色(JavaScript由網頁匯入)</title>`
5	`<meta charset="utf-8">`
6	`<style>`
7	`    .c1 {`
8	`        color:blue;`
9	`    }`
10	`    .c2 {`
11	`        color:red;`
12	`    }`
13	`</style>`
14	`<script language="javascript">`
15	`function changeh1(){`
16	`    document.getElementById("myh1").className="c2";`
17	`}`
18	`</script>`
19	`</head>`
20	`<body>`
21	`<h1 id="myh1" class="c1" onclick="changeh1()">點我改變顏色` `(JavaScript由網頁匯入)</h1>`
22	`</body>`
23	`</html>`

網頁執行結果，如下，點選文字前：

點選文字後：

➡ 外部匯入

　　在標籤head內新增標籤script，設定屬性src為外部的JavaScript檔案，這時會由外部匯入JavaScript，本範例為資料夾js下的檔案my.js。點選第17行的標題「點我改變顏色(JavaScript由外部匯入)」會驅動函式changeh1，該函式定義在外部檔案內。

📍 ch3\ch3-2-2-c.html與ch3\js\my.js

行號	網頁
| 1<br>2<br>3<br>4<br>5<br>6<br>7<br>8<br>9<br>10<br>11<br>12<br>13<br>14<br>15<br>16<br>17<br><br>18<br>19 | ```html
<!DOCTYPE html>
<html lang="zh-TW">
<head>
<title>更換文字顏色(JavaScript由外部匯入)</title>
<meta charset="utf-8">
<style>
    .c1 {
        color:blue;
    }
    .c2 {
        color:red;
    }
</style>
<script src="js/my.js"></script>
</head>
<body>
<h1 id="myh1" class="c1" onclick="changeh1()">點我改變顏色
(JavaScript由外部匯入)</h1>
</body>
</html>
``` |
```

資料夾js下的檔案my.js定義函式changeh1，該函式將id為myh1區塊的CSS類別改成c2。

```
function changeh1() {
    document.getElementById("myh1").className = "c2";
}
```

網頁執行結果，如下，點選文字前：

點選文字後：

3-3 ○ JavaScript與CSS範例—更改網頁中圖片

ch3\ch3-3.html

以下範例結合HTML、CSS與JavaScript更改網頁中圖片。

在這個過程中，HTML網頁的標籤body定義標題「點選下圖更換圖片」，與包含圖片的標籤div。CSS用於設定圖片的寬度。JavaScript定義函式changeImg，當圖片被點選時，呼叫函式changeImg，更換標籤div的圖片。所以HTML用於定義網頁的架構與內容，CSS用於修改網頁的外觀，JavaScript用於控制網頁的行為，各有各的功能與用途。

行號	網頁
1	`<!DOCTYPE html>`
2	`<html lang="zh-TW">`
3	`<head>`
4	`<title>更換圖片</title>`
5	`<meta charset="utf-8">`
6	`<style>`

行號	網頁
7	`    img{`
8	`        width: 300px;`
9	`    }`
10	`</style>`
11	`<script language="javascript">`
12	`function changeImg(){`
13	`    document.getElementById("pic").innerHTML="<img src='img/2.jpg'>";`
14	`}`
15	`</script>`
16	`</head>`
17	`<body>`
18	`    <h1>點選下圖更換圖片</h1>`
19	`    <div id="pic" onclick="changeImg()">`
20	`        <img src="img/1.jpg">`
21	`    </div>`
22	`</body>`
23	`</html>`

➔ **第6到10行**：使用CSS定義標籤img的寬度為300px。

➔ **第11到15行**：JavaScript定義函式changeImg。函式changeImg會取出id為pic的網頁區塊，修改區塊內容為<img src='img/2.jpg'>，所以網頁中圖片被更換為資料夾img下的圖檔2.jpg。

➔ **第17到22行**：定義HTML網頁的標籤body，包含標題「點選下圖更換圖片」，與標籤div設定屬性id為pic，設定屬性onclick為changeImg()，表示當圖片被點選時，會驅動函式changeImg。

執行結果如下圖，點選圖片後，發現圖片被更換了。

點選圖片前	點選圖片後

3-4 ○ Chrome開發人員工具

　　「Chrome開發人員工具」可以修改CSS，即時看到修改後的結果，以不同解析度觀看網頁呈現的結果，也可以暫時停用某個CSS設定，即時看到網頁呈現的結果。而這些對CSS的修改是暫時的，原始檔案並未修改，還可以使用「Chrome開發人員工具」進行JavaScript的除錯。

3-4-1　使用Chrome開發人員工具修改CSS

🔍 ch3\ch3-4-1.html

STEP01　開啟「Chrome開發人員工具」，使用Chrome為預設的瀏覽器，點選檔案ch3-4-1.html就會以Chrome瀏覽器開啟，點選「⋮→更多工具→開發人員工具」。

STEP02 更改文字顏色

❶點選Elements頁籤，❷選擇網頁中的標籤h1，下方的Styles頁籤會顯示目前的CSS狀態，❸點選目前顏色blue可以改成其他顏色，下方的 user agent stylesheet表示瀏覽器的標籤h1的預設CSS，使用者設定的 CSS會優先於user agent stylesheet。

輸入所需要的顏色，例如紅色（red），「Chrome開發人員工具」會列出所有子字串有red的顏色供使用者選擇，左側網頁已經看到套用後的效果。

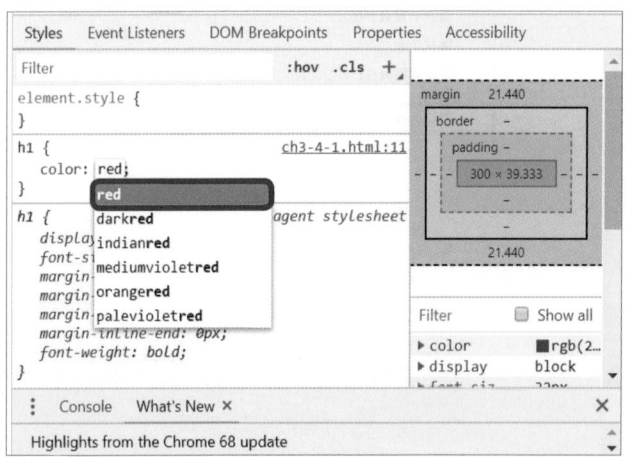

選擇red後，點選Enter鍵，文字就會修改成紅色。

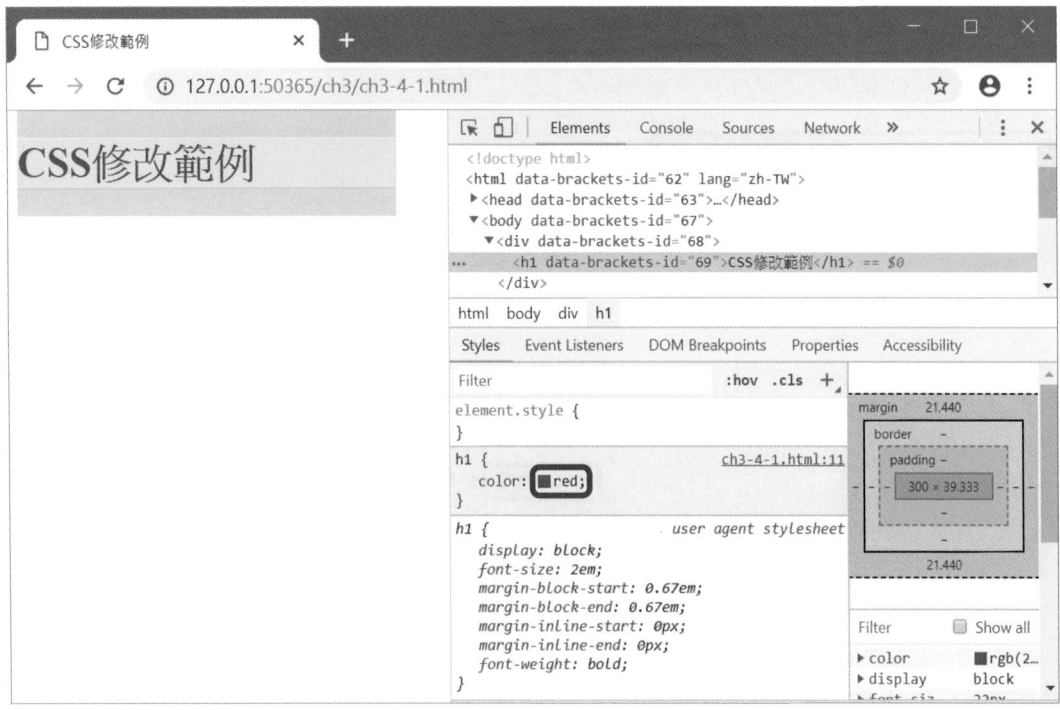

STEP03　更改標籤div的寬度

❶點選Elements頁籤，❷選擇網頁中的標籤div，❸下方的Styles頁籤會顯示目前的CSS狀態，❹點選width的300px，使用鍵盤的「向上」鍵與「向下」鍵可以修改數值，「向上」鍵表示數值增加，而「向下」鍵表示數值減少。

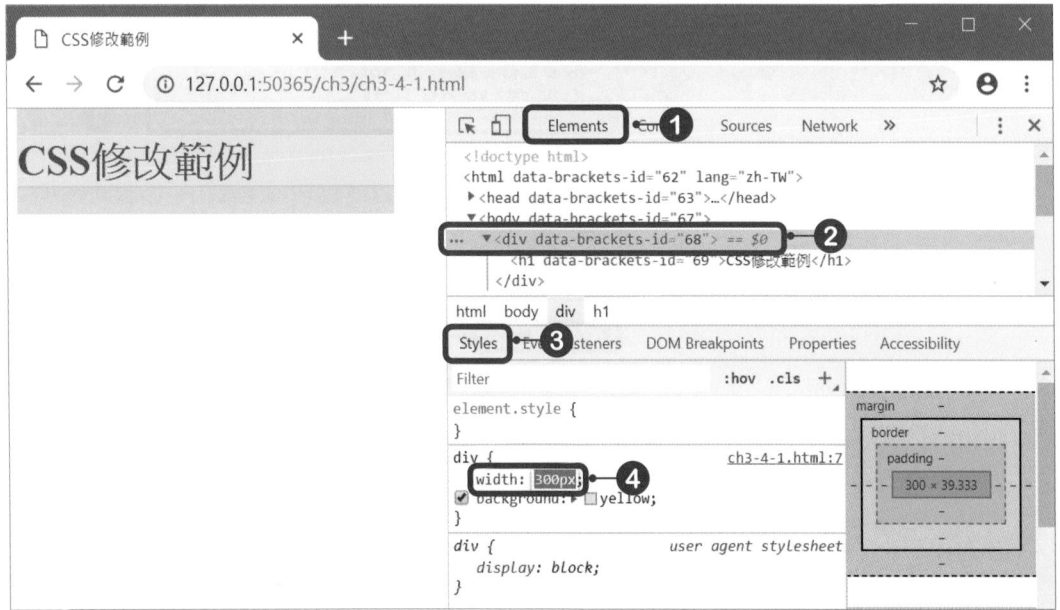

❶修改成width為「315px」，❷左側黃色底的區塊寬度會改成「315px」。

STEP04 暫時停用某個CSS設定

❶點選「h1」後，下方Styles頁籤的h1，❷color前方出現一個核取方塊，若取消勾選，則該顏色就不會套用在標籤h1上。

取消勾選後，color：red會出現刪除線，文字的顏色會回到黑色。

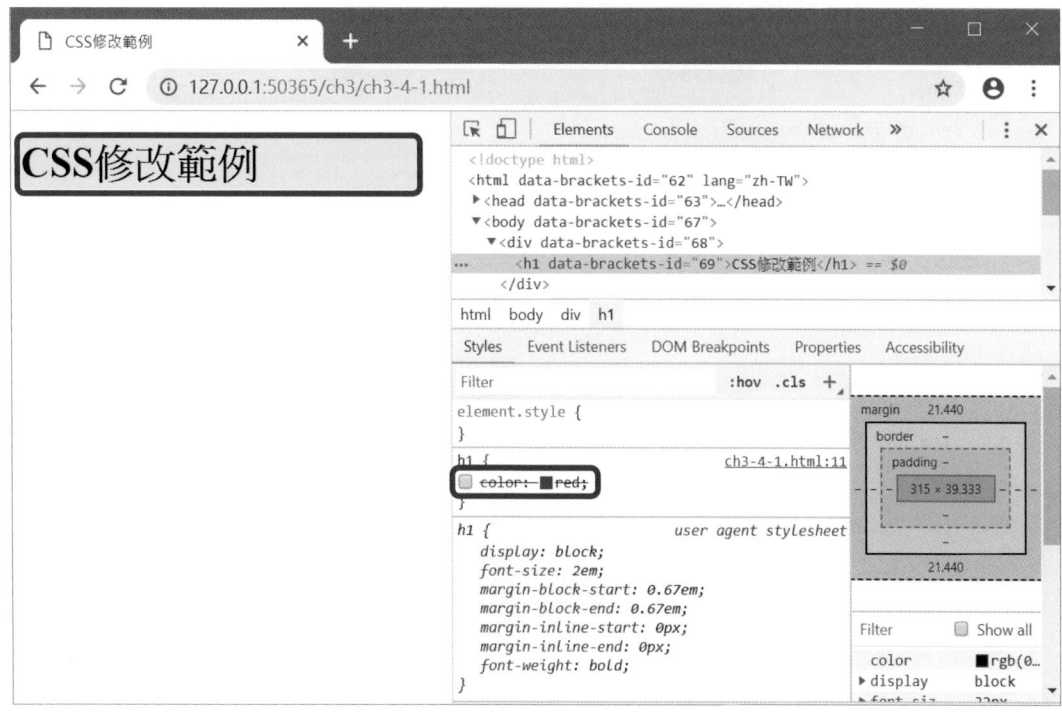

STEP05 將網頁放在不同解析度下，查看預覽結果，點選上方的「🗔」模擬不同解析度的螢幕。

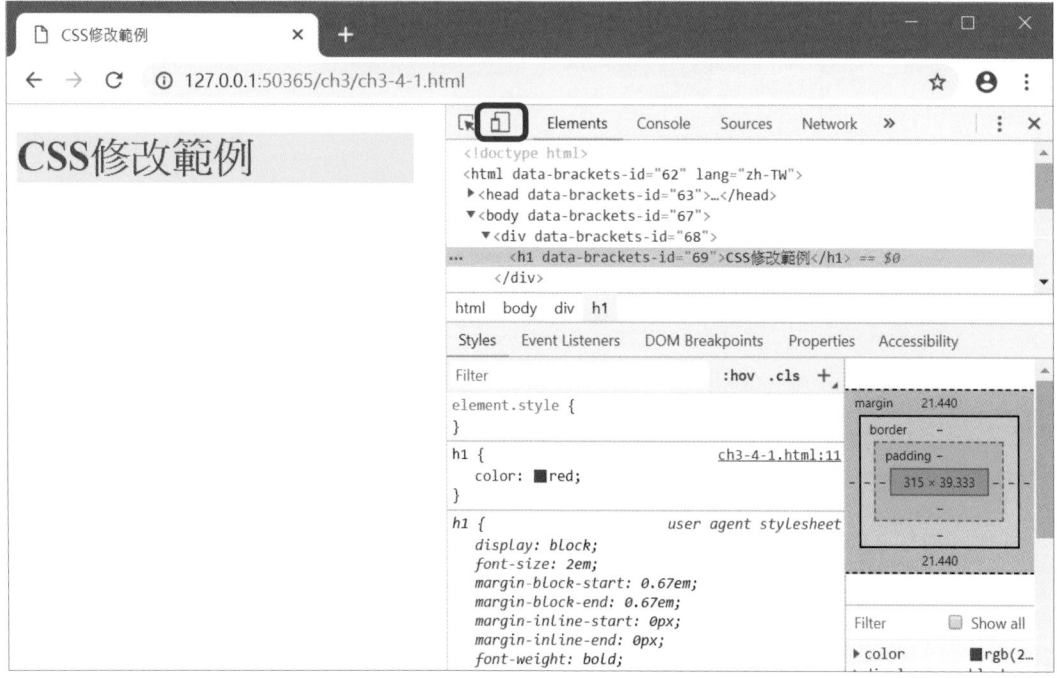

點選上方的「　　　」或右下角的「／／」可以切換到不同解析度的螢幕，可以看到網頁預覽的結果，例如目前模擬解析度360x450的螢幕。

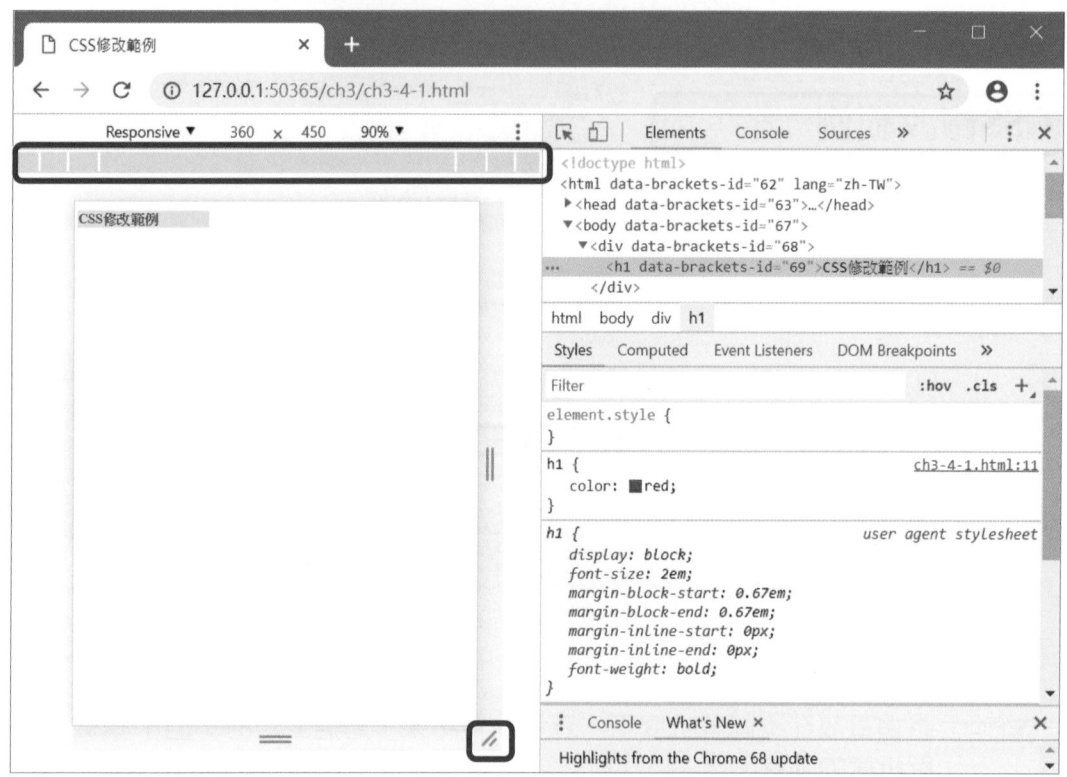

再點選「🔳」一次，會回到原來的解析度瀏覽網頁。

3-4-2 使用Chrome開發人員工具進行JavaScript除錯

🔑 ch3\ch3-4-2.html

STEP01 開啓「Chrome開發人員工具」，使用Chrome瀏覽ch3-4-2.html，點選「⋮→更多工具→開發人員工具」。

STEP02 開啓JavaScript程式

❶點選Sources頁籤，❷選擇ch3-4-2.html，❸點選第8行的數字8，表示在第8行設定中斷點，❹點選網頁標題「點我驅動JavaScript」會驅動JavaScript。

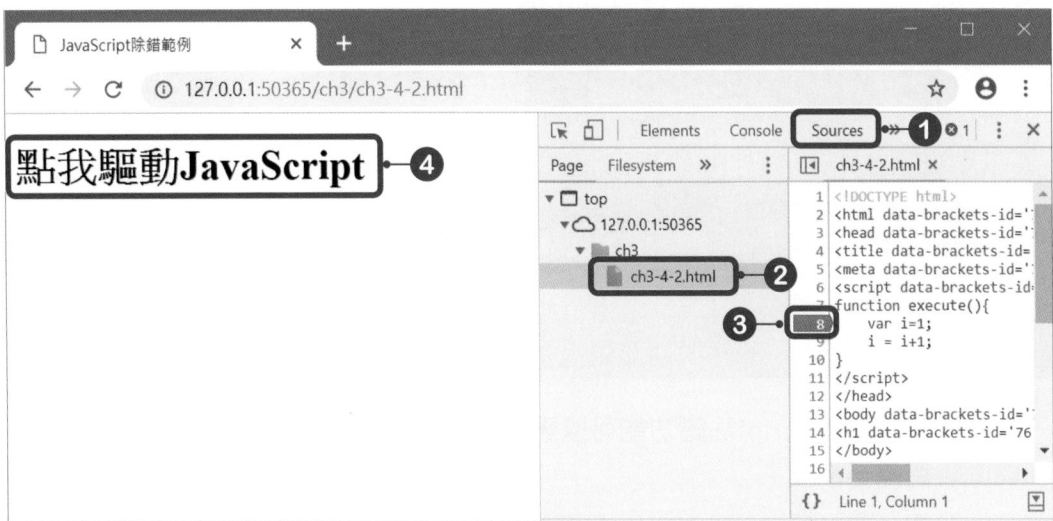

程式中斷在第8行，第8行還沒執行，點選「 ⌒ 」則會執行第8行。執行第8行後，變數i設定為1，下方的Scope頁籤可以看到變數i的值。

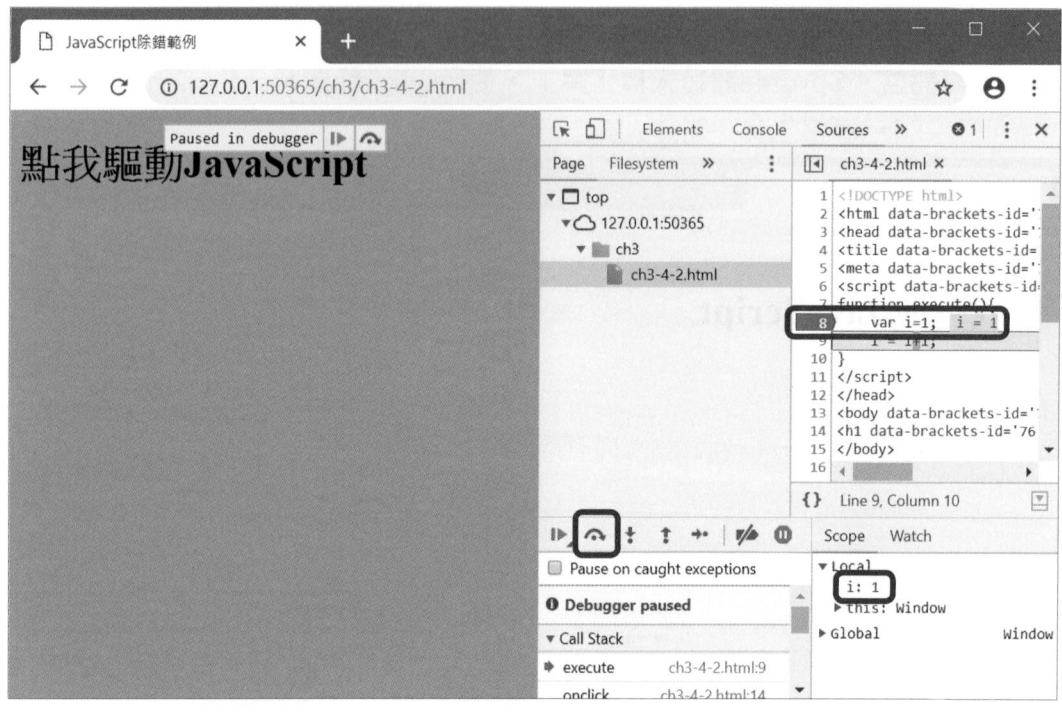

若要執行第9行，則再點選「 ⌒ 」一次，執行第9行後，變數i會遞增1，變數i數值為2。

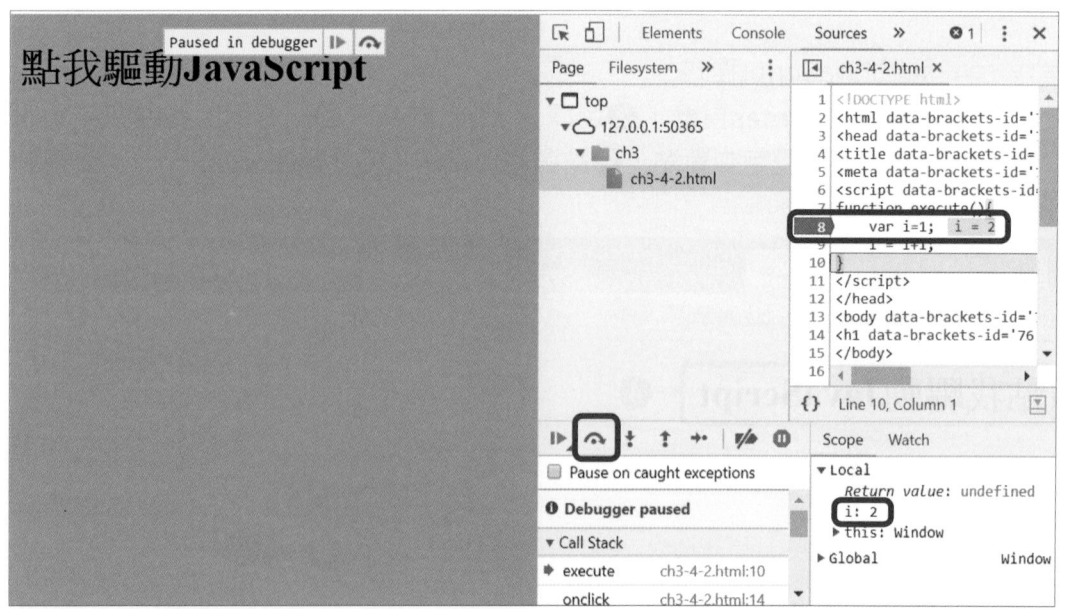

善用JavaScript除錯功能可以讓使用者了解JavaScript如何運作，哪裡出錯需要修改。

自 我 評 量

1. JavaScript與CSS匯入的位置皆可以區分為行內（inline）、網頁內匯入與外部匯入三種，如何辨別這三種匯入？外部匯入相較於行內與網頁內匯入有什麼優點？

2. 請瀏覽網頁ch3-3.html，說明該範例如何更換圖片？

3. 請瀏覽網頁ch3-4-1.html，使用「Chrome開發人員工具」練習修改顏色、寬度、取消CSS設定與不同解析度瀏覽網頁。

4. 請瀏覽網頁ch3-4-2.html，使用「Chrome開發人員工具」練習JavaScript除錯，顯示變數的值，逐步執行JavaScript程式。

HTML5
CSS3
JavaScript

使用CSS設定文字與圖片

使用CSS可以產生不同特效的文字與圖片，以下介紹如何使用CSS讓文字與圖片產生不同的效果。

4-1 使用CSS設定文字

首先要了解CSS與文字相關的屬性，例如字型、字型大小、行距、顏色、文字對齊、文字是否加上底線、文字的陰影等，這些都會影響文字在瀏覽器的呈現結果，以下介紹CSS與文字有關的屬性。

屬性與說明	範例與說明
font-family 設定文字字型	font-family: "Times New Roman","標楷體"; 設定瀏覽器優先使用Times New Roman字型，若無法使用，則使用標楷體字型。
font-size 設定文字大小	font-size: 16px; 設定文字大小為16px。
font-weight 設定文字的粗細	font-weight: bold; 設定文字為粗體。
font-style 設定文字正常（normal）、斜體（italic）還是傾斜體（oblique）	font-style: italic; 設定文字為斜體。
line-height 設定文字的行高	line-height: 20px; 設定行高為20px。
font 將文字相關屬性整合在一起	font: italic bold 16px/20px "Times New Roman","標楷體"; 設定文字為斜體、粗體、大小為16px、行高為20px，字體為Times New Roman與標楷體。
color 設定文字的顏色	color:red; 設定文字為紅色。
text-align 設定文字的對齊	text-align: center; 設定文字置中對齊。
text-decoration 設定文字的裝飾線樣式	text-decoration: underline; 設定文字加上底線。
text-decoration-color 設定文字的裝飾線顏色	text-decoration-color: blue; 設定文字的裝飾線為藍色。

屬性與說明	範例與說明
text-shadow 設定文字的陰影	text-shadow: 3px 4px 5px red; 設定文字陰影向右位移3px，向下位移4px，模糊化5px，文字陰影使用紅色。
letter-spacing 設定文字間的距離	letter-spacing: 3px; 設定文字間的距離為3px。

4-1-1　使用CSS設定文字範例（一）

🔗 ch4\ch4-1-1.html

　　以下範例介紹font-style、font-weight、font-size、line-height、font-family與color對於文字的影響，讀者可以自行嘗試，修改屬性值看有什麼影響，操作步驟如下。

STEP01 新增CSS的類別font1，新增一段文字font-style: normal;font-weight: bold;font-size: 16px;line-height: 20px;font-family: "Times New Roman", "標楷體";color:red;套用類別font1，說明與結果如下表。

CSS	```
	.font1 {
	    font-style: normal;
	    font-weight: bold;
	    font-size: 16px;
	    line-height: 20px;
	    font-family: "Times New Roman","標楷體";
	    color:red;
	}
	``

CSS說明	font-style: normal表示不使用斜體，使用正常的字體；font-weight: bold表示使用粗體；font-size: 16px表示字體大小為16px；line-height: 20px表示行高為20px；font-family: "Times New Roman","標楷體"表示字體優先使用Times New Roman，第二優先使用標楷體；color:red表示文字設定為紅色。
HTML	``` <p class='font1'> font-style: normal;font-weight: bold;font-size: 16px;line-height: 20px;font-family: "Times New Roman","標楷體";color:red; </p> ```
執行結果	**font-style: normal;font-weight: bold;font-size: 16px;line-height: 20px;font-family: "Times New Roman","標楷體";color:red;**

STEP02 新增CSS的類別font2，新增一段文字font-style: italic;font-weight: normal;font-size: 1.5em;line-height: 20px;font-family: sans-serif,"新細明體";color:#0000FF;套用類別font2，說明與結果如下表。

CSS	```\n.font2 {\n font-style: italic;\n font-weight: normal;\n font-size: 1.5em;\n line-height: 20px;\n font-family: sans-serif,"新細明體";\n color:#0000FF;\n}\n```
CSS說明	font-style: italic 表示使用斜體；font-weight: normal 表示使用正常的粗細；font-size: 1.5em 表示字體大小為 24px，因為 1em 等於 16px，1.5em 等於 24px；line-height: 20px 表示行高為 20px；font-family: sans-serif," 新細明體 " 表示字體優先使用 sans-serif，第二優先使用新細明體；color:#0000FF 表示文字設定為藍色。
HTML	```\n<p class='font2'>\n font-style: italic;font-weight: normal;font-size: 1.5em;line-height: 20px; font-family: sans-serif,"新細明體";color:#0000FF;\n</p>\n```
執行結果	*font-style: italic;font-weight: normal;font-size: 1.5em;line-height: 20px;font-family: sans-serif,"新細明體";color:#0000FF;*

STEP03 新增CSS的類別font3，新增一段文字font: italic bold 16px/20px "Times New Roman","標楷體";color:green;套用類別font3，說明與結果如下表。

CSS	```\n.font3{\n font: italic bold 16px/20px "Times New Roman","標楷體";\n color:green;\n}\n```
CSS說明	italic表示使用斜體；blod表示使用粗體；16px/20px表示字體大小為16px，行高為20px；"Times New Roman","標楷體"表示字體優先使用Times New Roman，第二優先使用標楷體；color:green表示文字設定為綠色。
HTML	```\n<p class='font3'>\n font: italic bold 16px/20px "Times New Roman","標楷體";color:green;\n</p>\n```
執行結果	*font: italic bold 16px/20px "Times New Roman","標楷體";color:green;*

本範例的完整網頁如下：

行號	網頁
1	```<!DOCTYPE html>```
2	```<html lang="zh-TW">```
3	```<head>```
4	```<title>ch4-1-1使用CSS設定文字範例(一)</title>```
5	```<meta charset="utf-8">```
6	```<style>```
7	```.font1 {```
8	``` font-style: normal;```
9	``` font-weight: bold;```
10	``` font-size: 16px;```
11	``` line-height: 20px;```
12	``` font-family: "Times New Roman","標楷體";```
13	``` color:red;```
14	```}```
15	```.font2 {```
16	``` font-style: italic;```
17	``` font-weight: normal;```
18	``` font-size: 1.5em;```
19	``` line-height: 20px;```
20	``` font-family: sans-serif,"新細明體";```
21	``` color:#0000FF;```
22	```}```
23	```.font3{```
24	``` font: italic bold 16px/20px "Times New Roman","標楷體";```
25	``` color:green;```
26	```}```
27	```</style>```
28	```</head>```
29	```<body>```
30	```<p class='font1'>```
31	``` font-style: normal;font-weight: bold;font-size: 16px;line-height: 20px;font-family: "Times New Roman","標楷體";color:red;```
32	```</p>```
33	```<p class='font2'>```
34	``` font-style: italic;font-weight: normal;font-size: 1.5em;line-height: 20px;font-family: sans-serif,"新細明體";color:#0000FF;```
35	```</p>```
36	```<p class='font3'>```
37	``` font: italic bold 16px/20px "Times New Roman","標楷體";color:green;```
38	```</p>```
39	```</body>```
40	```</html>```

4-1-2　使用CSS設定文字範例(二)

ch4\ch4-1-2.html

以下範例介紹text-align、text-decoration、text-decoration-color、text-shadow與letter-spacing對於文字的影響,讀者可以自行嘗試,修改屬性值看有什麼影響,操作步驟如下。

STEP01　新增CSS的類別text1,新增一段文字text-align: left;text-decoration: line-through;text-decoration-color: red;text-shadow: 4px 4px blue;套用類別text1,說明與結果如下表。

| CSS | ```
.text1 {
    text-align: left;
    text-decoration: line-through;
    text-decoration-color: red;
    text-shadow: 4px 4px blue;
}
``` |
|---|---|
| CSS說明 | text-align: left表示靠左對齊;text-decoration: line-through表示裝飾線穿過文字;text-decoration-color: red表示裝飾線使用紅色;text-shadow: 4px 4px blue表示文字陰影向右位移4px、向下位移4px與文字陰影為藍色。 |
| HTML | ```
<p class='text1'>
    text-align: left;text-decoration: line-through;text-decoration-color: red;text-shadow: 4px 4px blue;
</p>
``` |
| 執行結果 | ~~text-align: left;text-decoration: line-through;text-decoration-color: red;text-shadow: 4px 4px blue;~~ |

STEP02　新增CSS的類別text2,新增一段文字text-align: center;text-decoration: underline;text-decoration-color: #F0F000;text-shadow: 3px 4px 5px red;套用類別text2,說明與結果如下表。

| CSS | ```
.text2 {
    text-align: center;
    text-decoration: underline;
    text-decoration-color: #F0F000;
    text-shadow: 3px 4px 5px red;
}
``` |
|---|---|
```

CSS說明	text-align: center 表示置中對齊；text-decoration: underline 表示裝飾線在文字的底部；text-decoration-color: #F0F000 表示裝飾線使用顏色 #F0F000；text-shadow: 3px 4px 5px red 表示文字陰影向右位移 3px、向下位移 4px、模糊化為 5px 與文字陰影為紅色。

HTML	`<p class='text2'>`
	`    text-align: center;text-decoration: underline;text-decoration-color: #F0F000;text-shadow: 3px 4px 5px red;`
	`</p>`

執行結果	text-align: center;text-decoration: underline;text-decoration-color: #F0F000;text-shadow: 3px 4px 5px red;

STEP03　新增CSS的類別text3，新增一段文字text-align: right;text-decoration: overline;text-decoration-color: #F00;letter-spacing: 3px;套用類別text3，說明與結果如下表。

CSS	`.text3{`
	`    text-align: right;`
	`    text-decoration: overline;`
	`    text-decoration-color: #F00;`
	`    letter-spacing: 3px;`
	`}`

CSS說明	text-align: right 表示靠右對齊；text-decoration: overline 表示裝飾線在文字的頂部；text-decoration-color: #F00 表示裝飾線使用紅色 #F00；letter-spacing: 3px 表示文字間的距離為 3px。

HTML	`<p class='text3'>`
	`    text-align: right;text-decoration: overline;text-decoration-color: #F00; letter-spacing: 3px;`
	`</p>`

執行結果	text-align: right;text-decoration: overline;text-decoration-color: #F00;letter-spacing: 3px;

STEP04 新增CSS的類別text4，新增一段文字text-align: left;text-decoration: none;text-shadow: 2px 2px 4px yellow;letter-spacing: -2px套用類別 text4，說明與結果如下表。

| **CSS** | ```
.text4{
    text-align: left;
    text-decoration: none;
    text-shadow: 2px 2px 4px yellow;
    letter-spacing: -2px;
}
``` |
| **CSS說明** | text-align: left 表示靠左對齊；text-decoration: none 表示沒有裝飾線；text-shadow: 2px 2px 4px yellow; 表示文字陰影向右位移 2px、向下位移 2px、模糊化為4px與文字陰影為黃色；letter-spacing: -2px 表示文字間的距離為 -2px。 |
| **HTML** | ```
<p class='text4'>
    text-align: left;text-decoration: none;text-shadow: 2px 2px 4px yellow; letter-spacing: -2px;
</p>
``` |
| **執行結果** | text-align: left;text-decoration: none;text-shadow: 2px 2px 4px yellow;letter-spacing: -2px |

本範例的完整網頁如下：

行號	網頁
1	`<!DOCTYPE html>`
2	`<html lang="zh-TW">`
3	`<head>`
4	`<title>ch4-1-2使用CSS設定文字範例(二)</title>`
5	`<meta charset="utf-8">`
6	`<style>`
7	`.text1 {`
8	`    text-align: left;`
9	`    text-decoration: line-through;`
10	`    text-decoration-color: red;`
11	`    text-shadow: 4px 4px blue;`
12	`}`
13	`.text2 {`
14	`    text-align: center;`
15	`    text-decoration: underline;`
16	`    text-decoration-color: #F0F000;`
17	`    text-shadow: 3px 4px 5px red;`
18	`}`
19	`.text3{`
20	`    text-align: right;`

行號	網頁
21	`    text-decoration: overline;`
22	`    text-decoration-color: #F00;`
23	`    letter-spacing: 3px;`
24	`}`
25	`.text4{`
26	`    text-align: left;`
27	`    text-decoration: none;`
28	`    text-shadow: 2px 2px 4px yellow;`
29	`    letter-spacing: -2px;`
30	`}`
31	`</style>`
32	`</head>`
33	`<body>`
34	`<p class='text1'>`
35	`    text-align: left;text-decoration: line-through;text-decoration-color: red;text-shadow: 4px 4px blue;`
36	`</p>`
37	`<p class='text2'>`
38	`    text-align: center;text-decoration: underline;text-decoration-color: #F0F000;text-shadow: 3px 4px 5px red;`
39	`</p>`
40	`<p class='text3'>`
41	`    text-align: right;text-decoration: overline;text-decoration-color: #F00;letter-spacing: 3px;`
42	`</p>`
43	`<p class='text4'>`
44	`    text-align: left;text-decoration: none;text-shadow: 2px 2px 4px yellow;letter-spacing: -2px;`
45	`</p>`
46	`</body>`
47	`</html>`

4-2 使用CSS設定圖片

　　首先要了解CSS跟圖片相關的屬性，例如邊界、寬度、高度、顯示方式與透明度等，都會影響圖片在瀏覽器的呈現結果，以下介紹CSS與圖片有關的屬性。

屬性與說明	範例與說明
border 設定圖片的邊線	border: 2px solid red; 設定邊線寬度為2px、實線與紅色。

屬性與說明	範例與說明
border-radius 設定圖片邊線四個角的弧度	border-radius: 10px; 設定圖片邊線四個角的弧度為10px。
width 設定圖片的寬度	width: 200px; 設定圖片的寬度為200px。
height 設定圖片的高度	height: 100px; 設定圖片的高度為100px。
display 設定圖片的顯示方式，預設是inline（行內），可以改成block（區塊）	display: block; 設定圖片的顯示方式為block，圖片的上方與下方都會換行。
opacity 設定圖片的透明度	opacity: 0.7; 設定圖片的透明度為0.7。

4-2-1 使用CSS設定圖片

ch4\ch4-2-1.html

以下範例介紹border、border-radius、width、height、display與opacity對於圖片的影響，讀者可以自行嘗試，修改屬性值看有什麼影響。

STEP01 新增CSS的類別img1，新增一張圖片套用類別img1，說明與結果如下表。

CSS	```
	.img1 {
	    border: 2px solid red;
	    border-radius: 10px;
	    width: 200px;
	    height: 100px;
	}
	``

CSS說明	border: 2px solid red 表示設定圖片邊線寬度為 2px、實線與紅色；border-radius: 10px 表示設定圖片邊線四個角的弧度為 10px；width: 200px 表示設定圖片的寬度為 200px；height: 100px 表示設定圖片的高度為 100px。
HTML	`<img class='img1' src="img/1.jpg">`

執行結果	

新增CSS的類別img2，新增一張圖片套用類別img2，說明與結果如下表。

CSS	`.img2 {`
	`    display: block;`
	`    margin: auto;`
	`    border-radius: 50%;`
	`    width: 30%;`
	`    opacity: 0.7;`
	`}`

CSS說明	display: block 表示圖片以 block 模式顯示，會在圖片的上面與下面加上換行；margin: auto 表示圖片置中顯示；border-radius: 50% 表示設定圖片邊線四個角的弧度為 50%；width: 30% 表示設定圖片的寬度為 30%；opacity: 0.7 表示設定圖片的透明度為 0.7。
HTML	`<img class='img2' src="img/2.jpg">`
執行結果	

本範例的完整網頁如下：

行號	網頁
1	`<!DOCTYPE html>`
2	`<html lang="zh-TW">`
3	`<head>`
4	`<title>ch4-2-1使用CSS設定圖片</title>`
5	`<meta charset="utf-8">`
6	`<style>`
7	`.img1 {`

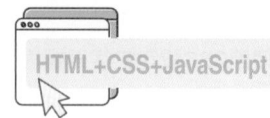

行號	網頁
8	border: 2px solid red;
9	border-radius: 10px;
10	width: 200px;
11	height: 100px;
12	}
13	.img2 {
14	display: block;
15	margin: auto;
16	border-radius: 50%;
17	width: 30%;
18	opacity: 0.7;
19	}
20	</style>
21	</head>
22	<body>
23	<img class='img1' src="img/1.jpg">
24	<img class='img2' src="img/2.jpg">
25	</body>
26	</html>

4-2-2 使用CSS設定圖片與說明文字

📀 ch4\ch4-2-2.html

以下範例整合圖片與說明文字，操作步驟如下。

STEP01 新增圖片與文字的HTML網頁，如下。一個標籤div的區塊，設定此區塊的類別為div1，此區塊包含圖片與文字，圖片使用標籤img，設定此圖片的類別為img1，與文字使用標籤section，設定此文字的類別為text1。

```
<div class='div1'>
    <img class='img1' src="img/3.jpg">
    <section class='text1'>赤崁樓</section>
</div>
```

使用瀏覽器瀏覽結果如下：

赤崁樓

STEP02 設定圖片與文字的CSS，如下：

類別div1影響最外層的div區塊，包含圖片與說明文字，設定如下：
width: 200px表示設定類別div1的寬度為200px；box-shadow：8px 8px
10px blue表示類別div1的陰影向右位移8px、向下位移8px、模糊化為
10px與陰影為藍色。

類別img1用於設定圖片，設定如下：width: 100%表示設定類別img1寬
度為上一層容器寬度的100%。

類別text1用於設定說明文字，設定如下：text-align: center表示文字置
中顯示；padding: 10px表示說明文字與邊線的距離，上下左右都設定為
10px。

```css
.div1 {
    width: 200px;
    box-shadow: 8px 8px 10px blue;
}
.img1 {
    width: 100%;
}
.text1 {
    text-align: center;
    padding: 10px;
}
```

使用瀏覽器瀏覽結果如下：

赤崁樓

本範例完整網頁如下：

行號	網頁
1	`<!DOCTYPE html>`
2	`<html lang="zh-TW">`
3	`<head>`
4	`<title>ch4-2-2使用CSS設定圖片與說明文字</title>`
5	`<meta charset="utf-8">`
6	`<style>`
7	`.div1 {`
8	`    width: 200px;`
9	`    box-shadow: 8px 8px 10px blue;`
10	`}`
11	`.img1 {`
12	`    width: 100%;`
13	`}`
14	`.text1 {`
15	`    text-align: center;`
16	`    padding: 10px;`
17	`}`
18	`</style>`
19	`</head>`
20	`<body>`
21	`<div class='div1'>`

行號	網頁

22
23
24
25
26
	`    <img class='img1' src="img/3.jpg">`
	`    <section class='text1'>赤崁樓</section>`
	`</div>`
	`</body>`
	`</html>`

4-3 ○ 使用CSS設定背景顏色與背景圖片

首先要了解CSS的背景顏色與背景圖片相關屬性，會影響背景顏色或背景圖片在瀏覽器的呈現，以下介紹CSS與背景有關的屬性。

屬性與說明	範例與說明
background-color 設定背景顏色	background-color: blue; 設定背景為藍色。
background-image 設定背景圖片	background-image: url('img/bg2.jpg'); 設定背景為資料夾img下的圖片檔bg2.jpg。
background-repeat 設定背景是否重複	background-repeat: repeat; 設定背景允許重複串接成更大背景。
background-size 設定背景的長寬、填滿或不填滿	background-size: 100px 150px; 設定背景寬度為100px與高度為150px。
background-position 設定背景在指定的位置上	background-position: right bottom; 設定背景在右下角。
background- attachment 設定背景固定在指定位置上（不跟著拖動），還是跟著一起拖動	background-attachment: fixed; 背景固定在畫面上，不跟著捲動。
background 上述所有設定可以使用background寫在同一行	background:blue　url('img/bg2.jpg')　no-repeat center fixed; 設定背景為藍色，背景為資料夾img下的圖片檔bg2.jpg，背景不重複且置中顯示，背景固定在畫面上。

4-3-1　背景與標題

◉ ch4\ch4-3-1.html

以下範例介紹設定背景顏色與擁有背景的標題，讀者可以自行嘗試，修改屬性值看有什麼影響。

本範例的操作步驟如下：

STEP01 新增標籤div與id為bg1的CSS，新增標籤div套用id為bg1，說明與結果如下表。

| CSS | ```css
div{
    width: 400px;
    border:1px red solid;
    margin-bottom: 40px;
}
#bg1 {
    height: 50px;
    background-color: blue;
}
``` |
| CSS說明 | 設定標籤 div 的 CSS 如下：width: 400px 表示設定標籤 div 的寬度為 400px；border:1px red solid 表示邊線寬度 1px、紅色與實線；margin-bottom: 40px 表示底部邊線下方保留高度 40px 的空白。

id 為 bg1 的 CSS 設定如下：height: 50px 表示設定 bg1 高度為 50px；background-color: blue 表示背景顏色為藍色。 |
| HTML | ```html
<div id='bg1'>
</div>
``` |
| 執行結果 | |

STEP02 新增標籤div、id為bg2與類別為text1的CSS，新增標籤div套用id為bg2，內含標籤p的文字套用類別text1的HTML網頁，說明與結果如下表。

| CSS | ```css
div{
    width: 400px;
    border:1px red solid;
    margin-bottom: 40px;
}
#bg2 {
    height: 50px;
    background-image: url('img/bg2.jpg');
    background-repeat: repeat;
    border: 0px;
}
.text1{
    font-size: 40px;
    color: black;
    text-align: center;
    text-shadow: 4px 4px 4px #FF0000;
}
``` |
```

CSS說明	設定標籤 div 的 CSS 如下：width: 400px 表示設定標籤 div 的寬度為 400px；border:1px red solid 表示邊線寬度 1px、紅色與實線；margin-bottom: 40px 表示底部邊線下方保留高度 40px 的空白。 id 為 bg2 的 CSS 設定如下：height: 50px 表示設定 bg1 高度為 50px；background-image: url('img/bg2.jpg') 表示設定背景為資料夾 img 下的圖片檔 bg2.jpg；background-repeat: repeat 表示設定背景允許重複串接成更大背景；border: 0px 表示設定沒有邊線，標籤 div 所設定紅色邊線會被覆寫改成沒有邊線。 類別 text1 用於設定背景上的標題，設定如下：font-size: 40px 表示文字大小為 40px；color: black 表示文字顏色為黑色；text-align: center 表示文字置中顯示；text-shadow: 4px 4px 4px #FF0000 表示文字陰影向右位移 4px、向下位移 4px、模糊化為 4px 與文字陰影為紅色。
HTML	``` <div id='bg2'> <p class='text1'>使用CSS設定背景</p> </div> ```
執行結果	使用CSS設定背景

本範例的完整網頁如下：

行號	網頁
1	`<!DOCTYPE html>`
2	`<html lang="zh-TW">`
3	`<head>`
4	`<title> ch4-3-1背景與標題</title>`
5	`<meta charset="utf-8">`
6	`<style>`
7	`div{`
8	`    width: 400px;`
9	`    border:1px red solid;`
10	`    margin-bottom: 40px;`
11	`}`
12	`#bg1 {`
13	`    height: 50px;`
14	`    background-color: blue;`
15	`}`
16	`#bg2 {`
17	`    height: 50px;`
18	`    background-image: url('img/bg2.jpg');`
19	`    background-repeat: repeat;`
20	`    border: 0px;`
21	`}`

行號	網頁
22	.text1{
23	font-size: 40px;
24	color: black;
25	text-align: center;
26	text-shadow: 4px 4px 4px #FF0000;
27	}
28	</style>
29	</head>
30	<body>
31	<div id='bg1'>
32	</div>
33	<div id='bg2'>
34	<p class='text1'>使用CSS設定背景</p>
35	</div>
36	</body>
37	</html>

充電時間

當CSS設定有衝突時，如何確定哪一個CSS的設定被覆寫了，也就是該CSS沒有作用？例如：本範例CSS中，bg2的邊線設定為border: 0px，會取代標籤div的邊線設定border:1px red solid。

首先使用Chrome瀏覽該網頁，開啟「開發人員工具」，點選Elements視窗內id為bg2的標籤div，接著該div的CSS顯示在下方的Styles視窗，發現border:1px red solid出現刪除線，表示該設定被覆寫而沒有作用。

4-3-2　在指定位置放入背景圖片

ch4\ch4-3-2.html

　　以下範例介紹在指定位置放入背景圖片，讀者可以自行嘗試，修改屬性值看有什麼影響，本範例的操作步驟如下。

STEP01　新增標籤div與id為bg3的CSS，新增標籤div套用id為bg3的HTML，說明與結果如下表。

CSS	```div{ height: 500px; width: 400px; border:1px red solid; margin-bottom: 40px;}#bg3 { background-image: url('img/bg3.png'); background-size: 100px 150px; background-repeat: no-repeat; background-position: right bottom;}```
CSS說明	設定標籤 div 的 CSS 如下：height: 500px 表示設定標籤 div 的高度為 500px；width: 400px 表示設定標籤 div 的寬度為 400px；border:1px red solid 表示邊線寬度 1px、紅色與實線；margin-bottom: 40px 表示底部邊線下方保留高度 40px 的空白。 id 為 bg3 的 CSS 設定如下：background-image: url('img/bg3.png') 表示設定背景為資料夾 img 下的圖片檔 bg3.png；background-size: 100px 150px 表示設定背景寬度為 100px 與高度為 150px；background-repeat: no-repeat 表示設定背景不重複；background-position: right bottom 表示設定背景在右下角。
HTML	`<div id='bg3'></div>`
執行結果	

STEP02 新增標籤div與id為bg4的CSS，新增標籤div套用id為bg4的HTML，說明
與結果如下表。

CSS	```div{ height: 500px; width: 400px; border:1px red solid; margin-bottom: 40px; } #bg4 { background-image: url('img/bg3.png'); background-size: 100px 150px; background-repeat: no-repeat; background-position: 30% 40%; }```
CSS說明	設定標籤 div 的 CSS 如下：height: 500px 表示設定標籤 div 的高度為 500px；width: 400px 表示設定標籤 div 的寬度為 400p；border:1px red solid 表示邊線寬度 1px、紅色與實線；margin-bottom: 40px 表示底部邊線下方保留高度 40px 的空白。 id 為 bg4 的 CSS 設定如下：background-image: url('img/bg3.png') 表示設定背景為資料夾 img 下的圖片檔 bg3.png；background-size: 100px 150px 表示設定背景寬度為 100px 與高度為 150px；background-repeat: no-repeat 表示設定背景不重複；background-position: 30% 40% 表示設定背景顯示位置在寬度 30% 與高度 40% 的位置。
HTML	`<div id='bg4'></div>`
執行結果	

本範例的完整網頁如下：

行號	網頁
1	`<!DOCTYPE html>`
2	`<html lang="zh-TW">`
3	`<head>`
4	`<title>ch4-3-2在指定位置放入背景圖片</title>`
5	`<meta charset="utf-8">`
6	`<style>`
7	`div{`
8	`    height: 500px;`
9	`    width: 400px;`
10	`    border:1px red solid;`
11	`    margin-bottom: 40px;`
12	`}`
13	`#bg3 {`
14	`    background-image: url('img/bg3.png');`
15	`    background-size: 100px 150px;`
16	`    background-repeat: no-repeat;`
17	`    background-position: right bottom;`
18	`}`
19	`#bg4 {`
20	`    background-image: url('img/bg3.png');`
21	`    background-size: 100px 150px;`
22	`    background-repeat: no-repeat;`
23	`    background-position: 30% 40%;`
24	`}`
25	`</style>`
26	`</head>`
27	`<body>`
28	`<div id='bg3'></div>`
29	`<div id='bg4'></div>`
30	`</body>`
31	`</html>`

4-3-3　設定背景是否填滿

🔘 ch4\ch4-3-3.html

以下範例介紹屬性background-size的設定，用於設定背景是否填滿，讀者可以自行嘗試，修改屬性值看有什麼影響，本範例的操作步驟如下。

STEP01 新增標籤div與id為bg5的CSS，新增標籤div套用id為bg5的HTML，說明
與結果如下表。

| CSS | ```css
div{
    height: 200px;
    width: 150px;
    border:1px red solid;
    margin-bottom: 40px;
}
#bg5 {
    background-image: url('img/bg3.png'),url('img/bg2.jpg');
    background-size: cover;
    background-repeat: no-repeat;
    background-position: center;
}
``` |
CSS說明	設定標籤 div 的 CSS 如下：height: 200px 表示設定標籤 div 的高度為 200px；width: 150px 表示設定標籤 div 的寬度為 150px；border:1px red solid 表示邊線寬度 1px、紅色與實線；margin-bottom: 40px 表示底部邊線下方保留高度 40px 的空白。 id 為 bg5 的 CSS 設定如下：background-image: url('img/bg3.png') ,url('img/bg2.jpg') 表示設定背景為資料夾 img 下的圖片檔 bg3.png 與 bg2.jpg；background-size: cover 表示背景向外擴張填滿整個容器超出容器部分不顯示；background-repeat: no-repeat 表示設定背景不重複；background-position: center 表示背景置中顯示。
HTML	`<div id='bg5'></div>`
執行結果	
```

STEP02 新增標籤div與id為bg6的CSS，新增標籤div套用id為bg6的HTML，說明
與結果如下表。

| CSS | ```
div{
    height: 200px;
    width: 150px;
    border:1px red solid;
    margin-bottom: 40px;
}
#bg6 {
    background-image: url('img/bg3.png'),url('img/bg2.jpg');
    background-size: contain;
    background-repeat: no-repeat;
    background-position: center;
}
``` |
|---|---|
CSS說明	設定標籤 div 的 CSS 如下：height: 200px 表示設定標籤 div 的高度為 200px；width: 150px 表示設定標籤 div 的寬度為 150px；border:1px red solid 表示邊線寬度 1px、紅色與實線；margin-bottom: 40px 表示底部邊線下方保留高度 40px 的空白。 id 為 bg6 的 CSS 設定如下：background-image: url('img/bg3.png') ,url('img/bg2.jpg') 表示設定背景為資料夾 img 下的圖片檔 bg3.png 與 bg2.jpg；background-size: contain 表示容器包含背景，當容器與背景的比例不相同，可以允許有地方是空白；background-repeat: no-repeat 表示設定背景不重複；background-position: center 表示背景置中顯示。
HTML	`<div id='bg6'></div>`
執行結果	
```

本範例的完整網頁如下：

行號	網頁
1	`<!DOCTYPE html>`
2	`<html lang="zh-TW">`
3	`<head>`
4	`<title>ch4-3-3使用屬性background-size設定背景</title>`
5	`<meta charset="utf-8">`
6	`<style>`
7	`div{`
8	`    height: 200px;`
9	`    width: 150px;`
10	`    border:1px red solid;`
11	`    margin-bottom: 40px;`
12	`}`
13	`#bg5 {`
14	`    background-image: url('img/bg3.png'),url('img/bg2.jpg');`
15	`    background-size: cover;`
16	`    background-repeat: no-repeat;`
17	`    background-position: center;`
18	`}`
19	`#bg6 {`
20	`    background-image: url('img/bg3.png'),url('img/bg2.jpg');`
21	`    background-size: contain;`
22	`    background-repeat: no-repeat;`
23	`background-position: center;`
24	`}`
25	`</style>`
26	`</head>`
27	`<body>`
28	`<div id='bg5'></div>`
29	`<div id='bg6'></div>`
30	`</body>`
31	`</html>`

4-3-4　設定背景是否捲動

ch4\ch4-3-4.html

　　以下範例介紹屬性background-attachment的設定，用於設定背景是否捲動，讀者可以自行嘗試，修改屬性值看有什麼影響，本範例的操作步驟如下。

STEP01 新增標籤div與id為bg7的CSS，新增標籤div套用id為bg7的HTML，說明與結果如下表。

HTML	`<div id='bg7'></div>`
| CSS | ```css
div{
    height: 1000px;
}
#bg7{
    background-image: url('img/bg3.png'),url('img/bg3.png');
    background-size: 100px 150px,100px 150px;
    background-repeat: no-repeat,no-repeat;
    background-position: center,right bottom;
    background-attachment: fixed,scroll;
}
``` |
| CSS說明 | 設定標籤div的CSS如下：height: 1000px表示設定標籤div的高度為1000px。id為bg7的CSS設定如下：background-image: url('img/bg3.png') ,url('img/bg3.png')表示設定背景有兩張圖片，都是資料夾img下的圖片檔bg3.png；background-size: 100px 150px,100px 150px表示兩個背景都是寬度100px與高度150px；background-repeat:　　no-repeat,no-repeat表示設定兩個背景都不重複；background-position:　center,right　bottom表示第一個背景置中顯示，第二個背景放置於右下角；background-attachment: fixed,scroll表示第一個背景固定在畫面上，第二個背景跟著捲動。 |
| 執行結果 | |
```

本範例的完整網頁如下。

行號	網頁
1	`<!DOCTYPE html>`
2	`<html lang="zh-TW">`
3	`<head>`
4	`<title>ch4-3-4使用屬性background-attachment設定背景</title>`
5	`<meta charset="utf-8">`
6	`<style>`
7	`div{`
8	`    height: 1000px;`
9	`}`
10	`#bg7{`
11	`    background-image: url('img/bg3.png'),url('img/bg3.png');`
12	`    background-size: 100px 150px,100px 150px;`
13	`    background-repeat: no-repeat,no-repeat;`
14	`    background-position: center,right bottom;`
15	`    background-attachment: fixed,scroll;`
16	`}`
17	`</style>`
18	`</head>`
19	`<body>`
20	`<div id='bg7'></div>`
21	`</body>`
22	`</html>`

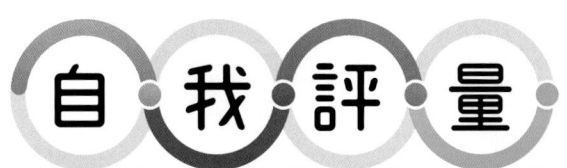

自 我 評 量

1. 請說明如何使用font-family、font-size、font-weight、font-style與line-height設定文字。

2. 請說明如何使用text-align、text-decoration、text-decoration-color、text-shadow與letter-spacing設定文字。

3. 請說明如何使用border、border-radius、width、height、display與opacity設定圖片。

4. 請說明如何使用background-color、background-repeat、background-image、background-size、background-position與background-attachment設定背景。

NOTE

HTML5
CSS3
JavaScript

05

CSS選擇器

　　使用CSS選擇器可以指定CSS的作用範圍。之前已經介紹過標籤、類別與id選擇器，其實CSS還有許多選擇器可以使用，可以讓我們更精確選擇CSS作用範圍，達成所需效果。

5-1 ○ CSS選擇器

　　選擇器除了基本的標籤、類別與id選擇器，其實還可以將兩個選擇器結合在一起，變成子孫選擇器，再加上特殊符號，又會有不同的作用。以下說明各種延伸出來的選擇器，並提供參考範例。

選擇器與說明	範例與說明

A
標籤選擇器
	```p{```
	 ``` color:red;```
	 ```}```
	 標籤p設定文字顏色為紅色。

.A
類別選擇器
	```.font1 {```
	 ``` color:#00FF00;```
	 ```}```
	 類別font1設定文字顏色為綠色。

#A
id選擇器
	```#font2 {```
	 ``` color:rgba(0,0,255,1.0);```
	 ```}```
	 id為font2設定文字顏色為藍色且不透明。

A B
子孫選擇器
	```p span{```
	 ``` font-size: 20px;```
	 ```}```
	 設定標籤p下的標籤span的文字大小為20px。

A > B
子選擇器
	```#myUL2 > li{```
	 ``` list-style-type: circle;```
	 ```}```
	 設定id為myUL2的下一層li的項目符號為圓圈。

A + B
同層相鄰選擇器
	```#ex1 + ul{```
	 ``` color: green;```
	 ```}```
	 id為ex1相鄰的標籤ul設定為綠色。

A ~ B
同層全體選擇器
	```#ex2 ~ ul{```
	 ``` color: chocolate;```
	 ```}```
	 id為ex2相鄰的所有標籤ul設定為巧克力色。

5-1-1　標籤、類別與id選擇器

ch5\ch5-1-1.html

　　CSS的基本選擇器就是標籤、類別與id選擇器。

⊙ 標籤選擇器會套用到該標籤的每個標籤上。

⊙ 類別選擇器會套用在該類別的每個元素上。

⊙ id選擇器通常只有一個，會作用在屬於該id的元素上。

　　以下範例介紹標籤、類別與id選擇器，本範例操作步驟如下。

STEP01 標籤p的CSS設定為font: 16px normal bold sans-serif,"新細明體"，表示字型大小為16px，不使用斜體，使用粗體，字體優先使用sans-serif，第二優先使用「新細明體」，color:red表示文字設定為紅色。

```
p{
    font: 16px normal bold sans-serif,"新細明體";
    color:red;
}
```

　　　新增標籤p的HTML，如下：

```
<p>套用標籤p的文字</p>
```

　　　瀏覽結果如下：

套用標籤p的文字

STEP02 類別font1的CSS設定為font: 1.5em normal bold sans-serif,"標楷體"，表示字型大小為1.5em，相當於24px，不使用斜體，使用粗體，字體優先使用sans-serif，第二優先使用「標楷體」，color:#00FF00表示文字設定為綠色。若文字屬於標籤p與類別font1，則此時標籤p的CSS設定將會被取代，使用類別font1的CSS設定。

```
.font1 {
    font: 1.5em normal bold sans-serif,"標楷體";
    color:#00FF00;
}
```

　　　新增標籤p的HTML，如下：

```
<p class='font1'>套用類別font1的文字</p>
```

瀏覽結果如下：

套用類別font1的文字

STEP03 id設定為font2的CSS，設定font: 30px normal bold sans-serif,"新細明體"表示字型大小為30px，不使用斜體，使用粗體，字體優先使用sans-serif，第二優先使用「新細明體」，color:rgba(0,0,255,1.0)表示文字設定為藍色，透明度為1.0，表示不透明。若文字屬於標籤p與font2，則此時標籤p的CSS設定將會被取代，使用font2的CSS設定。

```
#font2 {
    font: 30px normal bold sans-serif,"新細明體";
    color:rgba(0,0,255,1.0);
}
```

新增標籤p的HTML，如下：

```
<p id='font2'>套用id為font2的文字</p>
```

瀏覽結果如下：

套用id為font2的文字

本範例完整網頁如下：

行號	網頁
1	`<!DOCTYPE html>`
2	`<html lang="zh-TW">`
3	`<head>`
4	`<title>ch5-1-1標籤、類別與id選擇器</title>`
5	`<meta charset="utf-8">`
6	`<style>`
7	`p{`
8	`    font: 16px normal bold sans-serif,"新細明體";`
9	`    color:red;`
10	`}`
11	`.font1 {`
12	`    font: 1.5em normal bold sans-serif,"標楷體";`
13	`    color:#00FF00;`
14	`}`
15	`#font2 {`
16	`    font: 30px normal bold sans-serif,"新細明體";`

行號	網頁
17	color:rgba(0,0,255,1.0);
18	}
19	</style>
20	</head>
21	<body>
22	<p>套用標籤p的文字</p>
23	<p class='font1'>套用類別font1的文字</p>
24	<p id='font2'>套用id為font2的文字</p>
25	</body>
26	</html>

5-1-2　子孫選擇器

🔧 ch5\ch5-1-2.html

　　子孫選擇器可以指定選擇器下的選擇器，經由兩層的選擇器縮小選擇的範圍，更精確地選擇所需的CSS設定範圍，以下範例介紹子孫選擇器，操作步驟如下。

STEP01 標籤p的CSS設定為font: 16px normal bold sans-serif,"新細明體"，表示字型大小為16px，不使用斜體，使用粗體，字體優先使用sans-serif，第二優先使用「新細明體」，color:red表示文字設定為紅色。

```
p{
    font: 16px normal bold sans-serif,"新細明體";
    color:red;
}
```

　　新增標籤p的HTML，如下：

```
<p>套用標籤p的文字</p>
```

　　瀏覽結果如下：

套用標籤p的文字

STEP02 標籤p的CSS來自**STEP01**。標籤p的標籤span的CSS設定為font-size: 20px，表示字型大小為20px，color:darkblue表示文字設定為深藍色。

```
p span{/* 子孫選擇器 */
    font-size: 20px;
    color:darkblue;
}
```

新增標籤p的HTML，如下：

```
<p>套用<span>標籤p</span>的文字</p>
```

瀏覽結果如下：

套用標籤p的文字

STEP03 標籤p的CSS來自**STEP01**。類別font1的CSS設定為font-size: 24px，表示字型大小為24px，color:#00FF00表示文字設定為綠色。類別font1的標籤span的CSS設定為font-size: 28px，表示字型大小為28px，color:darkred表示文字設定為深紅色。

```
.font1 {
    font-size: 24px;
    color:#00FF00;
}
.font1 span{/* 子孫選擇器 */
    font-size: 28px;
    color:darkred;
}
```

新增標籤p的HTML，如下：

```
<p class='font1'>套用<span>類別font1</span>的文字</p>
```

瀏覽結果如下：

套用類別font1的文字

STEP04 標籤p的CSS來自**STEP01**。id為font2的CSS設定為font-size: 30px，表示字型大小為30px，color:rgba(0,0,255,1.0)表示文字設定為藍色，透明度為1.0，表示不透明。id為font2的標籤span的CSS設定為font-size: 34px，表示字型大小為34px，color:darkgreen表示文字設定為深綠色。

```
#font2 {
    font-size: 30px;
    color:rgba(0,0,255,1.0);
}
#font2 span{/* 子孫選擇器 */
    font-size: 34px;
    color:darkgreen;
}
```

新增標籤p的HTML，如下：

```
<p id='font2'>套用<span>id為font2</span>的文字</p>
```

瀏覽結果如下：

套用id為font2的文字

本範例完整網頁如下。

行號	網頁
1	`<!DOCTYPE html>`
2	`<html lang="zh-TW">`
3	`<head>`
4	`<title>ch5-1-2子孫選擇器</title>`
5	`<meta charset="utf-8">`
6	`<style>`
7	`p{`
8	`    font: 16px normal bold sans-serif,"新細明體";`
9	`    color:red;`
10	`}`
11	`.font1 {`
12	`    font-size: 24px;`
13	`    color:#00FF00;`
14	`}`
15	`#font2 {`
16	`    font-size: 30px;`
17	`    color:rgba(0,0,255,1.0);`
18	`}`
19	`p span{/* 子孫選擇器 */`
20	`    font-size: 20px;`
21	`    color:darkblue;`
22	`}`
23	`.font1 span{/* 子孫選擇器 */`
24	`    font-size: 28px;`
25	`    color:darkred;`
26	`}`
27	`#font2 span{/* 子孫選擇器 */`
28	`    font-size: 34px;`
29	`    color:darkgreen;`
30	`}`
31	`</style>`
32	`</head>`
33	`<body>`

行號	網頁
34	`<p>套用標籤p的文字</p>`
35	`<p>套用<span>標籤p</span>的文字</p>`
36	`<p class='font1'>套用<span>類別font1</span>的文字</p>`
37	`<p id='font2'>套用<span>id為font2</span>的文字</p>`
38	`</body>`
39	`</html>`

5-1-3　子孫選擇器與子選擇器

ch5\ch5-1-3.html

　　子孫選擇器會影響到所有的子孫（包含曾孫與玄孫），如果只影響到下一層而已，就需要使用子選擇器。以下範例介紹子孫選擇器與子選擇器的差異，操作步驟如下。

STEP01　標籤li的CSS設定為list-style-type: decimal，表示清單的項目符號以數字表示。id設定為myUL1的所有標籤li的CSS設定為list-style-type: circle，表示清單的項目符號以圓圈表示。

```css
li{
    list-style-type: decimal;
}
#myUL1 li{ /*子孫選擇器*/
    list-style-type: circle;
}
```

新增標籤ul的HTML，如下：

```html
<ul>
    <li>A</li>
    <ul id='myUL1'>
        <li>A-1</li>
        <li>A-2</li>
        <ul>
            <li>A-2-1</li>
            <li>A-2-2</li>
        </ul>
        <li>A-3</li>
    </ul>
    <li>B</li>
</ul>
```

瀏覽結果如下：

```
1. A
       ○ A-1
       ○ A-2
              ○ A-2-1
              ○ A-2-2
       ○ A-3
2. B
```

STEP02 標籤li的CSS來自於**STEP01**。id設定為myUL2下一層的標籤li的CSS設定為list-style-type: lower-alpha，表示清單的項目符號以小寫英文字母表示。

```
#myUL2 > li{ /*子選擇器*/
    list-style-type: lower-alpha;
}
```

新增標籤ul的HTML，如下：

```
<ul>
    <li>A</li>
    <ul id='myUL2'>
        <li>A-1</li>
        <li>A-2</li>
        <ul>
            <li>A-2-1</li>
            <li>A-2-2</li>
        </ul>
        <li>A-3</li>
    </ul>
    <li>B</li>
</ul>
```

瀏覽結果如下：

```
1. A
       a. A-1
       b. A-2
              1. A-2-1
              2. A-2-2
       c. A-3
2. B
```

本範例完整網頁如下：

行號	網頁
1	`!DOCTYPE html>`
2	`<html lang="zh-TW">`
3	`<head>`
4	`<title>ch5-1-3子孫選擇器與子選擇器</title>`
5	`<meta charset="utf-8">`
6	`<style>`
7	`    li{`
8	`        list-style-type: decimal;`
9	`    }`
10	`    #myUL1 li{ /*子孫選擇器*/`
11	`        list-style-type: circle;`
12	`    }`
13	`    #myUL2 > li{ /*子選擇器*/`
14	`        list-style-type: lower-alpha;`
15	`    }`
16	`</style>`
17	`</head>`
18	`<body>`
19	`    <ul>`
20	`        <li>A</li>`
21	`        <ul id='myUL1'>`
22	`            <li>A-1</li>`
23	`            <li>A-2</li>`
24	`            <ul>`
25	`                <li>A-2-1</li>`
26	`                <li>A-2-2</li>`
27	`            </ul>`
28	`            <li>A-3</li>`
29	`        </ul>`
30	`        <li>B</li>`
31	`    </ul>`
32	`    <ul>`
33	`        <li>A</li>`
34	`        <ul id='myUL2'>`
35	`            <li>A-1</li>`
36	`            <li>A-2</li>`
37	`            <ul>`
38	`                <li>A-2-1</li>`
39	`                <li>A-2-2</li>`
40	`            </ul>`
41	`            <li>A-3</li>`
42	`        </ul>`

行號	網頁
43	`        <li>B</li>`
44	`    </ul>`
45	`</body>`
46	`</html>`

5-1-4　同層相鄰選擇器與同層全體選擇器

🔘 ch5\ch5-1-4.html

　　同層相鄰選擇器為指定元素之後的同層且相鄰元素（一定要相鄰），同層全體選擇器為指定元素之後的同層所有元素（不一定相鄰）。以下範例介紹同層相鄰選擇器與同層全體選擇器的差異，操作步驟如下。

STEP01　id設定為ex1元素之後接著標籤ul的CSS，設定background-color: green 表示背景顏色為綠色。

```
#ex1 + ul{/*同層相鄰選擇器*/
    background-color: green;
}
```

　　新增HTML網頁，如下：

```
<div>
    <h2 id="ex1">清單A到B</h2>
    <ul>
        <li>A</li>
        <li>B</li>
    </ul>
    <h2>清單C到D</h2>
    <ul>
        <li>C</li>
        <li>D</li>
    </ul>
</div>
```

　　瀏覽結果如下：

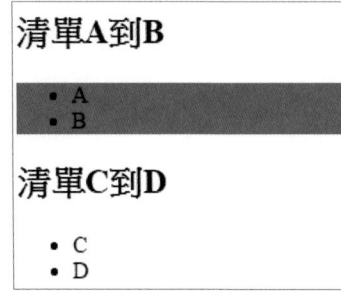

STEP02 id設定為ex2元素之後同一層所有標籤ul的CSS，設定background-color: chocolate表示背景顏色為巧克力色。

```css
#ex2 ~ ul{/*同層全體選擇器*/
    background-color: chocolate;
}
```

新增HTML網頁，如下：

```html
<div>
    <h2 id="ex2">清單A到B</h2>
    <ul>
        <li>A</li>
        <li>B</li>
    </ul>
    <h2>清單C到D</h2>
    <ul>
        <li>C</li>
        <li>D</li>
    </ul>
</div>
```

瀏覽結果如下：

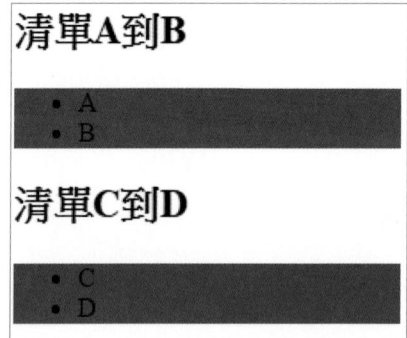

本範例完整網頁如下：

行號	網頁
1	`<!DOCTYPE html>`
2	`<html lang="zh-TW">`
3	`<head>`
4	`<title>ch5-1-4同層相鄰選擇器與同層全體選擇器</title>`
5	`<meta charset="utf-8">`
6	`<style>`
7	`    #ex1 + ul{/*同層相鄰選擇器*/`
8	`        background-color: green;`

行號	網頁
9	`        }`
10	`    #ex2 ~ ul{/*同層全體選擇器*/`
11	`        background-color: chocolate;`
12	`    }`
13	`</style>`
14	`</head>`
15	`<body>`
16	`    <div>`
17	`        <h2 id="ex1">清單A到B</h2>`
18	`        <ul>`
19	`            <li>A</li>`
20	`            <li>B</li>`
21	`        </ul>`
22	`        <h2>清單C到D</h2>`
23	`        <ul>`
24	`            <li>C</li>`
25	`            <li>D</li>`
26	`        </ul>`
27	`    </div>`
28	`    <div>`
29	`        <h2 id="ex2">清單A到B</h2>`
30	`        <ul>`
31	`            <li>A</li>`
32	`            <li>B</li>`
33	`        </ul>`
34	`        <h2>清單C到D</h2>`
35	`        <ul>`
36	`            <li>C</li>`
37	`            <li>D</li>`
38	`        </ul>`
39	`    </div>`
40	`</body>`
41	`</html>`

5-2 套用多個選擇器、萬用選擇器與群組選擇器

一個元素可以設定兩個以上的選擇器，稱作「套用多個選擇器」，例如：
`<p class='font24 blue'>套用font24與blue的文字</p>`。標籤p套用類別font24與類別blue。為了縮短CSS的長度，相同的CSS設定可以寫在一起，稱作「群組選擇器」，例如：`h2,h3{ font-size: 20px;}`，標籤h2與h3都使用字型大小20px。若要所有選擇器都套用，則使用「*」，稱作萬用選擇器，萬用選擇器範例如下。

選擇器與說明	範例與說明

*
萬用選擇器
	*{
	   color:red;
	}
	預設所有選擇器選用紅色。

5-2-1　套用多個選擇器

🕐 ch5\ch5-2-1.html

　　一個元素可以套用多個選擇器，CSS宣告時可以分開宣告，也可以合在一起宣告，以下範例介紹套用多個選擇器，操作步驟如下。

STEP01　標籤p的CSS設定為font: 16px normal bold sans-serif,"新細明體"，表示字型大小為16px，不使用斜體，使用粗體，字體優先使用sans-serif，第二優先使用「新細明體」，color:red表示文字設定為紅色。

類別font24（.font24）的CSS設定為font-size: 24px，表示字型大小為24px。

類別blue（.blue）設定為color:blue，表示文字設定為藍色。

類別28且類別black（.font28.black）設定為font-size: 28px，表示字型大小為28px，color:black表示文字設定為黑色，選擇器.font28.black不能寫成.font28與.black中間有空白，這樣就會變成子孫選擇器，兩個意思不相同。

```
p{
    font: 16px normal bold sans-serif,"新細明體";
    color:red;
}
.font24{
    font-size: 24px;
}
.blue{
    color:blue;
}
.font28.black{/*是類別font28也是類別black*/
    font-size: 28px;
    color:black;
}
```

STEP02　新增HTML網頁如下：

```
<p>套用標籤p的文字</p>
<p class='font24 blue'>套用font24與blue的文字</p>
<p class='font28 black'>套用font28與black的文字</p>
```

STEP03 本範例瀏覽結果如下：

套用標籤p的文字

套用font24與blue的文字

套用font28與black的文字

本範例的完整網頁如下：

行號	網頁
1	`<!DOCTYPE html>`
2	`<html lang="zh-TW">`
3	`<head>`
4	`<title>ch5-2-1套用兩個以上的選擇器</title>`
5	`<meta charset="utf-8">`
6	`<style>`
7	`p{`
8	`    font: 16px normal bold sans-serif,"新細明體";`
9	`    color:red;`
10	`}`
11	`.font24{`
12	`    font-size: 24px;`
13	`}`
14	`.blue{`
15	`    color:blue;`
16	`}`
17	`.font28.black{/*是類別font28也是類別black*/`
18	`    font-size: 28px;`
19	`    color:black;`
20	`}`
21	`</style>`
22	`</head>`
23	`<body>`
24	`    <p>套用標籤p的文字</p>`
25	`    <p class='font24  blue'>套用font24與blue的文字</p>`
26	`    <p class='font28  black'>套用font28與black的文字</p>`
27	`</body>`
28	`</html>`

5-2-2　萬用選擇器與群組選擇器

⏱ ch5\ch5-2-2.html

　　萬用選擇器表示套用到所有的選擇器上，群組選擇器表示將兩個以上的選擇器設定相同的CSS，可以寫在一起，以逗點隔開。以下範例介紹萬用選擇器與群組選擇器，操作步驟如下。

STEP01 萬用選擇器（*）設定為color:red，表示所有CSS選擇器預設使用紅色。
　　　　　標籤h2與標籤h3設定為font-size: 20px，表示字型大小為20px。

```
*{/*萬用選擇器*/
    color:red;
}
h2,h3{/*群組選擇器*/
    font-size: 20px;
}
```

STEP02 新增HTML網頁如下：

```
<h1>這是h1標籤</h1>
<h2>這是h2標籤</h2>
<h3>這是h3標籤</h3>
```

STEP03 本範例瀏覽結果如下：

這是h1標籤

這是h2標籤

這是h3標籤

　　本範例的完整網頁如下：

行號	網頁
1	`<!DOCTYPE html>`
2	`<html lang="zh-TW">`
3	`<head>`
4	`<title>ch5-2-2萬用選擇器與群組選擇器</title>`
5	`<meta charset="utf-8">`
6	`<style>`
7	`    *{/*萬用選擇器*/`

行號	網頁
8	`        color:red;`
9	`    }`
10	`    h2,h3{/*群組選擇器*/`
11	`        font-size: 20px;`
12	`    }`
13	`</style>`
14	`</head>`
15	`<body>`
16	`    <h1>這是h1標籤</h1>`
17	`    <h2>這是h2標籤</h2>`
18	`    <h3>這是h3標籤</h3>`
19	`</body>`
20	`</html>`

5-3 屬性選擇器

ch5\ch5-3.html

經由屬性選擇器可以根據標籤的屬性縮小選擇的範圍,利用屬性與對應值可以形成選擇器,以下介紹常見的屬性選擇器。

選擇器與說明	範例與說明

A[attr]
標籤A中有屬性attr的選擇器
	`img[alt]{`
	`    border:red;`
	`}`
	標籤img有屬性alt的圖片,設定紅色邊線。

A[attr=value]
標籤A屬性attr的值為value的選擇器
	`img[title="salt"]{`
	`    border:green;`
	`}`
	標籤img屬性title為salt的圖片,設定綠色邊線。

A[attr~=value]
標籤A屬性attr的值包含value的選擇器
	`img[title~=tower]{`
	`    border: blue;`
	`}`
	標籤img屬性title包含tower的圖片,設定藍色邊線。

A[attr*=value]
標籤A屬性attr的值的子字串包含value的選擇器
	`img[title*=fuc]{`
	`    border: lightpink;`
	`}`
	標籤img屬性title包含子字串fuc的圖片,設定淡粉紅色邊線。

選擇器與說明	範例與說明

A[attr^=value]
標籤A屬性attr的值以value為開頭的選擇器
	`img[title^=sicao]{`
	`    border: lightgreen;`
	`}`
	標籤img屬性title包含開頭為字串sicao的圖片，設定淡綠色邊線。

A[attr$=value]
標籤A屬性attr的值以value為結尾的選擇器
	`img[title$=salt]{`
	`    border: lightblue;`
	`}`
	標籤img屬性title包含結尾為字串salt的圖片，設定淡藍色邊線。

以下範例介紹常見的屬性選擇器，操作步驟如下。

STEP01 標籤img有alt屬性的選擇器設定為border:5px solid red，表示邊線寬度5px、實線與紅色。

```
img[alt]{
    border:5px solid red;
}
```

新增HTML網頁如下：

```
<img src="img/1.jpg" title="green tunnels" height="100" width="150" alt="綠色隧道">
```

瀏覽結果如下：

STEP02 標籤img有title屬性等於salt fields的選擇器，設定為border:5px solid green，表示邊線寬度5px、實線與綠色。

```
img[title="salt fields"]{
    border:5px solid green;
}
```

新增HTML網頁如下：

```
<img src="img/2.jpg" title="salt fields" height="100" width="150">
```

瀏覽結果如下：

STEP03 標籤img有title屬性包含tower的選擇器，設定為border:5px solid blue，表示邊線寬度5px、實線與藍色。

```
img[title~=tower]{
    border:5px solid blue;
}
```

新增HTML網頁如下：

```
<img src="img/3.jpg" title="chihkan tower" height="150" width="100">
```

瀏覽結果如下：

STEP04 標籤img有title屬性包含子字串fuc的選擇器，設定為border:5px solid lightpink，表示邊線寬度5px、實線與淡粉紅色。

```
img[title*=fuc]{
    border:5px solid lightpink;
}
```

新增HTML網頁如下：

```
<img src="img/4.jpg" title="confucian temple" height="150" width="100">
```

瀏覽結果如下：

STEP05 標籤img有title屬性開頭為sicao的選擇器，設定為border:5px solid lightgreen，表示邊線寬度5px、實線與淡綠色。

```
img[title^=sicao]{
    border:5px solid lightgreen;
}
```

新增HTML網頁如下：

```
<img src="img/1.jpg" title="sicao green tunnels" height="100" width="150">
```

瀏覽結果如下：

STEP06 標籤img有title屬性結尾為salt的選擇器，設定為border:5px solid lightblue，表示邊線寬度5px、實線與淡藍色。

```
img[title$=salt]{
    border:5px solid lightblue;
}
```

新增HTML網頁如下：

```
<img src="img/2.jpg" title="tile-paved salt" height="100" width="150">
```

瀏覽結果如下：

本範例完整網頁如下：

行號	網頁
1	`<!DOCTYPE html>`
2	`<html lang="zh-TW">`
3	`<head>`
4	`<title>ch5-3屬性選擇器</title>`
5	`<meta charset="utf-8">`
6	`<style>`
7	`    img[alt]{`
8	`        border:5px solid red;`
9	`    }`
10	`    img[title="salt fields"]{`
11	`        border:5px solid green;`
12	`    }`
13	`    img[title~=tower]{`
14	`        border:5px solid blue;`
15	`    }`
16	`    img[title*=fuc]{`
17	`        border:5px solid lightpink;`
18	`    }`
19	`    img[title^=sicao]{`
20	`        border:5px solid lightgreen;`
21	`    }`
22	`    img[title$=salt]{`
23	`        border:5px solid lightblue;`
24	`    }`
25	`</style>`
26	`</head>`
27	`<body>`
28	`    <img src="img/1.jpg" title="green tunnels" height="100" width="150" alt="綠色隧道">`
29	`    <img src="img/2.jpg" title="salt fields" height="100" width="150">`
30	`    <img src="img/3.jpg" title="chihkan tower" height="150" width="100">`
31	`    <img src="img/4.jpg" title="confucian temple" height="150" width="100">`

行號	網頁
32	`<img src="img/1.jpg" title="sicao green tunnels" height="100" width="150">`
33	`<img src="img/2.jpg" title="tile-paved salt" height="100" width="150">`
34	`</body>`
35	`</html>`

5-4 ○ 虛擬選擇器

虛擬選擇器分成虛擬類別與虛擬元素。

➡ 連結（link）虛擬類別

選擇器與說明	範例與說明
:link 超連結未拜訪前	```a:link{ color:#00FF00; }``` 超連結未拜訪前設定為綠色。
:visited 超連結已拜訪後	```a:visited{ color:#0000FF; }``` 超連結已拜訪後設定為藍色。

➡ 使用者動作（user action）虛擬類別

選擇器與說明	範例與說明
:hover 滑鼠移動到該元素上方時，驅動hover虛擬類別	```a:hover{ color:#FF0000; }``` 移動到超連結上方時設定為紅色。
:active 滑鼠點選該元素時，驅動active虛擬類別	```a:active{ color:#FFFF00; }``` 點選超連結的瞬間設定為黃色。
:focus 當元素取得焦點，準備輸入資料時，驅動focus虛擬類別	```input:focus{ background-color: red; }``` 標籤input取得焦點，準備輸入資料時，背景顏色設定為紅色。

➡ 結構（structural）虛擬類別

選擇器與說明	範例與說明

:first-child
第一個元素
	`li:first-child{`
	`    color:red;`
	`}`
	標籤li的第一個元素設定紅色。

:last-child
最後一個元素
	`li:last-child{`
	`    color:green;`
	`}`
	標籤li的最後一個元素設定綠色。

:nth-child(2)
第二個元素
	`li:nth-child(2){`
	`    color:blue;`
	`}`
	標籤li的第二個元素設定藍色。

:nth-last-child(2)
倒數第二個元素
	`li:nth-last-child(2){`
	`    color:yellow;`
	`}`
	標籤li的倒數第二個元素設定黃色。

:nth-child(even)或
:nth-child(2n)
第偶數個元素
	`li:nth-child(even){`
	`    background-color:red;`
	`}`
	標籤li的第偶數個元素背景顏色設定紅色。

:nth-child(odd)或
:nth-child(2n+1)
第奇數個元素
	`li:nth-child(2n+1){`
	`    background-color:blue;`
	`}`
	標籤li的第奇數個元素背景顏色設定藍色。

:only-child
只有一個元素
	`li:only-child{`
	`    color:red;`
	`}`
	只有一個標籤li元素設定為紅色。

:first-of-type
第一個元素
	`li:first-of-type{`
	`    color:red;`
	`}`
	標籤li的第一個元素設定紅色。

:last-of-type
最後一個元素
	`li:last-of-type{`
	`    color:green;`
	`}`
	標籤li的最後一個元素設定綠色。

選擇器與說明	範例與說明

:nth-of-type(2)
第二個元素
	`li:nth-of-type(2){`
	　　`color:blue;`
	`}`
	標籤li的第二個元素設定藍色。

:nth-last-of-type(2)
倒數第二個元素
	`li:nth-last-of-type(2){`
	　　`color:yellow;`
	`}`
	標籤li的倒數第二個元素設定黃色。

:nth-of-type(even)或
:nth-of-type (2n)
第偶數個元素
	`li:nth-of-type(even){`
	　　`background-color:red;`
	`}`
	標籤li的第偶數個元素背景顏色設定紅色。

:nth-of-type(odd)或
:nth-of-type(2n+1)
第奇數個元素
	`li:nth-of-type(2n+1){`
	　　`background-color:blue;`
	`}`
	標籤li的第奇數個元素背景顏色設定藍色。

:only-of-type
只有一個元素
	`li:only-of-type{`
	　　`color:red;`
	`}`
	只有一個標籤li元素設定為紅色。

:root
標籤html選擇器
	`:root{`
	　　`background-color: red;`
	`}`
	標籤html的背景設為紅色。

➡ 否定（negation）虛擬類別

選擇器	範例與說明

:not(選擇器)
否定虛擬類別
	`li:not(:first-child) {`
	　　`color:blue;`
	`}`
	標籤li中不是第一個元素設定為藍色，表示第二個元素到最後一個元素設定為藍色。

➡ 虛擬元素

選擇器與說明	範例與說明

::first-letter
指定元素的第一個文字
	`p::first-letter{`
	    `color:red;`
	`}`
	標籤p的第一個字設定為紅色。

::first-line
指定元素的第一行文字
	`p::first-line{`
	    `color:blue;`
	`}`
	標籤p的第一行文字設定為藍色。

::selection
指定元素的被選取範圍的內容
	`p::selection{`
	    `color:green;`
	`}`
	標籤p被選取範圍的文字設定為綠色。

::before
在指定元素的前面
	`div::before{`
	    `content:"Hi ";`
	`}`
	標籤div的前面插入文字Hi。

::after
在指定元素的後面
	`div::after{`
	    `content:"Bye";`
	`}`
	標籤div的後面插入文字Bye。

5-4-1 連結虛擬類別與使用者動作虛擬類別

🔵 ch5\ch5-4-1.html

　　超連結的狀態分成未拜訪過、已拜訪、滑鼠移到超連結上方與點選超連結時，可以設定不同的顏色；點選標籤input也可以設定背景變色，提醒使用者已經在標籤input內，允許使用者可以輸入資料。以下範例介紹連結（link）虛擬類別與使用者動作（user action）虛擬類別，操作步驟如下。

STEP01 標籤a未拜訪過（link）設定為color:green，即顏色設定為綠色。標籤a滑鼠移到超連結上方（hover）設定為color:red，即顏色設定為紅色。標籤a滑鼠按下超連結瞬間（active）設定為background-color:yellow，也就是背景顏色使用黃色。標籤a已經拜訪過（visited）設定為color:blue，即顏色設定為藍色。

```
a:link{
    color:green;
}
a:hover{
    color:red;
}
a:active{
    background-color:yellow;
}
a:visited{
    color:blue;
}
```

新增HTML網頁如下：

```
<a href="https://www.google.com.tw" target="_blank">Google</a><br>
```

瀏覽結果如下：

未拜訪過（link）　　Google

滑鼠移到超連結上方（hover）　　Google

滑鼠按下超連結瞬間（active）　　Google

已經拜訪過（visited）　　Google

STEP02 標籤input被點選時（focus），設定背景顏色為水藍色（aqua）。

```
input:focus{
    background-color: aqua;
}
```

新增HTML網頁如下：

```
<form action="" method="post">
    使用者名稱<input type=text name="uname"><br>
    密碼<input type=password name="passwd"><br>
</form>
```

瀏覽結果如下：

使用者名稱 [   ]
密碼 [   ]

本範例完整網頁如下：

行號	網頁
1	`<!DOCTYPE html>`
2	`<html lang="zh-TW">`
3	`<head>`
4	`<title>ch5-4-1連結(link)虛擬類別與使用者動作(user action)虛擬類別</title>`
5	`<meta charset="utf-8">`
6	`<style>`
7	`    a:link{`
8	`        color:#00FF00;`
9	`    }`
10	`    a:hover{`
11	`        color:#FF0000;`
12	`    }`
13	`    a:active{`
14	`        color:#FFFF00;`
15	`    }`
16	`    a:visited{`
17	`        color:#0000FF;`
18	`    }`
19	`    input:focus{`
20	`        background-color: aqua;`
21	`    }`
22	`</style>`
23	`</head>`
24	`<body>`
25	`    <a href="https://www.w3schools.com" target="_blank">w3schools</a> `
26	`    <a href="https://www.google.com.tw" target="_blank">Google</a> `
27	`    <form action="" method="post">`
28	`        使用者名稱<input type=text name="uname"> `
29	`        密碼<input type=password name="passwd"> `
30	`    </form>`
31	`</body>`
32	`</html>`

5-4-2 結構（structural）虛擬類別1

ch5\ch5-4-2.html

可以使用虛擬類別指定第一個子元素（first-child）、最後一個子元素（last-child）、第二個子元素（nth-child(2)）、倒數第二個子元素（nth-last-child(2)）、第偶數個子元素（nth-child(even)）、第奇數個子元素（nth-child(2n+1)，也可以使用nth-child(odd)）與只有一個子元素（only-child）當成選擇器進行CSS設定。以下範例在清單上透過虛擬類別設定CSS，操作步驟如下。

STEP01 標籤li的第一個子元素（first-child）樣式清單設定為圓圈。標籤li的最後
一個子元素（last-child）樣式清單設定為數字。標籤li的第二個子元素
（nth-child(2)）樣式清單設定為大寫英文字母。標籤li的倒數第二個子
元素（nth-last-child(2)）樣式清單設定為小寫英文字母。標籤li的第偶數
個元素（nth-child(even)）背景顏色設定為紅色。標籤li的第奇數個元素
（nth-child(2n+1)）背景顏色設定為綠色。只有一個標籤li元素（only-
child）的文字設定刪除線。

```css
li:first-child{
    list-style-type: circle;
}
li:last-child{
    list-style-type: decimal;
}
li:nth-child(2){
    list-style-type: upper-alpha;
}
li:nth-last-child(2){
    list-style-type: lower-alpha;
}
li:nth-child(even){
    background-color:#FF0000;
}
li:nth-child(2n+1){
    background-color:#00FF00;
}
li:only-child{
    text-decoration-line: line-through;
}
```

STEP02 新增HTML網頁如下：

```html
<ul>
    <li>1</li>
    <li>2</li>
    <li>3</li>
    <li>4</li>
    <li>5</li>
    <li>6</li>
</ul>
<ul>
    <li>11</li>
    <li>12</li>
    <li>13</li>
    <li>14</li>
```

```
    <li>15</li>
    <li>16</li>
</ul>
<ul>
    <li>21</li>
</ul>
```

STEP03 瀏覽結果如下，標籤li的第一個子元素（first-child）樣式清單設定為圓
圈。標籤li的最後一個子元素（last-child）樣式清單設定為數字。標籤
li的第二個子元素（nth-child(2)）樣式清單設定為大寫英文字母。標籤
li的倒數第二個子元素（nth-last-child(2)）樣式清單設定為小寫英文字
母。標籤li的第偶數個元素（nth-child(even)）背景顏色設定為紅色。標
籤li的第奇數個元素（nth-child(2n+1)）背景顏色設定為綠色。只有一個
標籤li元素（only-child）的文字設定刪除線。

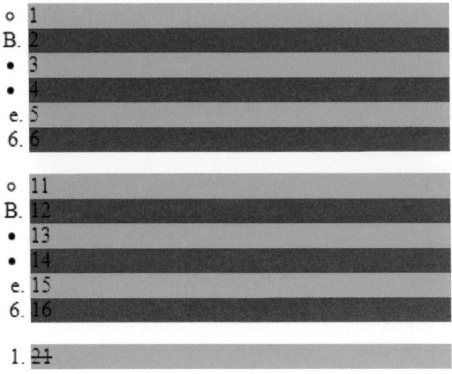

本範例完整網頁如下：

行號	網頁
1	`<!DOCTYPE html>`
2	`<html lang="zh-TW">`
3	`<head>`
4	`<title>ch5-4-2結構(structural)虛擬類別1</title>`
5	`<meta charset="utf-8">`
6	`<style>`
7	`    li:first-child{`
8	`        list-style-type: circle;`
9	`    }`
10	`    li:last-child{`
11	`        list-style-type: decimal;`
12	`    }`
13	`    li:nth-child(2){`

行號	網頁
14	`        list-style-type: upper-alpha;`
15	`    }`
16	`    li:nth-last-child(2){`
17	`        list-style-type: lower-alpha;`
18	`    }`
19	`    li:nth-child(even){`
20	`        background-color:#FF0000;`
21	`    }`
22	`    li:nth-child(2n+1){`
23	`        background-color:#00FF00;`
24	`    }`
25	`    li:only-child{`
26	`        text-decoration-line: line-through;`
27	`    }`
28	`</style>`
29	`</head>`
30	`<body>`
31	`    <ul>`
32	`        <li>1</li>`
33	`        <li>2</li>`
34	`        <li>3</li>`
35	`        <li>4</li>`
36	`        <li>5</li>`
37	`        <li>6</li>`
38	`    </ul>`
39	`    <ul>`
40	`        <li>11</li>`
41	`        <li>12</li>`
42	`        <li>13</li>`
43	`        <li>14</li>`
44	`        <li>15</li>`
45	`        <li>16</li>`
46	`    </ul>`
47	`    <ul>`
48	`        <li>21</li>`
49	`    </ul>`
50	`</body>`
51	`</html>`

5-4-3　結構（structural）虛擬類別2

ch5\ch5-4-3.html

可以使用虛擬類別指定元素的第二種寫法，指定第一個子元素（first-of-type）、最後一個子元素（last-of-type）、第二個子元素（nth-of-type(2)）、倒數第二個子元素（nth-last-of-type(2)）、第偶數個子元素（nth-of-type(even)）、第奇數個子元素（nth-of-type(2n+1)）與只有一個子元素（only-of-type）當成選擇器進行CSS設定。以下範例在清單上透過虛擬類別設定CSS，操作步驟如下。

STEP01 標籤li的第一個子元素（first-of-type）樣式清單設定為圓圈。標籤li的最後一個子元素（last-of-type）樣式清單設定為數字。標籤li的第二個子元素（nth-of-type(2)）樣式清單設定為大寫英文字母。標籤li的倒數第二個子元素（nth-last-of-type(2)）樣式清單設定為小寫英文字母。標籤li的第偶數個元素（nth-of-type(even)）背景顏色設定為紅色。標籤li的第奇數個元素（nth-of-type(2n+1)）背景顏色設定為綠色。只有一個標籤li元素（only-of-type）的文字設定刪除線。

```
li:first-of-type{
    list-style-type: circle;
}
li:last-of-type{
    list-style-type: decimal;
}
li:nth-of-type(2){
    list-style-type: upper-alpha;
}
li:nth-last-of-type(2){
    list-style-type: lower-alpha;
}
li:nth-of-type(even){
    background-color:#FF0000;
}
li:nth-of-type(2n+1){
    background-color:#00FF00;
}
li:only-of-type{
    text-decoration-line: line-through;
}
```

STEP02　新增HTML網頁如下：

```
<ul>
    <li>1</li>
    <li>2</li>
    <li>3</li>
    <li>4</li>
    <li>5</li>
    <li>6</li>
</ul>
<ul>
    <li>11</li>
    <li>12</li>
    <li>13</li>
    <li>14</li>
    <li>15</li>
    <li>16</li>
</ul>
<ul>
    <li>21</li>
</ul>
```

STEP03　瀏覽結果如下，標籤li的第一個子元素（first-of-type）樣式清單設定為圓圈。標籤li的最後一個子元素（last-of-type）樣式清單設定為數字。標籤li的第二個子元素（nth-of-type(2)）樣式清單設定為大寫英文字母。標籤li的倒數第二個子元素（nth-last-of-type(2)）樣式清單設定為小寫英文字母。標籤li的第偶數個元素（nth-of-type(even)）背景顏色設定為紅色。標籤li的第奇數個元素（nth-of-type(2n＋1)）背景顏色設定為綠色。只有一個標籤li元素（only-of-type）的文字設定刪除線。

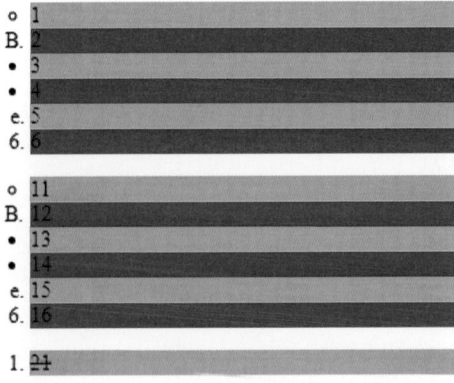

本範例完整網頁如下：

行號	網頁
1	`<!DOCTYPE html>`
2	`<html lang="zh-TW">`
3	`<head>`
4	`<title>ch5-4-3結構(structural)虛擬類別2</title>`
5	`<meta charset="utf-8">`
6	`<style>`
7	`    li:first-of-type{`
8	`        list-style-type: circle;`
9	`    }`
10	`    li:last-of-type{`
11	`        list-style-type: decimal;`
12	`    }`
13	`    li:nth-of-type(2){`
14	`        list-style-type: upper-alpha;`
15	`    }`
16	`    li:nth-last-of-type(2){`
17	`        list-style-type: lower-alpha;`
18	`    }`
19	`    li:nth-of-type(even){`
20	`        background-color:#FF0000;`
21	`    }`
22	`    li:nth-of-type(2n+1){`
23	`        background-color:#00FF00;`
24	`    }`
25	`    li:only-of-type{`
26	`        text-decoration-line: line-through;`
27	`    }`
28	`</style>`
29	`</head>`
30	`<body>`
31	`    <ul>`
32	`        <li>1</li>`
33	`        <li>2</li>`
34	`        <li>3</li>`
35	`        <li>4</li>`
36	`        <li>5</li>`
37	`        <li>6</li>`
38	`    </ul>`
39	`    <ul>`
40	`        <li>11</li>`
41	`        <li>12</li>`

行號	網頁
42	`        <li>13</li>`
43	`        <li>14</li>`
44	`        <li>15</li>`
45	`        <li>16</li>`
46	`    </ul>`
47	`    <ul>`
48	`        <li>21</li>`
49	`    </ul>`
50	`</body>`
51	`</html>`

5-4-4 根（root）虛擬類別與否定（negation）虛擬類別

ch5\ch5-4-4.html

以下範例介紹根（root）虛擬類別與否定（negation）虛擬類別，操作步驟如下。

STEP01 標籤html（root）設定為background-color: lightgreen，設定背景顏色為淡綠色。標籤li設定為color:red，設定文字為紅色。標籤不是第一個也不是最後一個設定為color: blue，設定文字為藍色。

```css
:root{
    background-color: lightgreen;
}
li{
    color:red;
}
li:not(:first-child):not(:last-child){
    color:blue;
}
```

STEP02 新增HTML網頁如下：

```html
<ul>
    <li>1</li>
    <li>2</li>
    <li>3</li>
    <li>4</li>
</ul>
<ul>
    <li>11</li>
    <li>12</li>
    <li>13</li>
```

```
    <li>14</li>
    <li>15</li>
</ul>
```

STEP03 瀏覽結果如下，標籤html（root）設定背景顏色為淡綠色。標籤li設定文字為紅色。標籤不是第一個也不是最後一個設定文字為藍色。

- 1
- 2
- 3
- 4

- 11
- 12
- 13
- 14
- 15

本範例完整網頁如下：

行號	網頁
1	`<!DOCTYPE html>`
2	`<html lang="zh-TW">`
3	`<head>`
4	`<title>ch5-4-4根(root)虛擬類別與否定(negation)虛擬類別</title>`
5	`<meta charset="utf-8">`
6	`<style>`
7	`    :root{`
8	`        background-color: lightgreen;`
9	`    }`
10	`    li{`
11	`        color:red;`
12	`    }`
13	`    li:not(:first-child):not(:last-child){`
14	`        color:blue;`
15	`    }`
16	`</style>`
17	`</head>`
18	`<body>`
19	`    <ul>`
20	`        <li>1</li>`
21	`        <li>2</li>`
22	`        <li>3</li>`
23	`        <li>4</li>`
24	`    </ul>`
25	`    <ul>`

行號	網頁
26	`        <li>11</li>`
27	`        <li>12</li>`
28	`        <li>13</li>`
29	`        <li>14</li>`
30	`        <li>15</li>`
31	`    </ul>`
32	`</body>`
33	`</html>`

5-4-5　虛擬元素

ch5\ch5-4-5.html

　　可以使用虛擬元素指定第一個文字（first-letter）、第一行文字（first-line）、選取文字（selection）、前面（before）與後面（after），通常使用兩個冒號「::」表示使用虛擬元素。以下範例介紹虛擬元素，操作步驟如下。

STEP01　標籤div的CSS設定為border:1px red solid，表示邊線寬度1px、紅色與實心線。標籤p的第一個文字（first-letter）設定為紅色，字型大小為30px。標籤p的第一行文字（first-line）設定為藍色。標籤p的選取文字（selection）設定背景顏色為黃色，文字顏色為紅色。標籤div的前面（before）設定文字為「在此使用before虛擬元素」，字型使用粗體。標籤div的後面（after）設定文字為「在此使用after虛擬元素」，字型使用粗體。

```
div{
    border:1px red solid;
}
p::first-letter{
    color:red;
    font-size: 30px;
}
p::first-line{
    color:blue;
}
p::selection{
    background-color: yellow;
    color:red;
}
div::before{
    content:"在此使用before虛擬元素";
```

```
    font-weight: bold;
}
div::after{
    content:"在此使用after虛擬元素";
    font-weight: bold;
}
```

STEP02 新增HTML網頁如下：

```
<p>虛擬元素真有趣，虛擬元素真有趣，虛擬元素真有趣，虛擬元素真有趣，虛擬元素
真有趣，虛擬元素真有趣，虛擬元素真有趣，虛擬元素真有趣，虛擬元素真有趣，虛擬
元素真有趣，虛擬元素真有趣，虛擬元素真有趣，虛擬元素真有趣，虛擬元素真有趣，
虛擬元素真有趣，虛擬元素真有趣，虛擬元素真有趣，虛擬元素真有趣。</p>
<div>div is here</div>
```

STEP03 瀏覽結果如下，標籤p的第一個文字（first-letter）設定為紅色，字型大
小為30px。標籤p的第一行文字（first-line）設定為藍色。標籤p的選取
文字（selection）設定背景顏色為黃色，文字顏色為紅色。標籤div的
CSS設定為border:1px red solid，表示邊線寬度1px、紅色與實心線。標
籤div的前面（before）設定文字為「在此使用before虛擬元素」，字型
使用粗體。標籤div的後面（after）設定文字為「在此使用after虛擬元
素」，字型使用粗體。

虛擬元素真有趣，虛擬元素真有趣，虛擬元素真
有趣，虛擬元素真有趣，虛擬元素真有趣，虛擬元
素真有趣，虛擬元素真有趣，虛擬元素真有趣，虛
擬元素真有趣，虛擬元素真有趣，虛擬元素真有
趣，虛擬元素真有趣，虛擬元素真有趣，虛擬元素
真有趣，虛擬元素真有趣，虛擬元素真有趣，虛擬
元素真有趣，虛擬元素真有趣。

使用滑鼠圈選此句，此句會出現黃底紅字。

在此使用before虛擬元素div is here在此使用after
虛擬元素

本範例的完整網頁如下：

行號	網頁
1	`<!DOCTYPE html>`
2	`<html lang="zh-TW">`
3	`<head>`
4	`<title>ch5-4-5虛擬元素</title>`
5	`<meta charset="utf-8">`
6	`<style>`
7	`    div{`
8	`        border:1px red solid;`
9	`    }`
10	`    p::first-letter{`
11	`        color:red;`
12	`        font-size: 30px;`
13	`    }`
14	`    p::first-line{`
15	`        color:blue;`
16	`    }`
17	`    p::selection{`
18	`        background-color: yellow;`
19	`        color:red;`
20	`    }`
21	`    div::before{`
22	`        content:"在此使用before虛擬元素";`
23	`        font-weight: bold;`
24	`    }`
25	`    div::after{`
26	`        content:"在此使用after虛擬元素";`
27	`        font-weight: bold;`
28	`    }`
29	`</style>`
30	`</head>`
31	`<body>`
32	`    <p>`虛擬元素真有趣，虛擬元素真有趣，虛擬元素真有趣，虛擬元素真有趣，虛擬元素真有趣，虛擬元素真有趣，虛擬元素真有趣，虛擬元素真有趣，虛擬元素真有趣，虛擬元素真有趣，虛擬元素真有趣，虛擬元素真有趣，虛擬元素真有趣，虛擬元素真有趣，虛擬元素真有趣，虛擬元素真有趣，虛擬元素真有趣，虛擬元素真有趣。`</p>`
33	`    <div>div is here</div>`
34	`</body>`
35	`</html>`

自 我 評 量

1. 請問以下選擇器的作用？

   (a)A B　　　　　　　　　(b)A > B

   (c)A + B　　　　　　　　(d)A ~ B

2. 請問套用多個選擇器、萬用選擇器與群組選擇器的用途？

3. 請問以下屬性選擇器的作用？

   (a)A[attr]　　　　　(b)A[attr=value]　　　　(c)A[attr~=value]

   (d)A[attr*=value]　　(e)A[attr^=value]　　　(f)A[attr$=value]

4. 請問以下虛擬類別的作用？

   (a):link　　　　　　(b):visited　　　　　　(c):hover

   (d):active　　　　　(e):focus

5. 請問以下結構虛擬類別的作用？

   (a):first-child　　　　　　(b):last-child　　　　　　(c):nth-child(2)

   (d):nth-last-child(2)　　　(e):nth-child(odd)或:nth-child(2n+1)

   (f):only-child　　　　　　(g):not(選擇器)

6. 請問以下結構虛擬元素的意義？

   (a)::first-letter　　　　(b)::first-line　　　　(c)::selection

   (d)::before　　　　　　(e)::after

NOTE

HTML5
CSS3
JavaScript

06

使用**CSS**進行版面編排

若採用三欄網頁，要分成頁首、左欄、主要頁面、右欄與頁尾等區域，如下圖，將這些區域定位到指定的位置，需使用CSS的屬性float進行版面編排。

頁首		
左欄	主要頁面	右欄
頁尾		

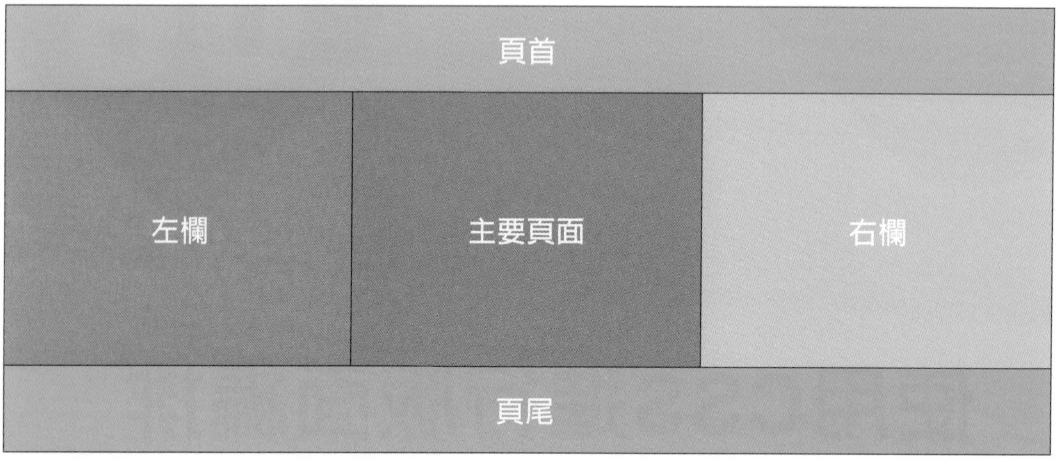

6-1 ○ CSS版面編排概念

若不使用屬性float，元素會由上到下依序擺放；使用屬性float讓元素靠左浮動，或者是靠右邊浮動，使用屬性clear可以清除屬性float設定，回到原來由上到下擺放。以下範例介紹屬性float與屬性clear的使用。

6-1-1 不使用屬性float進行版面編排

○ ch6\ch6-1-1.html

在不使用屬性float的情況下，因為標籤div為區塊（block）元素，區塊元素會自動在上方與下方加上換行功能，所以所有元素會依照撰寫的先後次序由上而下編排，範例如下。

STEP01 在標籤body內新增四個標籤div，id分別為header、side、 main、footer。

```
<div id="header">這裡是header</div>
<div id="side">這裡是side</div>
<div id="main">這裡是main</div>
<div id="footer">這裡是footer</div>
```

STEP02 使用CSS讓四個標籤div的背景顏色不相同，將CSS放在標籤header內。
設定id為header的元素，背景顏色為紅色。
設定id為side的元素，背景顏色為藍色。

設定id為main的元素，背景顏色為綠色。

設定id為footer的元素，背景顏色為黃色。

```
<style>
    #header{
        background-color: red;
    }
    #side{
        background-color: blue;
    }
    #main{
        background-color: green;
    }
    #footer{
        background-color: yellow;
    }
</style>
```

STEP03 網頁預覽結果如下，請注意，header、side、main與footer的出現順序。

這裡是header
這裡是side
這裡是main
這裡是footer

本單元完整網頁如下：

行號	網頁
1	`<!DOCTYPE html>`
2	`<html lang="zh-TW">`
3	`<head>`
4	`<title>ch6-1-1不使用屬性float進行版面編排</title>`
5	`<meta charset="utf-8">`
6	`<style>`
7	`    #header{`
8	`        background-color: red;`
9	`    }`
10	`    #side{`
11	`        background-color: blue;`
12	`    }`
13	`    #main{`
14	`        background-color: green;`
15	`    }`

行號	網頁
16	`    #footer{`
17	`        background-color: yellow;`
18	`    }`
19	`</style>`
20	`</head>`
21	`<body>`
22	`    <div id="header">這裡是header</div>`
23	`    <div id="side">這裡是side</div>`
24	`    <div id="main">這裡是main</div>`
25	`    <div id="footer">這裡是footer</div>`
26	`</body>`
27	`</html>`

6-1-2　使用float:left進行版面編排

ch6\ch6-1-2.html

　　在每個標籤div元素使用屬性float，並設定為left，讓我們觀察所有div元素呈現的順序，範例如下。

STEP01 在標籤body內新增四個標籤div，id分別為header、side、 main、footer。

```
<div id="header">這裡是header</div>
<div id="side">這裡是side</div>
<div id="main">這裡是main</div>
<div id="footer">這裡是footer</div>
```

STEP02 使用CSS讓四個標籤div的背景顏色不相同，且設定屬性float為left，將CSS放在標籤header內。
　　　　設定id為header的元素，背景顏色為紅色，且設定屬性float為left。
　　　　設定id為side的元素，背景顏色為藍色，且設定屬性float為left。
　　　　設定id為main的元素，背景顏色為綠色，且設定屬性float為left。
　　　　設定id為footer的元素，背景顏色為黃色，且設定屬性float為left。

```
<style>
    #header{
        float: left;
        background-color: red;
    }
```

```
    #side{
        float: left;
        background-color: blue;
    }
    #main{
        float: left;
        background-color: green;
    }
    #footer{
        float: left;
        background-color: yellow;
    }
</style>
```

STEP03　網頁預覽結果如下，請注意header、side、main與footer的出現順序。

這裡是header這裡是side這裡是main這裡是footer

本範例完整網頁如下：

行號	網頁
1	`<!DOCTYPE html>`
2	`<html lang="zh-TW">`
3	`<head>`
4	`<title>ch6-1-2使用float:left 進行版面編排</title>`
5	`<meta charset="utf-8">`
6	`<style>`
7	`    #header{`
8	`        float: left;`
9	`        background-color: red;`
10	`    }`
11	`    #side{`
12	`        float: left;`
13	`        background-color: blue;`
14	`    }`
15	`    #main{`
16	`        float: left;`
17	`        background-color: green;`
18	`    }`
19	`    #footer{`
20	`        float: left;`
21	`        background-color: yellow;`
22	`    }`
23	`</style>`

行號	網頁
24	`</head>`
25	`<body>`
26	`    <div id="header">這裡是header</div>`
27	`    <div id="side">這裡是side</div>`
28	`    <div id="main">這裡是main</div>`
29	`    <div id="footer">這裡是footer</div>`
30	`</body>`
31	`</html>`

6-1-3　使用float:right進行版面編排

ch6\ch6-1-3.html

　　在每個標籤div元素使用屬性float，並設定為right，讓我們觀察所有div元素呈現的順序，範例如下。

STEP01 在標籤body內新增四個標籤div，id分別為header、side、main、footer。

```
<div id="header">這裡是header</div>
<div id="side">這裡是side</div>
<div id="main">這裡是main</div>
<div id="footer">這裡是footer</div>
```

STEP02 使用CSS讓四個標籤div的背景顏色不相同，且設定屬性float為right，將CSS放在標籤header內。

設定id為header的元素，背景顏色為紅色，且設定屬性float為right。
設定id為side的元素，背景顏色為藍色，且設定屬性float為right。
設定id為main的元素，背景顏色為綠色，且設定屬性float為right。
設定id為footer的元素，背景顏色為黃色，且設定屬性float為right。

```
<style>
    #header{
        float: right;
        background-color: red;
    }
    #side{
        float: right;
        background-color: blue;
    }
    #main{
```

```
        float: right;
        background-color: green;
    }
    #footer{
        float: right;
        background-color: yellow;
    }
</style>
```

STEP03　網頁預覽結果如下，請注意header、side、main與footer的出現順序。

這裡是footer這裡是main這裡是side這裡是header

本範例完整網頁如下：

行號	網頁
1	`<!DOCTYPE html>`
2	`<html lang="zh-TW">`
3	`<head>`
4	`<title>ch6-1-3使用float:right進行版面編排</title>`
5	`<meta charset="utf-8">`
6	`<style>`
7	`    #header{`
8	`        float: right;`
9	`        background-color: red;`
10	`    }`
11	`    #side{`
12	`        float: right;`
13	`        background-color: blue;`
14	`    }`
15	`    #main{`
16	`        float: right;`
17	`        background-color: green;`
18	`    }`
19	`    #footer{`
20	`        float: right;`
21	`        background-color: yellow;`
22	`    }`
23	`</style>`
24	`</head>`
25	`<body>`
26	`    <div id="header">這裡是header</div>`
27	`    <div id="side">這裡是side</div>`
28	`    <div id="main">這裡是main</div>`

行號	網頁
29	`    <div id="footer">這裡是footer</div>`
30	`</body>`
31	`</html>`

6-1-4　使用float與clear進行版面編排

🔘 ch6\ch6-1-4.html

　　使用屬性clear可以清除屬性float，讓元素從最左邊開始。若不使用屬性clear，當前一個元素使用屬性float為left，而之後的元素沒有加上屬性clear，假使前一個元素右邊空間夠，之後的元素會擠到前一個元素的右側。設計者可依照需要加上屬性clear，屬性clear的說明如下。

屬性clear的設定值	說明	範例	範例說明
left	清除向左對齊的浮動	clear:left	清除float:left
right	清除向右對齊的浮動	clear:right	清除float:right
both	清除向左與向右對齊的浮動	clear:both	清除float:left與float:right

　　本範例操作步驟如下。

STEP01 在標籤body內新增四個標籤div，id分別為header、side、main、footer。

```
<div id="header">這裡是header</div>
<div id="side">這裡是side</div>
<div id="main">這裡是main</div>
<div id="footer">這裡是footer</div>
```

STEP02 使用CSS讓四個標籤div的背景顏色不相同。
　　　　　設定id為header的元素，背景顏色為紅色；
　　　　　設定id為side的元素，背景顏色為藍色，且設定屬性float為left；
　　　　　設定id為main的元素，背景顏色為綠色，且設定屬性float為left；
　　　　　設定id為footer的元素，背景顏色為黃色，且設定屬性clear為both。

```
<style>
    #header{
        background-color: red;
    }
    #side{
```

```
        float: left;
        background-color: blue;
    }
    #main{
        float: left;
        background-color: green;
    }
    #footer{
        clear: both;
        background-color: yellow;
    }
</style>
```

STEP03 網頁預覽結果如下，請注意header、side、main與footer的出現順序。

這裡是header
這裡是side這裡是main
這裡是footer

本範例完整網頁如下：

行號	網頁
1	`<!DOCTYPE html>`
2	`<html lang="zh-TW">`
3	`<head>`
4	`<title>ch6-1-4使用float與clear進行版面編排</title>`
5	`<meta charset="utf-8">`
6	`<style>`
7	`    #header{`
8	`        background-color: red;`
9	`    }`
10	`    #side{`
11	`        float: left;`
12	`        background-color: blue;`
13	`    }`
14	`    #main{`
15	`        float: left;`
16	`        background-color: green;`
17	`    }`
18	`    #footer{`
19	`        clear: both;`
20	`        background-color: yellow;`
21	`    }`
22	`</style>`

行號	網頁
23	`</head>`
24	`<body>`
25	`    <div id="header">這裡是header</div>`
26	`    <div id="side">這裡是side</div>`
27	`    <div id="main">這裡是main</div>`
28	`    <div id="footer">這裡是footer</div>`
29	`</body>`
30	`</html>`

6-2 ○ 兩欄式版面

　　版面除了頁首與頁尾，中間分成左右兩欄，稱作「兩欄式版面」，這是很常見的版面編排方式。若左欄為固定寬度，稱作「fixed」，右欄為瀏覽器寬度減去左欄的寬度，右欄隨著瀏覽器寬度進行調整，這種不固定的寬度跟瀏覽器寬度的設定有關，稱作「fluid」。

　　下面有兩個範例，第一個範例為左右兩欄皆固定寬度，以「fixed-fixed」表示，第二個範例的左欄為固定寬度，右欄為不固定寬度，以「fixed-fluid」表示。

6-2-1　二欄式版面（fixed-fixed）

ch6\ch6-2-1.html

　　本範例左右兩欄皆固定寬度，所以在最外層要新增一個標籤div包含頁首、左欄、右欄與頁尾，才能設定整個網頁的寬度，再分別設定左欄與右欄的寬度，步驟如下。

STEP01 在標籤body內新增五個標籤div的元素，最外層元素的id為all，包含內層四個元素，其id分別為header、side、main、footer。

```
<div id="all">
    <div id="header">這裡是header</div>
    <div id="side">這裡是side，這裡是side，這裡是side </div>
    <div id="main">這裡是main，這裡是main，這裡是main </div>
    <div id="footer">這裡是footer</div>
</div>
```

STEP02 關於CSS的設定如下，為了讓字型可以大一點，使用萬用字元（*），設定字型大小為40px。

id為all的區塊div設定固定寬度800px；margin上下為0px，左右為 auto，表示置中對齊。

```
*{
    font-size: 40px;
}
#all{
    width:800px;
    margin:0px auto;
}
```

STEP03 設定header高度為100px，背景顏色為紅色。

設定side屬性float為left，寬度為180px，背景顏色為藍色。

設定main屬性float為right，寬度為620px，背景顏色為綠色。

設定footer屬性clear為both，才不會被side與main影響，高度為 100px，背景顏色為黃色。

```
#header{
    height: 100px;
    background-color: red;
}
#side{
    float:left;
    width:180px;
    background-color: blue;
}
#main{
    float:right;
    width:620px;
    background-color: green;
}
#footer{
    clear:both;
    height: 100px;
    background-color: yellow;
}
```

STEP04 網頁預覽結果如下,請注意header、side、main與footer的擺放位置。

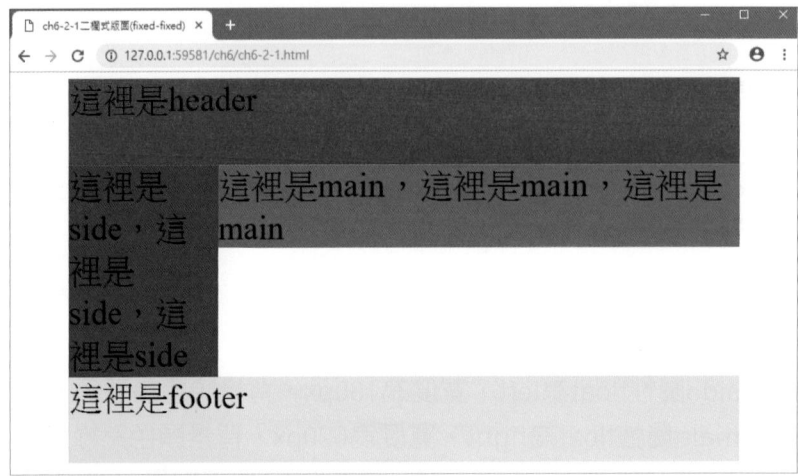

本範例完整網頁如下:

行號	網頁
1	`<!DOCTYPE html>`
2	`<html lang="zh-TW">`
3	`<head>`
4	`<title>ch6-2-1二欄式版面(fixed-fixed)</title>`
5	`<meta charset="utf-8">`
6	`<style>`
7	`  *{`
8	`      font-size: 40px;`
9	`  }`
10	`  #all{`
11	`      width:800px;`
12	`      margin:0px auto;`
13	`  }`
14	`  #header{`
15	`      height: 100px;`
16	`      background-color: red;`
17	`  }`
18	`  #side{`
19	`      float:left;`
20	`      width:180px;`
21	`      background-color: blue;`
22	`  }`
23	`  #main{`
24	`      float:right;`
25	`      width:620px;`

行號	網頁
26	`        background-color: green;`
27	`    }`
28	`    #footer{`
29	`        clear:both;`
30	`        height: 100px;`
31	`        background-color: yellow;`
32	`    }`
33	`</style>`
34	`</head>`
35	`<body>`
36	`    <div id="all">`
37	`        <div id="header">這裡是header</div>`
38	`        <div id="side">這裡是side，這裡是side，這裡是side </div>`
39	`        <div id="main">這裡是main，這裡是main，這裡是main </div>`
40	`        <div id="footer">這裡是footer</div>`
41	`    </div>`
42	`</body>`
43	`</html>`

6-2-2　二欄式版面（fixed-fluid）

🔗 ch6\ch6-2-2.html

本範例左欄為固定寬度，右欄為不固定的寬度，設定的步驟如下。

STEP01 在標籤body內新增五個標籤div的元素，先擺放元素id為header的元素，在main的外側新增wrapper；接著擺放元素id為side與footer的元素，如下。

```
<div id="header">這裡是header</div>
<div id="wrapper">
    <div id="main">這裡是main，這裡是main，這裡是main</div>
</div>
<div id="side">這裡是side，這裡是side，這裡是side</div>
<div id="footer">這裡是footer</div>
```

STEP02 關於CSS的設定如下，為了讓字型可以大一點，使用萬用字元（＊），設定字型大小為40px。設定header高度為100px，背景顏色為紅色。

```
*{
    font-size: 40px;
}
```

```
#header{
    height: 100px;
    background-color: red;
}
```

STEP03 id為wrapper的區塊div設定寬度100%，屬性float為left。設定main左邊
預留180px的寬度，背景顏色為綠色。

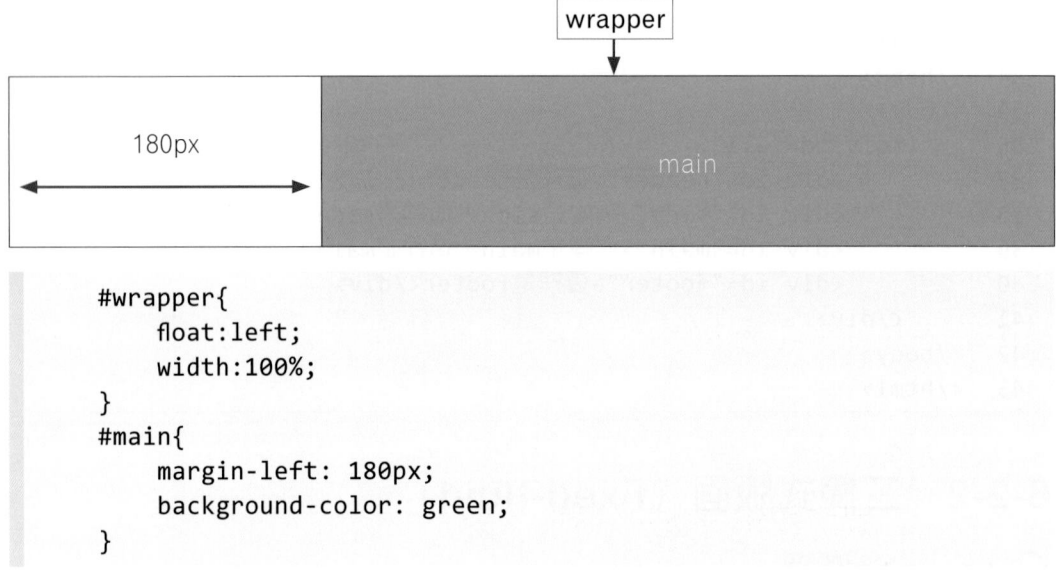

```
#wrapper{
    float:left;
    width:100%;
}
#main{
    margin-left: 180px;
    background-color: green;
}
```

設定side屬性float為left，寬度為180px，背景顏色為藍色，margin-left
為-100%。

當沒有設定margin-left為-100%，結果如下，side出現在下一列，因為
wrapper寬度為100%。

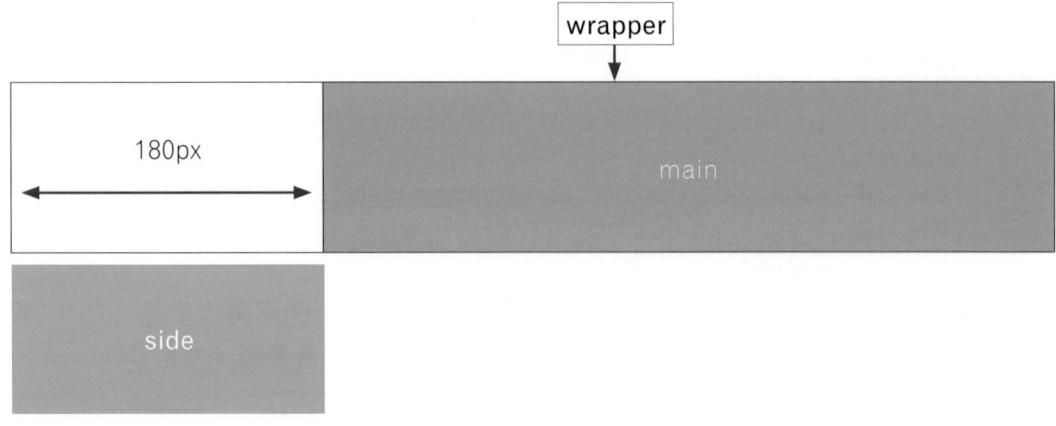

當設定margin-left為-100%，結果如下，side會向上移動一整列，就會符
合需要。side寬度為180px，main會隨著瀏覽器調整。

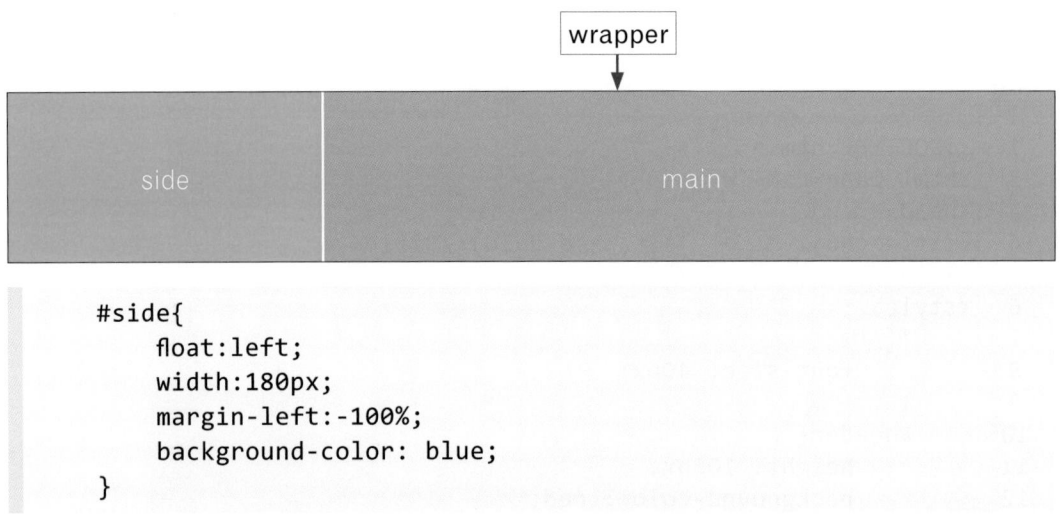

```
#side{
    float:left;
    width:180px;
    margin-left:-100%;
    background-color: blue;
}
```

STEP04 設定footer屬性clear為both，才不會被wrapper與side影響，高度為100px，背景顏色為黃色。

```
#footer{
    clear:both;
    height: 100px;
    background-color: yellow;
}
```

STEP05 網頁預覽結果如下，請注意header、side、main與footer的擺放位置。此時side固定寬度為180px，稱作fixed，main的寬度會隨著瀏覽器的寬度改變，稱作fluid。

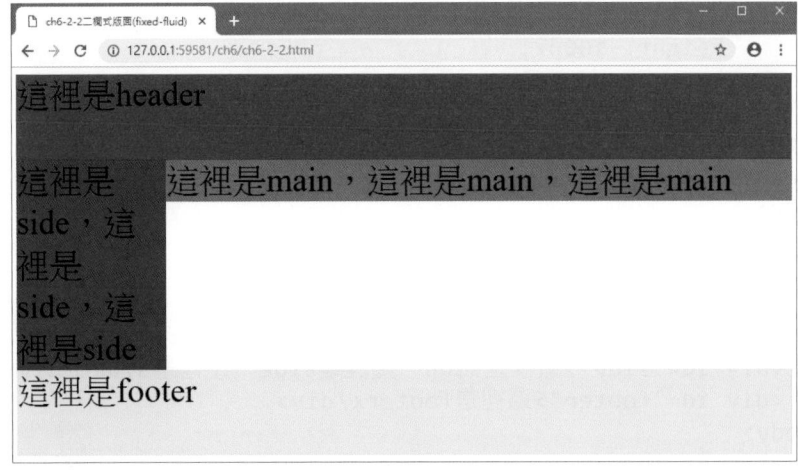

本範例完整網頁如下：

行號	網頁

```
1    <!DOCTYPE html>
2    <html lang="zh-TW">
3    <head>
4    <title>ch6-2-2二欄式版面(fixed-fluid)</title>
5    <meta charset="utf-8">
6    <style>
7        *{
8            font-size: 40px;
9        }
10       #header{
11           height: 100px;
12           background-color: red;
13       }
14       #wrapper{
15           float:left;
16           width:100%;
17       }
18       #main{
19           margin-left: 180px;
20           background-color: green;
21       }
22       #side{
23           float:left;
24           width:180px;
25           margin-left:-100%;
26           background-color: blue;
27       }
28       #footer{
29           clear:both;
30           height: 100px;
31           background-color: yellow;
32       }
33   </style>
34   </head>
35   <body>
36       <div id="header">這裡是header</div>
37       <div id="wrapper">
38           <div id="main">這裡是main，這裡是main，這裡是main</div>
39       </div>
40       <div id="side">這裡是side，這裡是side，這裡是side</div>
41       <div id="footer">這裡是footer</div>
42   </body>
43   </html>
```

6-3 ○ 三欄式版面

版面除了頁首與頁尾，中間分成左欄、中欄與右欄，稱作「三欄式版面」。這是很常見的版面編排方式，每個欄位可以設定固定寬度（fixed）與浮動寬度（fluid）。

以下有四個範例：

◉ 第一個範例為左欄、中欄與右欄皆固定寬度，以fixed-fixed-fixed表示；

◉ 第二個範例的左欄為固定寬度，中欄為浮動寬度，右欄為固定寬度，以fixed-fluid-fixed表示；

◉ 第三個範例的左欄為固定寬度，中欄與右欄為浮動寬度，以fixed-fluid-fluid表示；

◉ 第四個範例的左欄、中欄與右欄皆為浮動寬度，以fluid-fluid-fluid表示。

6-3-1 三欄式版面（fixed-fixed-fixed）

ch6\ch6-3-1.html

本範例左欄、中欄與右欄皆固定寬度，稱作fixed-fixed-fixed。需在最外層新增一個標籤div，包含頁首、左欄、中欄、右欄與頁尾，才能設定整個網頁的寬度；再分別設定左欄、中欄與右欄的寬度，設定的步驟如下。

STEP01 在標籤body內新增七個標籤div的元素，先在最外層擺放元素id為all的元素，接著擺上header元素，在leftside與main外層加上wrapper元素，最後擺放rightside與footer元素，如下。

```html
<div id="all">
    <div id="header">這裡是header</div>
    <div id="wrapper">
        <div id="leftside">寬度120px，這裡是left</div>
        <div id="main">寬度560px，這裡是main</div>
    </div>
    <div id="rightside">寬度120px，這裡是right</div>
    <div id="footer">這裡是footer</div>
</div>
```

STEP02 關於CSS的設定如下，為了讓所有元素的margin為0，並且讓字型可以大一點，使用萬用字元（*），設定字型大小為40px。設定all寬度為800px，因為all為最外層元素，限制了版面最寬為800px，設定margin的上下為0px，左右為auto，表示置中。設定header高度為100px，背景顏色為紅色。

```css
*{
    margin: 0px;
    font-size: 40px;
}
#all{
    width:800px;
    margin:0px auto;
}
#header{
    height: 100px;
    background-color: red;
}
```

STEP03 標籤div的id為wrapper，設定寬度680px，屬性float為left。wrapper包含leftside與main，leftside設定屬性float為left、寬度120px，背景顏色為藍色；main設定屬性float為right、寬度560px；背景顏色為綠色。rightside設定屬性float為right、寬度120px，背景顏色為藍色。

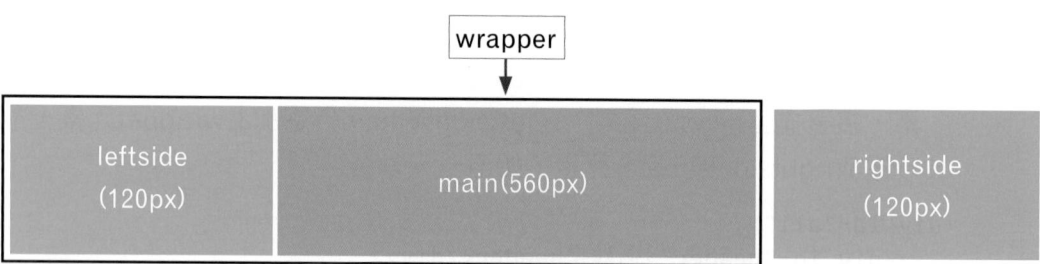

```css
#wrapper{
    float:left;
    width:680px;
}
#leftside{
    float:left;
    width:120px;
    background-color: blue;
}
#main{
```

```
    float:right;
    width:560px;
    background-color: green;
}
#rightside{
    float:right;
    width:120px;
    background-color: blue;
}
```

STEP04 設定footer屬性clear為both，才不會被wrapper與rightside影響，高度為
100px，背景顏色為黃色。

```
#footer{
    clear:both;
    height: 100px;
    background-color: yellow;
}
```

STEP05 網頁預覽結果如下，請注意header、leftside、main、rightside與footer
的擺放位置。此時leftside、main、rightside都為固定寬度，更改瀏覽器
的寬度，leftside、main、rightside的寬度都不會改變。

本範例完整網頁如下：

行號	網頁
1	`<!DOCTYPE html>`
2	`<html lang="zh-TW">`
3	`<head>`
4	`<title>ch6-3-1三欄式版面(fixed-fixed-fixed)</title>`
5	`<meta charset="utf-8">`

行號	網頁
6	`<style>`
7	`    *{`
8	`        margin: 0px;`
9	`        font-size: 40px;`
10	`    }`
11	`    #all{`
12	`        width:800px;`
13	`        margin:0px auto;`
14	`    }`
15	`    #header{`
16	`        height: 100px;`
17	`        background-color: red;`
18	`    }`
19	`    #wrapper{`
20	`        float:left;`
21	`        width:680px;`
22	`    }`
23	`    #leftside{`
24	`        float:left;`
25	`        width:120px;`
26	`        background-color: blue;`
27	`    }`
28	`    #main{`
29	`        float:right;`
30	`        width:560px;`
31	`        background-color: green;`
32	`    }`
33	`    #rightside{`
34	`        float:right;`
35	`        width:120px;`
36	`        background-color: blue;`
37	`    }`
38	`    #footer{`
39	`        clear:both;`
40	`        height: 100px;`
41	`        background-color: yellow;`
42	`    }`
43	`</style>`
44	`</head>`
45	`<body>`
46	`    <div id="all">`
47	`        <div id="header">這裡是header</div>`
48	`        <div id="wrapper">`

行號	網頁
49	`<div id="leftside">`寬度120px，這裡是left`</div>`
50	`<div id="main">`寬度560px，這裡是main`</div>`
51	`</div>`
52	`<div id="rightside">`寬度120px，這裡是right`</div>`
53	`<div id="footer">`這裡是footer`</div>`
54	`</div>`
55	`</body>`
56	`</html>`

6-3-2　三欄式版面（fixed-fluid-fixed）

⏱ ch6\ch6-3-2.html

　　本範例左欄與右欄皆固定寬度，中欄隨著瀏覽器大小改變，稱作fixed-fluid-fixed，步驟如下。

STEP01 在標籤body內新增六個標籤div的元素，先擺上header元素，在main元素外層加上wrapper元素，最後擺放leftside、rightside與footer元素，如下。

```
<div id="header">這裡是header</div>
<div id="wrapper">
    <div id="main">這裡是main</div>
</div>
<div id="leftside">寬度200px，這裡是left</div>
<div id="rightside">寬度180px，這裡是right</div>
<div id="footer">這裡是footer</div>
```

STEP02 關於CSS的設定如下，為了讓所有元素的margin為0，並且讓字型可以大一點，使用萬用字元（*），設定margin為0，字型大小為40px。設定header高度為100px，背景顏色為紅色。

```
*{
    margin: 0px;
    font-size: 40px;
}
#header{
    height: 100px;
    background-color: red;
}
```

STEP03 wrapper設定寬度100%，屬性float為left。wrapper包含main，main的左邊保留200px，右邊保留180px，所以設定margin為0 180px 0 200px、背景顏色為綠色。

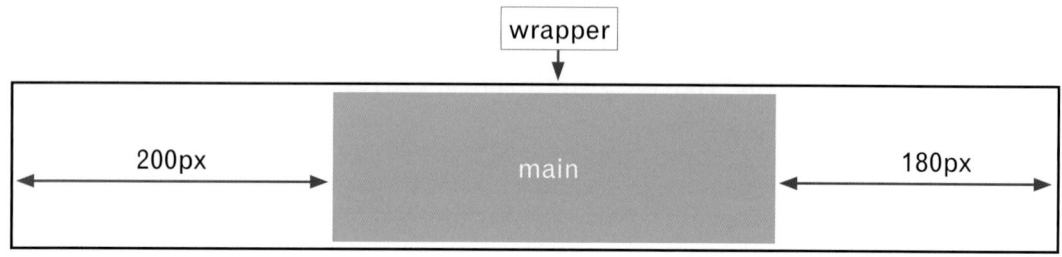

```
#wrapper{
    float:left;
    width:100%;
}
#main{
    margin: 0 180px 0 200px;
    background-color: green;
}
```

leftside設定屬性float為left，寬度200px，背景顏色為藍色，margin-left為-100%。

若沒有設定margin-left為-100%，則leftside在下一列。

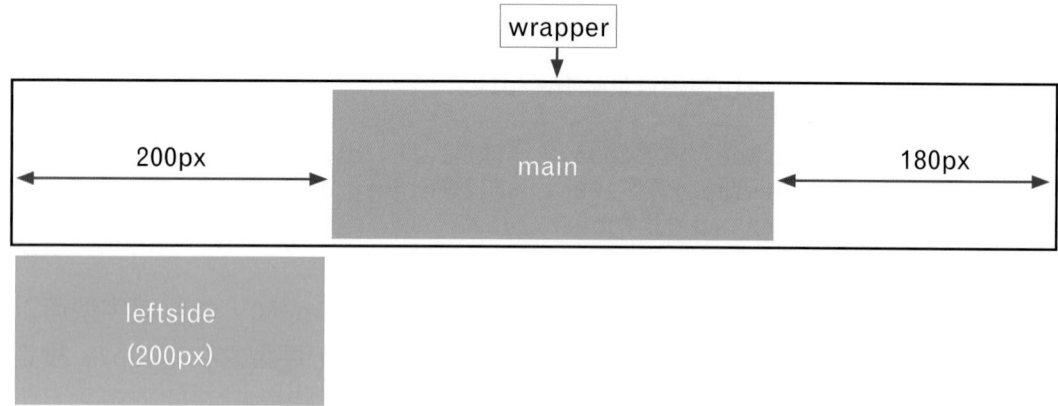

若設定margin-lcft為 100%，則leftside移動到上一列，剛好在main的左側。

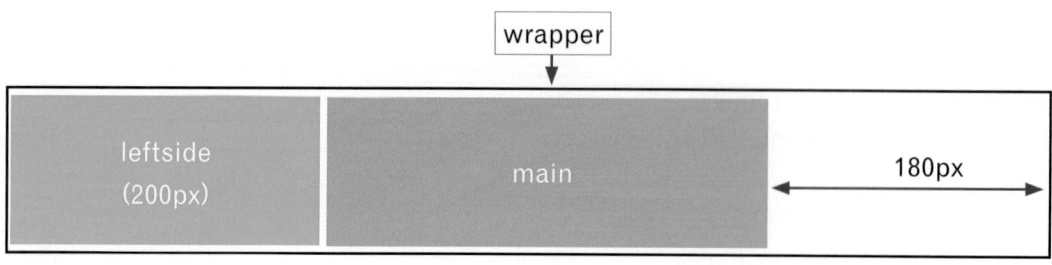

rightside設定屬性float為left、寬度180px、背景顏色為藍色，margin-left為-180px。

若沒有設定margin-left為-180px，rightside會在下一列。

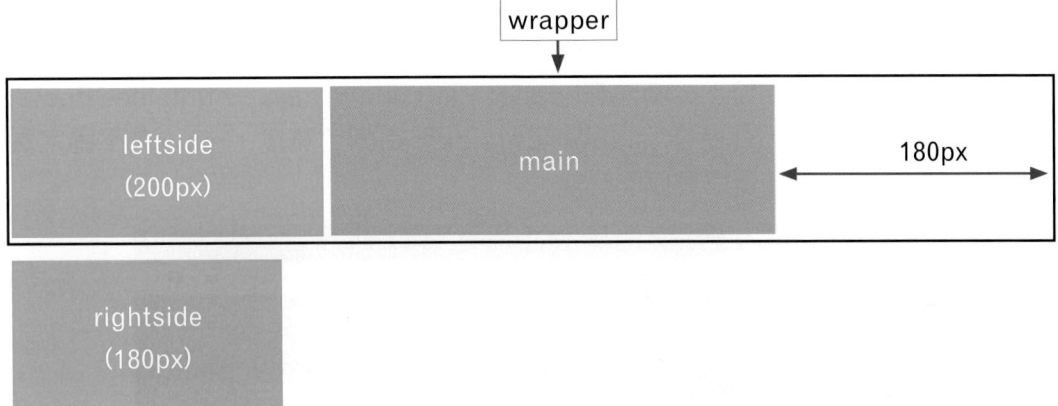

若設定margin-left為-180px，rightside移動到上一列，剛好在main的右側。

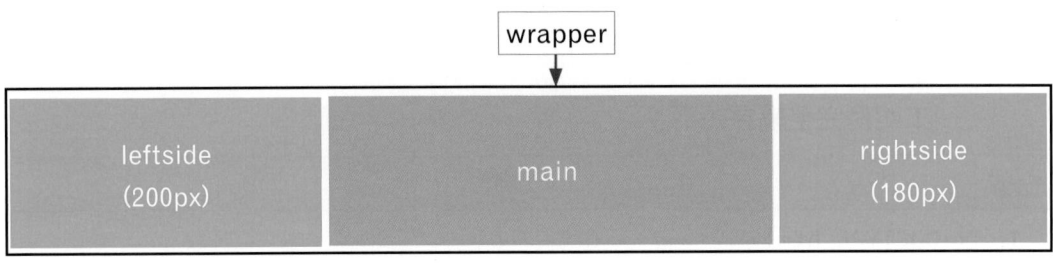

```
#leftside{
    float:left;
    width:200px;
    margin-left:-100%;
    background-color: blue;
}
#rightside{
    float:left;
    width:180px;
    margin-left:-180px;
    background-color: blue;
}
```

STEP04 設定footer屬性clear為both，才不會被wrapper、leftside與rightside影響，高度為100px，背景顏色為黃色。

```
    #footer{
        clear:both;
        height: 100px;
        background-color: yellow;
    }
```

STEP05 網頁預覽結果如下,請注意header、leftside、main、rightside與footer
的擺放位置,此時leftside與rightside都為固定寬度,main為不固定寬
度,會隨著瀏覽器寬度而改變。

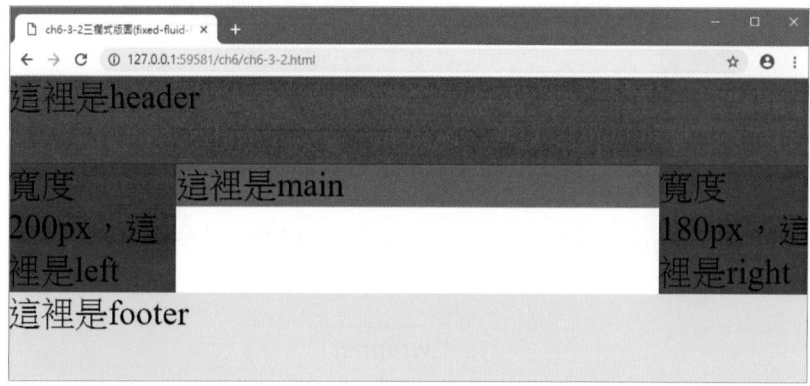

本範例完整網頁如下:

行號	網頁
1	`<!DOCTYPE html>`
2	`<html lang="zh-TW">`
3	`<head>`
4	`<title>ch6-3-2三欄式版面(fixed-fluid-fixed) </title>`
5	`<meta charset="utf-8">`
6	`<style>`
7	`    *{`
8	`        margin: 0px;`
9	`        font-size: 40px;`
10	`    }`
11	`    #header{`
12	`        height: 100px;`
13	`        background-color: red;`
14	`    }`
15	`    #wrapper{`
16	`        float:left;`
17	`        width:100%;`
18	`    }`
19	`    #main{`
20	`        margin: 0 180px 0 200px;`
21	`        background-color: green;`
22	`    }`

行號	網頁
23	`    #leftside{`
24	`        float:left;`
25	`        width:200px;`
26	`        margin-left:-100%;`
27	`        background-color: blue;`
28	`    }`
29	`    #rightside{`
30	`        float:left;`
31	`        width:180px;`
32	`        margin-left:-180px;`
33	`        background-color: blue;`
34	`    }`
35	`    #footer{`
36	`        clear:both;`
37	`        height: 100px;`
38	`        background-color: yellow;`
39	`    }`
40	`</style>`
41	`</head>`
42	`<body>`
43	`    <div id="header">這裡是header</div>`
44	`    <div id="wrapper">`
45	`        <div id="main">這裡是main</div>`
46	`    </div>`
47	`    <div id="leftside">寬度200px，這裡是left</div>`
48	`    <div id="rightside">寬度180px，這裡是right</div>`
49	`    <div id="footer">這裡是footer</div>`
50	`</body>`
51	`</html>`

6-3-3　三欄式版面（fixed-fluid-fluid）

🔵 ch6\ch6-3-2.html

本範例左欄為固定寬度，中欄與右欄為不固定寬度，稱作fixed-fluid-fluid，步驟如下。

STEP01 在標籤body內新增六個標籤div的元素，先擺上header元素，在main元素外層加上wrapper元素，最後擺放leftside、rightside與footer元素，如下。

```
<div id="header">這裡是header</div>
<div id="wrapper">
```

```
        <div id="main">這裡是main</div>
    </div>
    <div id="leftside">寬度150px，這裡是left</div>
    <div id="rightside">寬度15%，這裡是right</div>
    <div id="footer">這裡是footer</div>
```

STEP02 CSS的設定如下，為了讓所有元素的margin為0，且字型可以大一點，使用萬用字元（*），設定margin為0，字型大小為40px。設定header高度為100px，背景顏色為紅色。

```
*{
    margin: 0px;
    font-size: 40px;
}
#header{
    height: 100px;
    background-color: red;
}
```

STEP03 wrapper設定寬度100%，屬性float為left。wrapper包含main，main的左邊保留150px，右邊保留15%，所以設定margin為0 15% 0 150px、背景顏色為綠色。

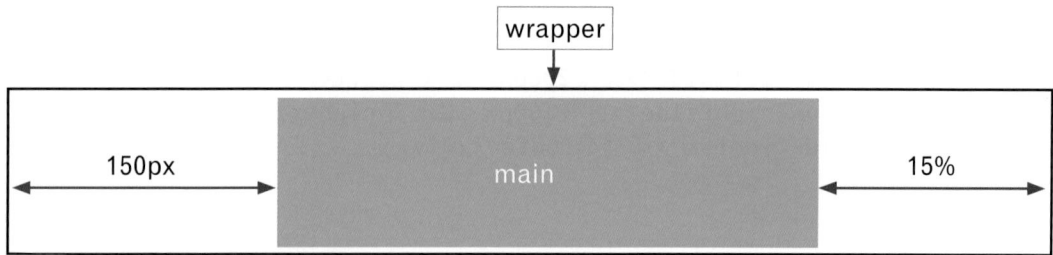

```
#wrapper{
    float:left;
    width:100%;
}
#main{
    margin: 0 15% 0 150px;
    background-color: green;
}
```

leftside設定屬性float為left，寬度150px，背景顏色為藍色，margin-left為-100%。
若沒有設定margin-left為-100%，則leftside在下一列。

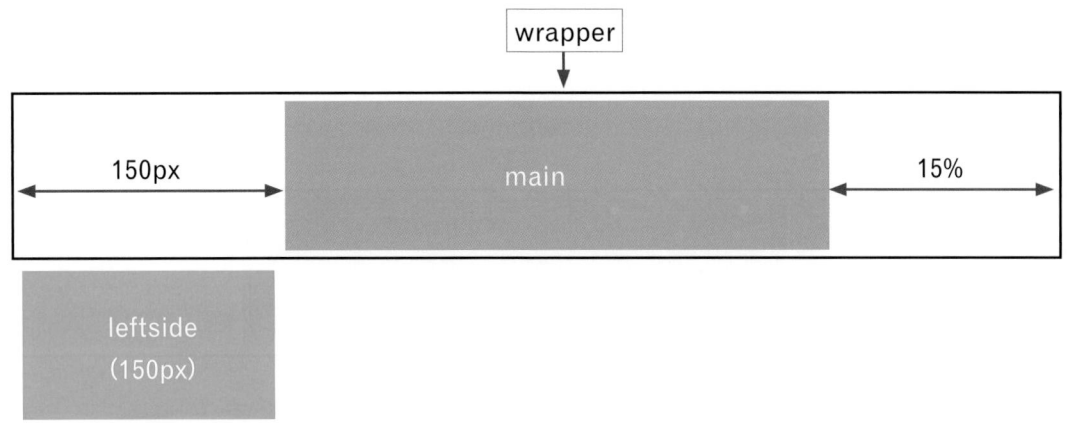

若設定margin-left為-100%，則leftside移動到上一列，剛好在main的左側。

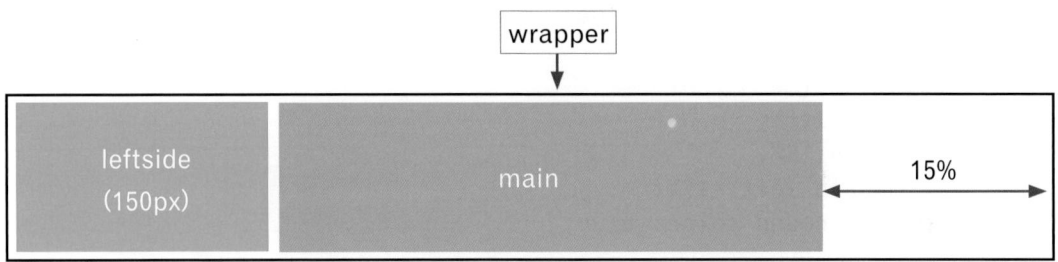

rightside設定屬性float為left，寬度15%，背景顏色為藍色，margin-left為-15%。

若沒有設定margin-left為-15%，rightside會在下一列。

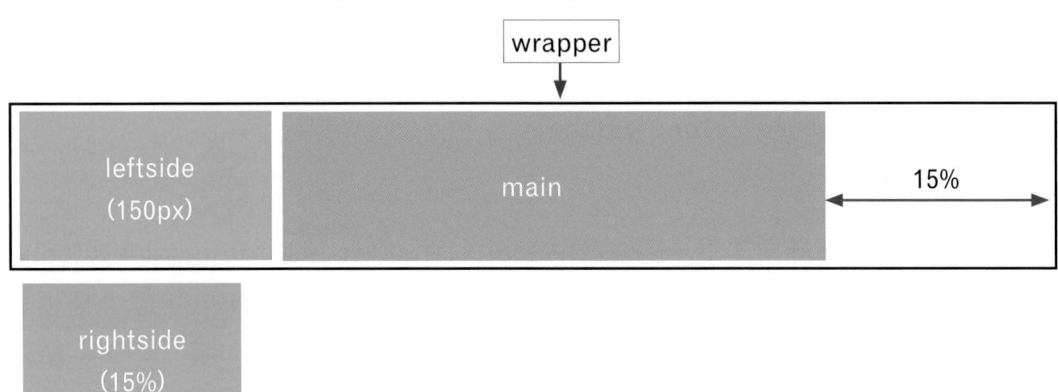

若設定margin-left為-15%，rightside移動到上一列，剛好在main的右側。

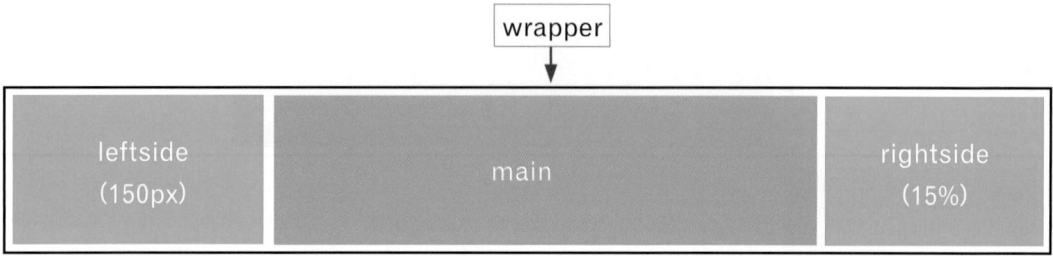

```
#leftside{
    float:left;
    width:150px;
    margin-left:-100%;
    background-color: blue;
}
#rightside{
    float:left;
    width:15%;
    margin-left:-15%;
    background-color: blue;
}
```

STEP04 設定footer屬性clear為both，才不會被wrapper、leftside與rightside影響，高度為100px，背景顏色為黃色。

```
#footer{
    clear:both;
    height: 100px;
    background-color: yellow;
}
```

STEP05 網頁預覽結果如下，請注意header、leftside、main、rightside與footer的擺放位置，此時leftside為固定寬度，main與rightside為不固定寬度，會隨著瀏覽器寬度而改變。

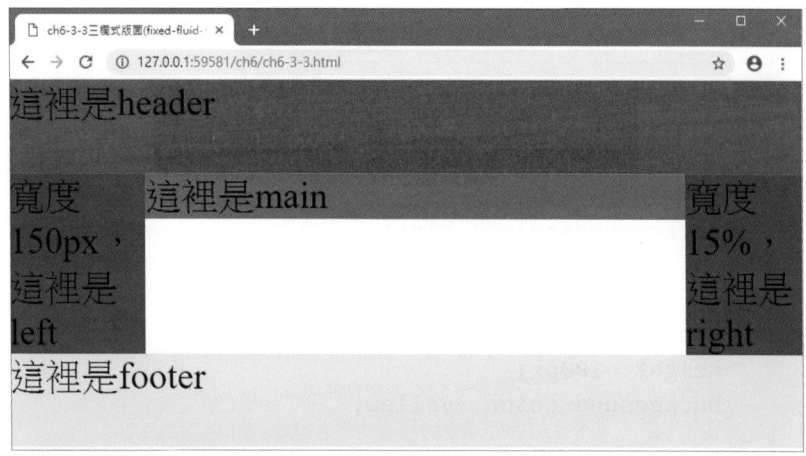

本範例完整網頁如下：

行號	網頁
1	`<!DOCTYPE html>`
2	`<html lang="zh-TW">`
3	`<head>`
4	`<title>ch6-3-3三欄式版面< (fixed-fluid-fluid) /title>`
5	`<meta charset="utf-8">`
6	`<style>`
7	`    *{`
8	`        margin: 0px;`
9	`        font-size: 40px;`
10	`    }`
11	`    #header{`
12	`        height: 100px;`
13	`        background-color: red;`
14	`    }`
15	`    #wrapper{`
16	`        float:left;`
17	`        width:100%;`
18	`    }`
19	`    #main{`
20	`        margin: 0 15% 0 150px;`
21	`        background-color: green;`
22	`    }`
23	`    #leftside{`
24	`        float:left;`
25	`        width:150px;`
26	`        margin-left:-100%;`
27	`        background-color: blue;`
28	`    }`

行號	網頁
29	`    #rightside{`
30	`        float:left;`
31	`        width:15%;`
32	`        margin-left:-15%;`
33	`        background-color: blue;`
34	`    }`
35	`    #footer{`
36	`        clear:both;`
37	`        height: 100px;`
38	`        background-color: yellow;`
39	`    }`
40	`</style>`
41	`</head>`
42	`<body>`
43	`    <div id="header">這裡是header</div>`
44	`    <div id="wrapper">`
45	`        <div id="main">這裡是main</div>`
46	`    </div>`
47	`    <div id="leftside">寬度150px，這裡是left</div>`
48	`    <div id="rightside">寬度15%，這裡是right</div>`
49	`    <div id="footer">這裡是footer</div>`
50	`</body>`
51	`</html>`

6-3-4　三欄式版面（fluid-fluid-fluid）

ch6\ch6-3-4.html

本範例左欄、中欄與右欄為不固定寬度，稱作fluid-fluid-fluid，步驟如下。

STEP01 在標籤body內新增六個標籤div的元素，先擺上header元素，在main元素外層加上wrapper元素，最後擺放leftside、rightside與footer元素，如下。

```
<div id="header">這裡是header</div>
<div id="wrapper">
    <div id="main">這裡是main</div>
</div>
<div id="leftside">寬度20%，這裡是left</div>
<div id="rightside">寬度15%，這裡是right</div>
<div id="footer">這裡是footer</div>
```

STEP02　CSS的設定如下，為了讓所有元素的margin為0，且字型可以大一點，使用萬用字元（＊），設定margin為0，字型大小為40px。設定header高度為100px，背景顏色為紅色。

```
*{
    margin: 0px;
    font-size: 40px;
}
#header{
    height: 100px;
    background-color: red;
}
```

STEP03　wrapper設定寬度100%，屬性float為left。wrapper包含main，main的左邊保留20%，右邊保留15%，所以設定margin為0 15% 0 20%、背景顏色為綠色。

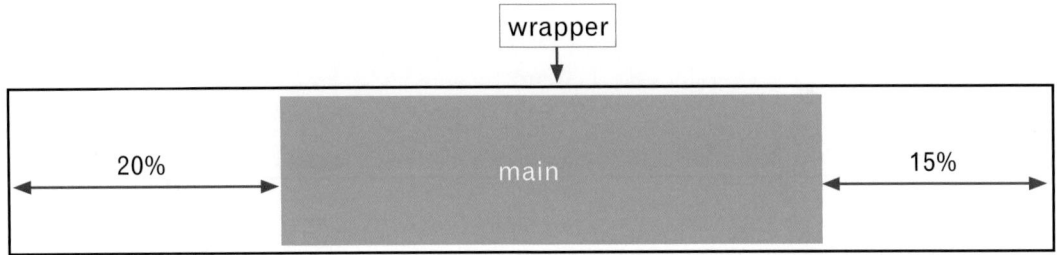

```
#wrapper{
    float:left;
    width:100%;
}
#main{
    margin: 0 15% 0 20%;
    background-color: green;
}
```

leftside設定屬性float為left，寬度20%，背景顏色為藍色，margin-left為-100%。

若沒有設定margin-left為-100%，則leftside在下一列。

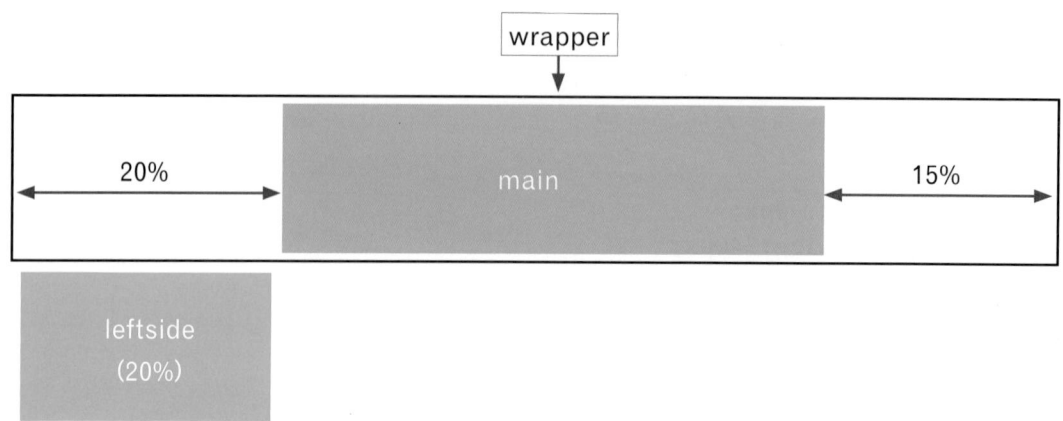

若設定margin-left為-100%，則leftside移動到上一列，剛好在main的左側。

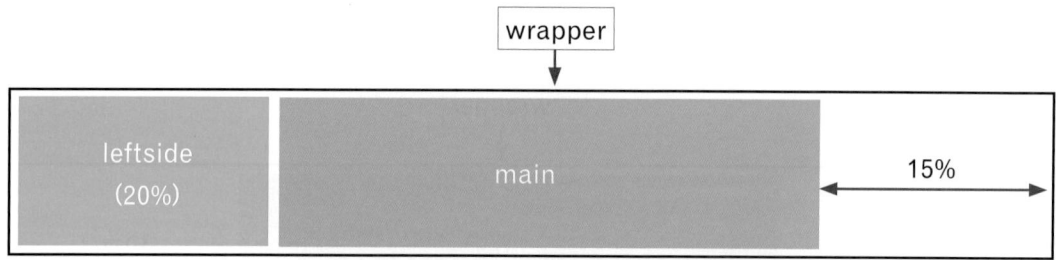

rightside設定屬性float為left，寬度15%，背景顏色為藍色，margin-left為-15%。

若沒有設定margin-left為-15%，rightside會在下一列。

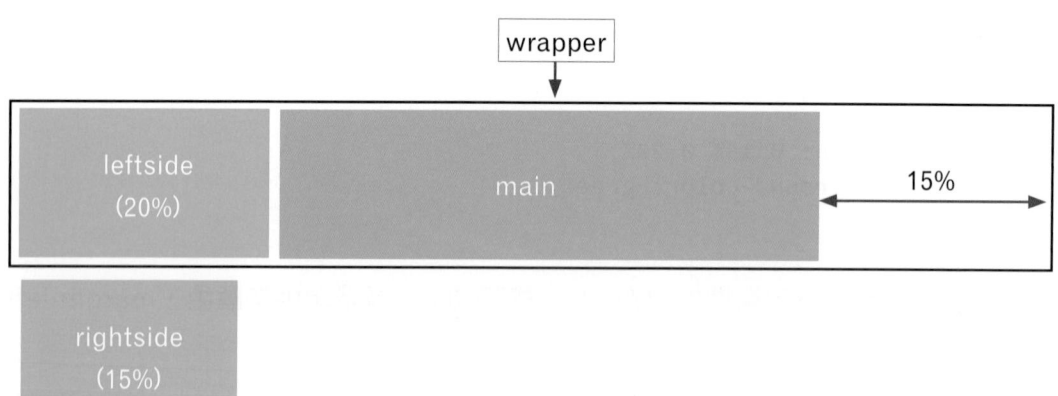

若設定margin-left為-15%，rightside移動到上一列，剛好在main的右側。

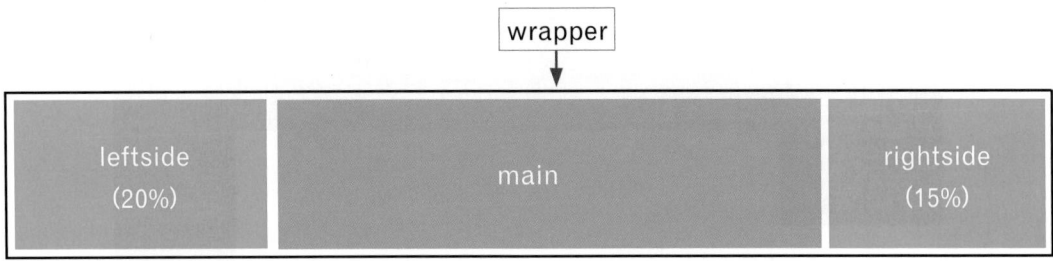

```
#leftside{
    float:left;
    width:20%;
    margin-left:-100%;
    background-color: blue;
}
#rightside{
    float:left;
    width:15%;
    margin-left:-15%;
    background-color: blue;
}
```

STEP04 設定footer屬性clear為both，才不會被wrapper、leftside與rightside影響，高度為100px，背景顏色為黃色。

```
#footer{
    clear:both;
    height: 100px;
    background-color: yellow;
}
```

STEP05 網頁預覽結果如下，請注意header、leftside、main、rightside與footer的擺放位置。此時leftside、main與rightside為不固定寬度，會隨著瀏覽器寬度而改變。

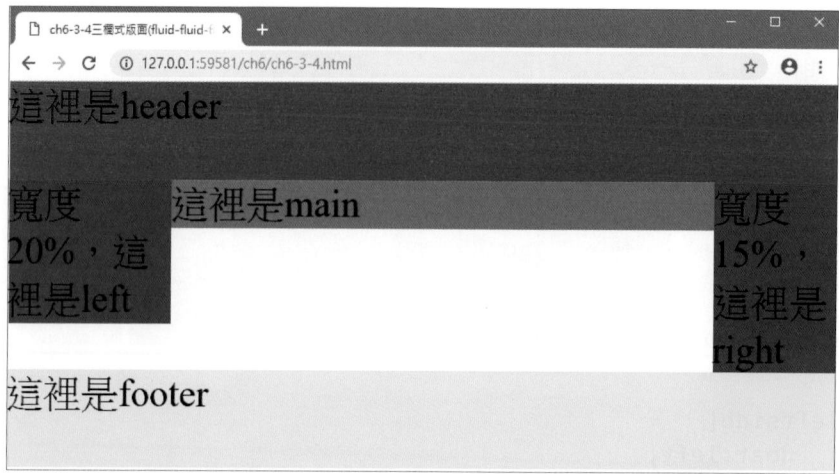

本範例完整網頁如下：

行號	網頁
1	`<!DOCTYPE html>`
2	`<html lang="zh-TW">`
3	`<head>`
4	`<title>ch6-3-4三欄式版面(fluid-fluid-fluid) </title>`
5	`<meta charset="utf-8">`
6	`<style>`
7	`    *{`
8	`        margin: 0px;`
9	`        font-size: 40px;`
10	`    }`
11	`    #header{`
12	`        height: 100px;`
13	`        background-color: red;`
14	`    }`
15	`    #wrapper{`
16	`        float:left;`
17	`        width:100%;`
18	`    }`
19	`    #main{`
20	`        margin: 0 15% 0 20%;`
21	`        background-color: green;`
22	`    }`
23	`    #leftside{`
24	`        float:left;`
25	`        width:20%;`
26	`        margin-left:-100%;`
27	`        background-color: blue;`

行號	網頁
28	```
29	`    #rightside{`
30	`        float:left;`
31	`        width:15%;`
32	`        margin-left:-15%;`
33	`        background-color: blue;`
34	`    }`
35	`    #footer{`
36	`        clear:both;`
37	`        height: 100px;`
38	`        background-color: yellow;`
39	`    }`
40	`</style>`
41	`</head>`
42	`<body>`
43	`    <div id="header">這裡是header</div>`
44	`    <div id="wrapper">`
45	`        <div id="main">這裡是main</div>`
46	`    </div>`
47	`    <div id="leftside">寬度20%，這裡是left</div>`
48	`    <div id="rightside">寬度15%，這裡是right</div>`
49	`    <div id="footer">這裡是footer</div>`
50	`</body>`
51	`</html>`

自我評量

1. 請問float:left、float:right與clear:both的用途？

2. 請問fixed版面與fluid版面的差異？

3. 請問二欄式版面（fixed-fluid）設定margin-left:-100%;的用途？

4. 請實作二欄式版面（fixed-fluid）。

5. 請挑選任何一個三欄式版面進行實作。

HTML5
CSS3
JavaScript

07

區塊元素與屬性position的使用

　　區塊元素除了div外，在HTML中常用的區塊元素還有section、article、nav與aside等四種。這些區塊元素有特定的意義與用途。區塊內可以加上header、nav、footer、figure與figcaption等。

　　屬性position用於將區塊元素移動到指定的位置，其下可分成static、absolute、relative與fixed四種。預設為static，可以修改成absolute、relative與fixed。以下分別介紹這些功能。

7-1 ○ 區塊元素

　　區塊元素除了排版用的div外，還有section、article、nav與aside等，用於標記網頁的結構，也可以是獨立的區塊，以下介紹何時使用這些元素。

區塊元素	說明
section	使用於網頁內容，表示為一個區域或整篇文章的一節，不能獨立成一篇文章。網頁中其他內容有相關，通常需要設定標題（使用h1、h2、…、h6進行設定），若不適合使用article、nav與aside，就使用section。
article	用於可以獨立出來的一篇文章，例如：一則新聞、一件商品與一則部落格文章。通常也需要設定標題（使用h1、h2、…、h6進行設定）。
nav	網站的導航，例如：回首頁與上一頁等。
aside	用於與網頁內容無關的區域，刪除也無所謂，例如：文章的補充說明、側欄與廣告等。

　　下圖標示出nav為網站導航，通常設定於標題下方，aside為側欄，section用於區分台南與台北的景點，每個景點介紹則使用article。

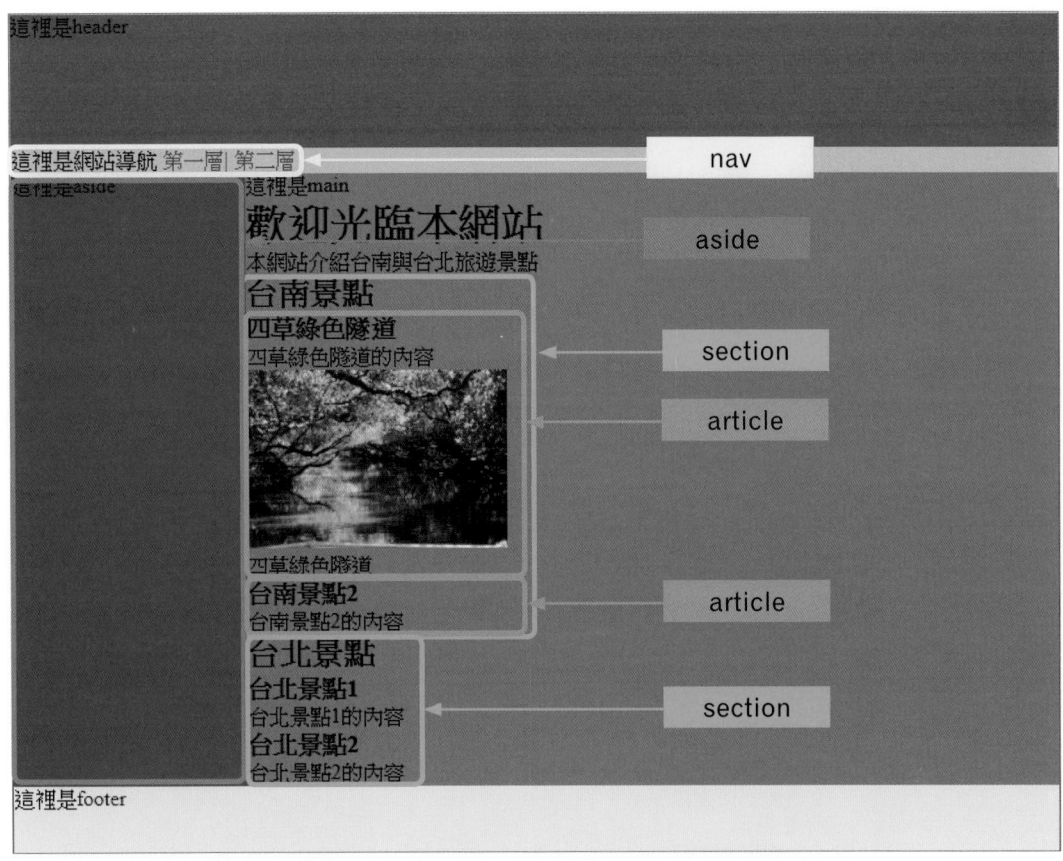

以下元素用於標記網站的結構，但不是獨立的區塊元素。

元素	說明
header	頁首，例如：網頁標題，可以是整個網頁的頁首，也可以是標籤article內的頁首。
main	網頁的主要內容，一個網頁通常只有一個main元素。
footer	頁尾，例如：版權宣告，聯絡方式，可以是整個網頁的頁尾，也可以是標籤article內的頁尾。
figure	與內容有關的圖片，而非裝飾用的圖片。
figcaption	figure元素的說明文字。

下圖標示出header為網站標題，main為網站主要內容區域，footer為網站頁尾，figure用於圖片與figcaption用於圖片的說明。

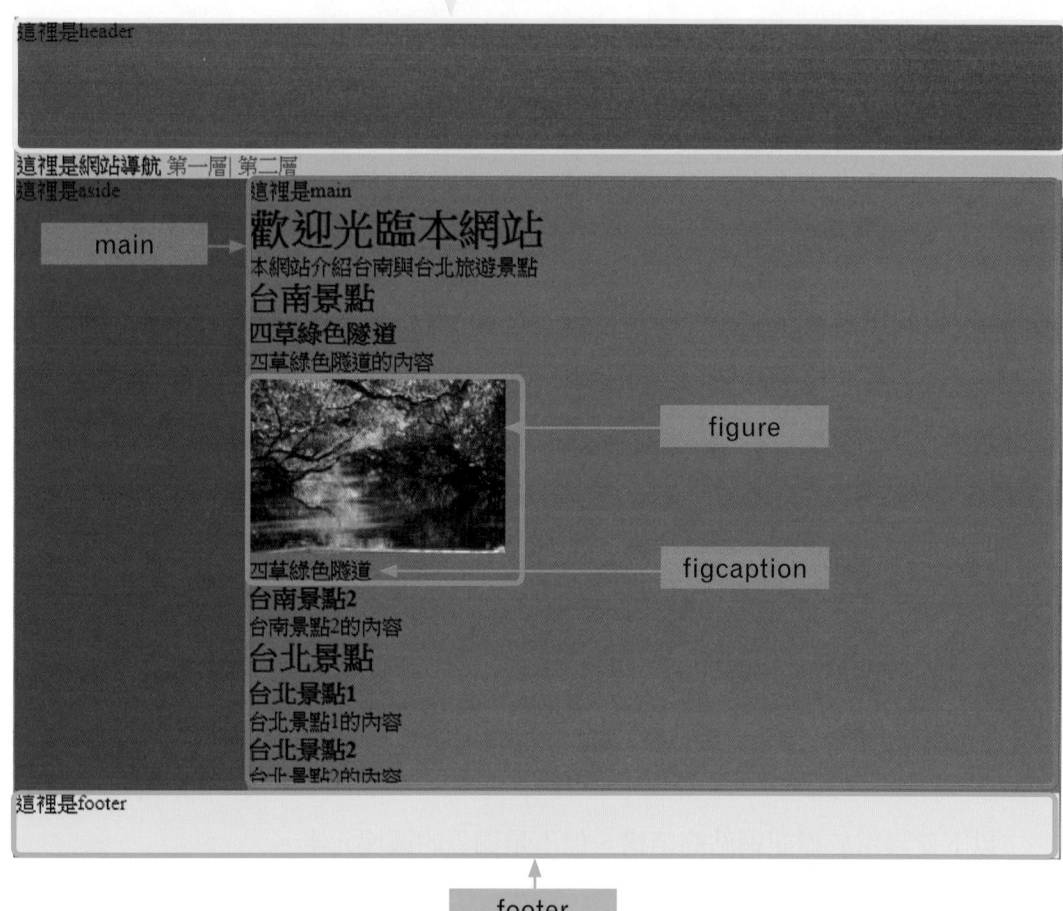

7-1-1　區塊元素section與article

🔘 ch7\ch7-1-1.html

　　section用於表示網站內容的一部分，例如：若網頁介紹台南與台北旅遊景點，則可以分成兩個section，台南屬於一個section，台北也屬於一個section。網頁中可能介紹多個台南景點，每個景點可以視為獨立的內容，每個景點都使用一個article表示。

　　本網頁範例使用前一章的兩欄版面，左側採用固定寬度，右側採用可變寬度，版面製作細節請參閱前一章，在右欄使用section與article製作網頁內容。

STEP01　在標籤body內新增五個標籤div的元素，先擺放元素id為header的元素，在main的外側新增wrapper；接著擺放元素的id為side與footer的元素，如下。

在main新增網頁內容：新增兩個section，分別為台南景點與台北景點；在section內分別增加兩個article，每個article保留給實際要介紹的景點，如下：

```
<div id="header">這裡是header</div>
<div id="wrapper">
    <div id="main">這裡是main
        <h1>歡迎光臨本網站</h1>
        <p>本網站介紹台南與台北旅遊景點</p>
        <section>
            <h2>台南景點</h2>
            <article>
                <h3>台南景點1</h3>
                <p>台南景點1的內容</p>
            </article>
            <article>
                <h3>台南景點2</h3>
                <p>台南景點2的內容</p>
            </article>
        </section>
        <section>
            <h2>台北景點</h2>
            <article>
                <h3>台北景點1</h3>
                <p>台北景點1的內容</p>
            </article>
            <article>
                <h3>台北景點2</h3>
                <p>台北景點2的內容</p>
            </article>
        </section>
    </div>
</div>
<div id=side>這裡是side</div>
<div id="footer">這裡是footer</div>
```

STEP02 關於CSS的設定如下，為了讓每個元素的margin為0，使用萬用字元（*），設定margin為0。設定header高度為100px，背景顏色為紅色。

```
* {
    margin:0;
}
#header{
    height: 100px;
    background-color: red;
}
```

STEP03　設定wrapper寬度100%，屬性float為left。

設定main左邊預留180px的寬度，背景顏色為綠色。

設定side屬性float為left，寬度為180px，背景顏色為藍色，margin-left
為-100%。

設定footer屬性clear為both，才不會被wrapper與side影響，高度為
80px，背景顏色為黃色。

```css
#wrapper{
    float:left;
    width:100%;
}
#main{
    margin-left: 180px;
    background-color: green;
}
#side{
    float:left;
    width:180px;
    margin-left:-100%;
    background-color: blue;
}
#footer{
    clear:both;
    height: 80px;
    background-color: yellow;
}
```

STEP04　網頁預覽結果如下，main內的景點介紹就是由section與article所組合起
來。

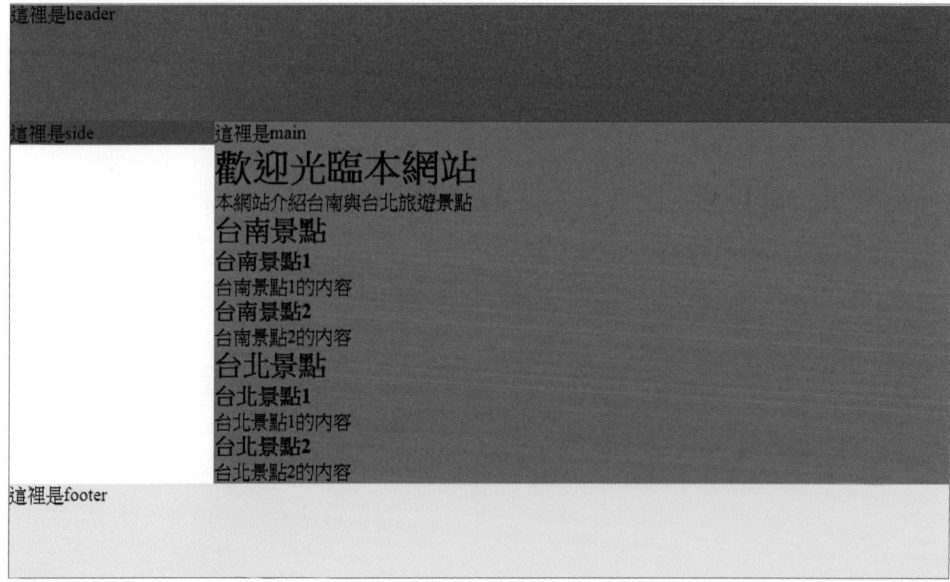

本範例完整網頁如下：

行號	網頁
1	`<!DOCTYPE html>`
2	`<html lang="zh-TW">`
3	`<head>`
4	`<title>ch7-1-1區塊元素section article的使用</title>`
5	`<meta charset="utf-8">`
6	`<style>`
7	`    * {`
8	`        margin:0;`
9	`    }`
10	`    #header{`
11	`        height: 100px;`
12	`        background-color: red;`
13	`    }`
14	`    #wrapper{`
15	`        float:left;`
16	`        width:100%;`
17	`    }`
18	`    #main{`
19	`        margin-left: 180px;`
20	`        background-color: green;`
21	`    }`
22	`    #side{`
23	`        float:left;`
24	`        width:180px;`
25	`        margin-left:-100%;`
26	`        background-color: blue;`
27	`    }`
28	`    #footer{`
29	`        clear:both;`
30	`        height: 80px;`
31	`        background-color: yellow;`
32	`    }`
33	`</style>`
34	`</head>`
35	`<body>`
36	`    <div id="header">這裡是header</div>`
37	`    <div id="wrapper">`
38	`        <div id="main">這裡是main`
39	`            <h1>歡迎光臨本網站</h1>`
40	`            <p>本網站介紹台南與台北旅遊景點</p>`
41	`            <section>`
42	`                <h2>台南景點</h2>`

行號	網頁
43	<article>
44	<h3>台南景點1</h3>
45	<p>台南景點1的內容</p>
46	</article>
47	<article>
48	<h3>台南景點2</h3>
49	<p>台南景點2的內容</p>
50	</article>
51	</section>
52	<section>
53	<h2>台北景點</h2>
54	<article>
55	<h3>台北景點1</h3>
56	<p>台北景點1的內容</p>
57	</article>
58	<article>
59	<h3>台北景點2</h3>
60	<p>台北景點2的內容</p>
61	</article>
62	</section>
63	</div>
64	</div>
65	<div id=side>這裡是side</div>
66	<div id="footer">這裡是footer</div>
67	</body>
68	</html>

7-1-2 區塊元素nav與aside

ch7\ch7-1-2.html

本範例介紹區塊元素nav與aside的使用，修改前一節範例7-1-1，使用標籤header、main、aside與footer取代原來的標籤div設定。新增標籤nav與figure，本網頁範例使用前一章的兩欄版面，左側採用固定寬度，右側採用可變寬度，版面製作細節請參閱前一章。以下操作步驟只顯示有修改的部分，單元結束附上完整網頁。

STEP01 以<header id="header">取代<div id="header">；以<main>取代<div id="main">，因為網頁中main只會有一個，所以不用設定id，直接以main為CSS選擇器；以<aside id="aside">取代<div id="side">；以<footer id="footer">取代<div id="footer">，跟內容有關的圖片以標籤figure表示，修改如下。

```html
<header id="header">這裡是header</header>
<nav id="nav">這裡是網站導航　<a href="#">第一層</a>| <a href="#">
第二層</a></nav>
<div id="wrapper">
    <main>這裡是main
        <h1>歡迎光臨本網站</h1>
        <p>本網站介紹台南與台北旅遊景點</p>
        <section>
            <h2>台南景點</h2>
            <article>
                <h3>四草綠色隧道</h3>
                <p>四草綠色隧道的內容</p>
                <figure>
                    <img src="img/1.jpg" alt="四草綠色隧道">
                    <figcaption>四草綠色隧道</figcaption>
                </figure>
            </article>
            <article>
                <h3>台南景點2</h3>
                <p>台南景點2的內容</p>
            </article>
        </section>
        <section>
            <h2>台北景點</h2>
            <article>
                <h3>台北景點1</h3>
                <p>台北景點1的內容</p>
            </article>
            <article>
                <h3>台北景點2</h3>
                <p>台北景點2的內容</p>
            </article>
        </section>
    </main>
</div>
<aside id="aside">這裡是aside</aside>
<footer id="footer">這裡是footer</footer>
```

STEP02 網頁預覽結果如下，請注意nav、header、aside、main與footer、figure 與figcaption呈現的結果。

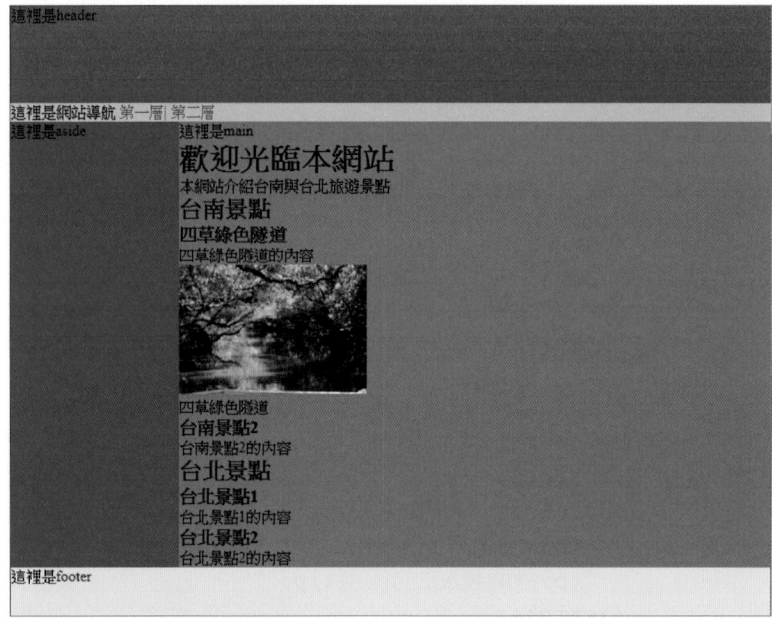

本範例完整網頁如下：

行號	網頁
1	`<!DOCTYPE html>`
2	`<html lang="zh-TW">`
3	`<head>`
4	`<title>ch7-1-2區塊元素nav與aside</title>`
5	`<meta charset="utf-8">`
6	`<style>`
7	`    * {`
8	`        margin:0;`
9	`    }`
10	`    body{`
11	`        background-color: blue;`
12	`    }`
13	`    a{`
14	`        text-decoration: none;`
15	`    }`
16	`    img{`
17	`        width:200px;`
18	`    }`
19	`    #header{`
20	`        height: 100px;`

行號	網頁
21	`        background-color: red;`
22	`    }`
23	`    #nav{`
24	`        background-color: skyblue;`
25	`    }`
26	`    #wrapper{`
27	`        float:left;`
28	`        width:100%;`
29	`    }`
30	`    main{`
31	`        margin-left: 180px;`
32	`        background-color: green;`
33	`    }`
34	`    #aside{`
35	`        float:left;`
36	`        width:180px;`
37	`        margin-left:-100%;`
38	`    }`
39	`    #footer{`
40	`        clear:both;`
41	`        height: 50px;`
42	`        background-color: yellow;`
43	`    }`
44	`</style>`
45	`</head>`
46	`<body>`
47	`    <header id="header">這裡是header</header>`
48	`    <nav id="nav">這裡是網站導航　<a href="#">第一層</a>｜<a href="#">第二層</a></nav>`
49	`    <div id="wrapper">`
50	`        <main>這裡是main`
51	`            <h1>歡迎光臨本網站</h1>`
52	`            <p>本網站介紹台南與台北旅遊景點</p>`
53	`            <section>`
54	`                <h2>台南景點</h2>`
55	`                <article>`
56	`                    <h3>四草綠色隧道</h3>`
57	`                    <p>四草綠色隧道的內容</p>`
58	`                    <figure>`
59	`                        <img src="img/1.jpg" alt="四草綠色隧道">`
60	`                        <figcaption>四草綠色隧道</figcaption>`
61	`                    </figure>`
62	`                </article>`

行號	網頁
63	<article>
64	<h3>台南景點2</h3>
65	<p>台南景點2的內容</p>
66	</article>
67	</section>
68	<section>
69	<h2>台北景點</h2>
70	<article>
71	<h3>台北景點1</h3>
72	<p>台北景點1的內容</p>
73	</article>
74	<article>
75	<h3>台北景點2</h3>
76	<p>台北景點2的內容</p>
77	</article>
78	</section>
79	</main>
80	</div>
81	<aside id="aside">這裡是aside</aside>
82	<footer id="footer">這裡是footer</footer>
83	</body>
84	</html>

7-2 屬性 position 的使用

屬性position可以調整區塊元素的位置，預設屬性position為static，每個元素由上到下依序顯示在瀏覽器上；可以修改成absolute、relative與fixed，以下介紹之間的差異。

position屬性	說明
static	設定為static的元素會由上到下依序顯示在瀏覽器上。
absolute	讓元素獨立出來，原來位置會被其他元素取代，可以使用top、left、right與bottom設定元素的座標位置。在其父元素可以使用relative設定為基準元素；沒有設定的話，則以標籤body為基準。
relative	用於更改自己所在位置，自己的原來區域會被保留，再以top、left、right與bottom設定偏移的量，可以設定重疊，z值越大越上面。也可以與absolute一起使用，將absolute元素的父元素設定relative，表示此父元素為absolute元素的基準元素。
fixed	相對於標籤body，可以讓區塊放在同一個位置，拉動瀏覽器捲軸也不會動。

7-2-1　使用absolute與relative調整元素位置

ch7\ch7-2-1.html

使用前一節範例7-1-2，於header下方新增「回到網站首頁」的功能，使用 absolute與relative，將「回到網站首頁」的元素移動到指定的位置。使用relative將 景點介紹內的article向右移動50px。

以下操作步驟只顯示有修改的部分，單元結束附上完整網頁。

STEP01　新增「回到網站首頁」的區塊，放在header內。

```html
<header id="header">這裡是header
<div id="gohome">
    <a href="#">回到網站首頁</a>
</div>
</header>
<nav id="nav">這裡是網站導航　<a href="#">第一層</a>| <a href="#">第二層</a></nav>
<div id="wrapper">
    <main>這裡是main
        <h1>歡迎光臨本網站</h1>
        <p>本網站介紹台南與台北旅遊景點</p>
        <section>
            <h2>台南景點</h2>
            <article>
                <h3>四草綠色隧道</h3>
                <p>四草綠色隧道的內容</p>
                <figure>
                    <img src="img/1.jpg" alt="四草綠色隧道">
                    <figcaption>四草綠色隧道</figcaption>
                </figure>
            </article>
            <article>
                <h3>台南景點2</h3>
                <p>台南景點2的內容</p>
            </article>
        </section>
        <section>
            <h2>台北景點</h2>
            <article>
                <h3>台北景點1</h3>
                <p>台北景點1的內容</p>
            </article>
            <article>
                <h3>台北景點2</h3>
```

```
                <p>台北景點2的內容</p>
            </article>
        </section>
    </main>
</div>
<aside id="aside">這裡是aside</aside>
<footer id="footer">這裡是footer</footer>
```

STEP02 設定gohome的屬性position為absolute，其父元素header的屬性 position為relative。設定gohome的right:30px，則「回到網站首頁」區 塊相對於header的右側有30px的距離。設定gohome的bottom:-18px，則 相對於header的底部向下移動18px。

```
#header{
    height: 100px;
    background-color: red;
    position:relative;
}
#gohome{
    position:absolute;
    background-color: white;
    right:30px;
    bottom:-18px;
}
```

預覽結果如下：

這裡是header

這裡是網站導航 第一層 | 第二層   回到網站首頁
這裡是aside   這裡是main
                        歡迎光臨本網站

STEP03 設定標籤article的屬性position為relative，且屬性left為50，標籤article 相對於原來的位置向右移動50px。

```
article{
    position: relative;
    left:50px;
}
```

預覽結果如下，景點介紹內容向右移動50px。

本範例完整網頁如下：

行號	網頁
1	`<!DOCTYPE html>`
2	`<html lang="zh-TW">`
3	`<head>`
4	`<title>ch7-2-1 position:absolute relative的使用</title>`
5	`<meta charset="utf-8">`
6	`<style>`
7	`    * {`
8	`        margin:0;`
9	`    }`
10	`    body{`
11	`        background-color: blue;`
12	`    }`
13	`    a{`
14	`        text-decoration: none;`
15	`    }`
16	`    img{`
17	`        width: 300px;`
18	`    }`

行號	網頁
19	`#header{`
20	`    height: 100px;`
21	`    background-color: red;`
22	`    position:relative;`
23	`}`
24	`#gohome{`
25	`    position:absolute;`
26	`    background-color: aqua;`
27	`    right:30px;`
28	`    bottom:-18px;`
29	`}`
30	`#nav{`
31	`    background-color: skyblue;`
32	`}`
33	`#wrapper{`
34	`    float:left;`
35	`    width:100%;`
36	`}`
37	`main{`
38	`    margin-left: 180px;`
39	`    background-color: green;`
40	`}`
41	`#aside{`
42	`    float:left;`
43	`    width:180px;`
44	`    margin-left:-100%;`
45	`    background-color: blue;`
46	`}`
47	`#footer{`
48	`    clear:both;`
49	`    height: 50px;`
50	`    background-color: yellow;`
51	`}`
52	`article{`
53	`    position: relative;`
54	`    left:50px;`
55	`}`
56	`</style>`
57	`</head>`
58	`<body>`
59	`    <header id="header">這裡是header`
60	`    <div id="gohome">`
61	`        <a href="#">回到網站首頁</a>`

行號	網頁
62	`        </div>`
63	`    </header>`
64	`    <nav id="nav">這裡是網站導航    <a href="#">第一層</a>| <a href="#">第二層</a></nav>`
65	`    <div id="wrapper">`
66	`        <main>這裡是main`
67	`            <h1>歡迎光臨本網站</h1>`
68	`            <p>本網站介紹台南與台北旅遊景點</p>`
69	`            <section>`
70	`                <h2>台南景點</h2>`
71	`                <article>`
72	`                    <h3>四草綠色隧道</h3>`
73	`                    <p>四草綠色隧道的內容</p>`
74	`                    <figure>`
75	`                        <img src="img/1.jpg" alt="四草綠色隧道">`
76	`                        <figcaption>四草綠色隧道</figcaption>`
77	`                    </figure>`
78	`                </article>`
79	`                <article>`
80	`                    <h3>台南景點2</h3>`
81	`                    <p>台南景點2的內容</p>`
82	`                </article>`
83	`            </section>`
84	`            <section>`
85	`                <h2>台北景點</h2>`
86	`                <article>`
87	`                    <h3>台北景點1</h3>`
88	`                    <p>台北景點1的內容</p>`
89	`                </article>`
90	`                <article>`
91	`                    <h3>台北景點2</h3>`
92	`                    <p>台北景點2的內容</p>`
93	`                </article>`
94	`            </section>`
95	`        </main>`
96	`    </div>`
97	`    <aside id="aside">這裡是aside</aside>`
98	`    <footer id="footer">這裡是footer</footer>`
99	`</body>`
100	`</html>`

7-2-2　使用fixed固定元素位置

ch7\ch7-2-2.html

　　使用前一節範例7-2-1，於網頁下方新增「回到頁首」的功能，使用屬性 position的fixed，將「回到頁首」的元素移動到網頁下方，「回到頁首」元素不會 隨著瀏覽器拖曳右側的上下捲軸而移動位置。

　　以下操作步驟只顯示有修改的部分，單元結束附上完整網頁。

STEP01 新增景點介紹文字與圖片，新增「回到頁首」的功能，如下。

```html
<header id="header">這裡是header
    <div id="gohome">
        <a href="#">回到網站首頁</a>
    </div>
    </header>
    <nav id="nav">這裡是網站導航　<a href="#">第一層</a>| <a href="#">第二層
</a></nav>
    <div id="wrapper">
        <main>這裡是main
            <h1>歡迎光臨本網站</h1>
            <p>本網站介紹旅遊景點</p>
            <section>
                <h2>台南旅遊</h2>
                <article>
                    <h3>四草綠色隧道</h3>
                    <p>四草綠色隧道在台江國家公園內，裡面有溼地及豐富的生
態資源，可以坐船遊覽由紅樹林交織成的綠色隧道，潮間帶的招潮蟹、彈塗魚與紅樹
林，體會不一樣的大自然感受。</p>
                    <figure>
                        <img src="img/1.jpg" alt="四草綠色隧道">
                        <figcaption>四草綠色隧道</figcaption>
                    </figure>
                </article>
                <article>
                    <h3>北門井仔腳瓦盤鹽田</h3>
                    <p>井仔腳瓦盤鹽田是北門的第一座鹽田，西元1818年開始曬
鹽，因人工成本過高，在2002年停止曬鹽，鹽田漸漸荒廢，目前開發為觀光景點，遊客
在此可體驗傳統曬鹽、挑鹽與收鹽。</p>
                    <figure>
                        <img src="img/2.jpg" alt="北門井仔腳瓦盤鹽田">
                        <figcaption>北門井仔腳瓦盤鹽田</figcaption>
                    </figure>
                </article>
            </section>
```

```
        </main>
    </div>
    <aside id="aside">這裡是aside</aside>
    <div id="fixed"><a href="#header">回到頁首</a></div>
    <footer id="footer">這裡是footer</footer>
```

STEP02 設定fixed的屬性position為fixed，設定bottom為0px，表示貼齊最下方，設定left為90%，表示向右移動90%（相對於body的寬度），背景顏色為白色。

```
#fixed{
    position: fixed;
    bottom:0;
    left:90%;
    background-color: white;
}
```

STEP03 網頁預覽結果如下：

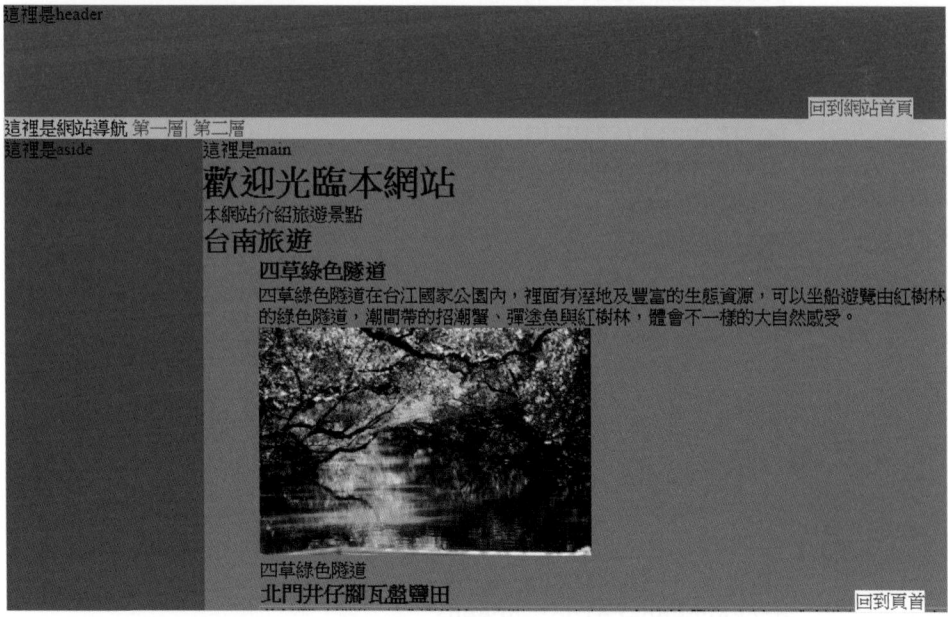

本單元完整網頁如下：

行號	網頁
1	`<!DOCTYPE html>`
2	`<html lang="zh-TW">`
3	`<head>`

行號	網頁
4	`<title>ch7-2-2 position:fixed的使用</title>`
5	`<meta charset="utf-8">`
6	`<style>`
7	`    * {`
8	`        margin:0;`
9	`    }`
10	`    body{`
11	`        background-color: blue;`
12	`    }`
13	`    a{`
14	`        text-decoration: none;`
15	`    }`
16	`    img{`
17	`        width: 300px;`
18	`    }`
19	`    #header{`
20	`        background-color: red;`
21	`        position:relative;`
22	`        height: 100px;`
23	`    }`
24	`    #gohome{`
25	`        position:absolute;`
26	`        background-color: aqua;`
27	`        right:30px;`
28	`        bottom:0px;`
29	`    }`
30	`    #nav{`
31	`        background-color: skyblue;`
32	`    }`
33	`    #wrapper{`
34	`        float:left;`
35	`        width:100%;`
36	`    }`
37	`    main{`
38	`        margin-left: 180px;`
39	`        background-color: green;`
40	`    }`
41	`    #aside{`
42	`        float:left;`
43	`        width:180px;`
44	`        margin-left:-100%;`
45	
46	`    }`

行號	網頁
47	`    #footer{`
48	`        clear:both;`
49	`        height: 50px;`
50	`        background-color: yellow;`
51	`    }`
52	`    article{`
53	`        position: relative;`
54	`        left:50px;`
55	`    }`
56	`    #fixed{`
57	`        position: fixed;`
58	`        bottom:0;`
59	`        left:90%;`
60	`        background-color: white;`
61	`    }`
62	`</style>`
63	`</head>`
64	`<body>`
65	`    <header id="header">這裡是header`
66	`    <div id="gohome">`
67	`        <a href="#">回到網站首頁</a>`
68	`    </div>`
69	`    </header>`
70	`    <nav id="nav">這裡是網站導航　<a href="#">第一層</a>| <a href="#">第二層</a></nav>`
71	`    <div id="wrapper">`
72	`        <main>這裡是main`
73	`            <h1>歡迎光臨本網站</h1>`
74	`            <p>本網站介紹旅遊景點</p>`
75	`            <section>`
76	`                <h2>台南旅遊</h2>`
77	`                <article>`
78	`                    <h3>四草綠色隧道</h3>`
79	`                    <p>四草綠色隧道在台江國家公園內，裡面有溼地及豐富的生態資源，可以坐船遊覽由紅樹林交織成的綠色隧道，潮間帶的招潮蟹、彈塗魚與紅樹林，體會不一樣的大自然感受。</p>`
80	`                    <figure>`
81	`                        <img src="img/1.jpg" alt="四草綠色隧道">`
82	`                        <figcaption>四草綠色隧道</figcaption>`
83	`                    </figure>`
84	`                </article>`
85	`                <article>`
86	`                    <h3>北門井仔腳瓦盤鹽田</h3>`

行號	網頁
87	`<p>`井仔腳瓦盤鹽田是北門的第一座鹽田，西元1818年開始曬鹽，因人工成本過高，在2002年停止曬鹽，鹽田漸漸荒廢，目前開發為觀光景點，遊客在此可體驗傳統曬鹽、挑鹽與收鹽。`</p>`
88	`<figure>`
89	`<img src="img/2.jpg" alt="北門井仔腳瓦盤鹽田">`
90	`<figcaption>`北門井仔腳瓦盤鹽田`</figcaption>`
91	`</figure>`
92	`</article>`
93	`</section>`
94	`</main>`
95	`</div>`
96	`<aside id="aside">`這裡是aside`</aside>`
97	`<div id="fixed"><a href="#header">`回到頁首`</a></div>`
98	`<footer id="footer">`這裡是footer`</footer>`
99	`</body>`
100	`</html>`

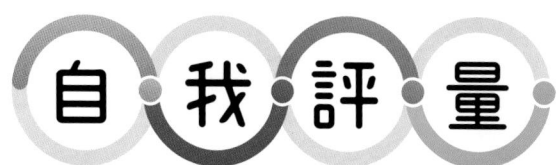

自 我 評 量

1. 請問標籤section、article、nav與aside的意義與用途？

2. 請問標籤header、main、footer、figure與figcaption的意義與用途？

3. 請問屬性position設定為static、absolute、relative與fixed的差別？

4. 請問元素的屬性position設定為absolute，而其父元素的屬性position設定為relative會造成什麼效果？

HTML5
CSS3
JavaScript

08

CSS的屬性display與套用順序

　　CSS的屬性display用於控制元素顯示的方式，可以改成多種顯示方式，幫助網頁製作者達成想要的功能。當某個元素發生CSS套用衝突，例如：在某一處要將文字設定為紅色，另一個地方要將文字設定為藍色的時候，會依照CSS的套用順序決定文字的顏色。以下分別介紹這些功能與原則。

8-1 屬性display

　　屬性display決定元素的顯示方式，表8-1為屬性display的重要屬性值。

表8-1　屬性display的重要屬性值

重要屬性值	說明
inline	1.無法設定寬度與高度。 2.無法設定上下的margin，但可以設定左右的margin。可以設定上下左右的padding。 3.無法自動換行，元素會不斷接在同一行上。 4.可以使用屬性vertical-align設定垂直對齊方式。
	範例　台北景點　　台南景點　　宜蘭景點
block	1.可以設定寬度與高度，當沒有設定寬度時，會自動填滿父元素；沒有設定高度時會滿足子元素的高度。 2.可以設定上下左右的margin與上下左右的padding。 3.若沒有使用屬性float與position，元素會自動換行。 4.無法使用屬性vertical-align設定垂直對齊的方式，只能靠上對齊。
	範例　　台北景點　　台南景點　　宜蘭景點
inline-block	外層使用inline，內層使用block。 1.因為inline，所以元素不換行。 2.因為block，所以可以設定元素的寬度、高度、上下左右的margin與上下左右的padding。
	範例　台北景點　　台南景點　　宜蘭景點

重要屬性值	說明
table-cell	以表格的儲存格方式顯示，相當於標籤td。 1.高度會自動調整為最高元素的高度，可以設定寬度。 2.無法設定上下左右的margin，可以將父元素設定為display:table，並且設定border-spacing調整元素間距離，解決子元素無法設定margin。 3.可以使用屬性vertical-align設定垂直對齊方式。 範例 台北景點　台南景點　宜蘭景點
none	不顯示此元素，且不占空間，後續元素會自動往上填補，而若使用visibility:hidden是隱藏此元素，但占有空間。

8-1-1　使用display:inline製作選單

ch8\ch8-1-1.html

可以使用標籤li製作選單，但是只能由上到下顯示；若使用display:inline，則可以改成橫向顯示。以下範例介紹使用display:inline製作選單，接續前一章的範例，在其header下方新增選單。

STEP01 在header下方新增div區塊，設定id為menu，在div區塊內新增標籤ul與li的清單，如下。

```
......
</header>
<div id="menu">
    <ul>
        <li><a href="#">台北景點</a></li>
        <li><a href="#">台南景點</a></li>
        <li><a href="#">宜蘭景點</a></li>
        <li><a href="#">澎湖景點</a></li>
    </ul>
</div>
......
```

STEP02 使用CSS設定menu的背景顏色為白色，menu的標籤ul的padding為0，menu的標籤li的背景顏色為淡綠色（lightgreen），不顯示清單項目符號，屬性display為inline，字型大小為24px，padding的上下為0px，左右為5px。

```
#menu{
    background-color: white;
}
```

```
#menu ul{
    padding: 0;
}
#menu li{
    background-color: lightgreen;
    list-style-type: none;
    display: inline;
    font-size: 24px;
    padding: 0px 5px;
}
```

STEP03 使用CSS設定menu的標籤li的標籤a，設定文字為黑色，不設定文字的裝飾線。當滑鼠移動到menu的標籤li的標籤a時，驅動虛擬類別hover，設定背景顏色為淡藍色，文字顏色為棕色。

```
#menu li a{
    color: black;
    text-decoration-line: none;
}
#menu li a:hover{
    background-color: lightblue;
    color: brown;
}
```

STEP04 網頁預覽結果如下，出現了「台北景點」、「台南景點」、「宜蘭景點」與「澎湖景點」。

當滑鼠移動到「台南景點」時，設定背景顏色為淡藍色，文字顏色為棕色。

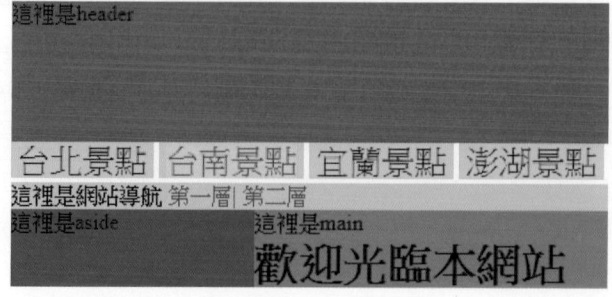

本單元完整網頁如下：

行號	網頁
1	`<!DOCTYPE html>`
2	`<html lang="zh-TW">`
3	`<head>`
4	`<title>ch8-1-1使用display:inline製作選單</title>`
5	`<meta charset="utf-8">`
6	`<style>`
7	`    * {`
8	`        margin:0;`
9	`    }`
10	`    body{`
11	`        background-color: blue;`
12	`    }`
13	`    a{`
14	`        text-decoration: none;`
15	`    }`
16	`    img{`
17	`        width:300px;`
18	`    }`
19	`    #header{`
20	`        height: 100px;`
21	`        background-color: red;`
22	`        position:relative;`
23	`    }`
24	`    #nav{`
25	`        background-color: skyblue;`
26	`    }`
27	`    #wrapper{`
28	`        float:left;`
29	`        width:100%;`
30	`    }`
31	`    main{`
32	`        margin-left: 180px;`
33	`        background-color: green;`
34	`    }`
35	`    #aside{`
36	`        float:left;`
37	`        width:180px;`
38	`        margin-left:-100%;`
39	`        background-color: blue;`
40	`    }`
41	`    #footer{`

行號	網頁
42	`        clear:both;`
43	`        height: 50px;`
44	`        background-color: yellow;`
45	`    }`
46	`    #gohome{`
47	`        position:absolute;`
48	`        background-color: aqua;`
49	`        right:30px;`
50	`        bottom:-16px;`
51	`    }`
52	`    figure{`
53	`        position: relative;`
54	`        left:100px;`
55	`    }`
56	`    #fixed{`
57	`        position: fixed;`
58	`        bottom:0;`
59	`        left:90%;`
60	`        background-color: white;`
61	`    }`
62	`    #menu{`
63	`        background-color: white;`
64	`    }`
65	`    #menu ul{`
66	`        padding: 0;`
67	`    }`
68	`    #menu li{`
69	`        background-color: lightgreen;`
70	`        list-style-type: none;`
71	`        display: inline;`
72	`        font-size: 24px;`
73	`        padding: 0px 5px;`
74	`    }`
75	`    #menu li a{`
76	`        color: black;`
77	`        text-decoration-line: none;`
78	`    }`
79	`    #menu li a:hover{`
80	`        background-color: lightblue;`
81	`        color: brown;`
82	`    }`
83	`</style>`
84	`</head>`

行號	網頁
85	`<body>`
86	`    <header id="header">`這裡是header
87	`    <div id="gohome">`
88	`        <a href="#">`回到網站首頁`</a>`
89	`    </div>`
90	`    </header>`
91	`    <div id="menu">`
92	`        <ul>`
93	`            <li><a href="#">`台北景點`</a></li>`
94	`            <li><a href="#">`台南景點`</a></li>`
95	`            <li><a href="#">`宜蘭景點`</a></li>`
96	`            <li><a href="#">`澎湖景點`</a></li>`
97	`        </ul>`
98	`    </div>`
99	`    <nav id="nav">`這裡是網站導航　`<a href="#">`第一層`</a>`| `<a href="#">`第二層`</a></nav>`
100	`    <div id="wrapper">`
101	`        <main>`這裡是main
102	`            <h1>`歡迎光臨本網站`</h1>`
103	`            <p>`本網站介紹旅遊景點`</p>`
104	`            <section>`
105	`                <h2>`台南旅遊`</h2>`
106	`                <article>`
107	`                    <h3>`四草綠色隧道`</h3>`
108	`                    <p>`四草綠色隧道在台江國家公園內，裡面有溼地及豐富的生態資源，可以坐船遊覽由紅樹林交織成的綠色隧道，潮間帶的招潮蟹、彈塗魚與紅樹林，體會不一樣的大自然感受。`</p>`
109	`                    <figure>`
110	`                        <img src="img/1.jpg" alt="`四草綠色隧道`">`
111	`                        <figcaption>`四草綠色隧道`</figcaption>`
112	`                    </figure>`
113	`                </article>`
114	`                <article>`
115	`                    <h3>`北門井仔腳瓦盤鹽田`</h3>`
116	`                    <p>`井仔腳瓦盤鹽田是北門的第一座鹽田，西元1818年開始曬鹽，因人工成本過高，在2002年停止曬鹽，鹽田漸漸荒廢，目前開發為觀光景點，遊客在此可體驗傳統曬鹽、挑鹽與收鹽。`</p>`
117	`                    <figure>`
118	`                        <img src="img/2.jpg" alt="`北門井仔腳瓦盤鹽田`">`
119	`                        <figcaption>`北門井仔腳瓦盤鹽田`</figcaption>`
120	`                    </figure>`
121	`                </article>`
122	`            </section>`

行號	網頁
123	`        </main>`
124	`    </div>`
125	`    <aside id="aside">這裡是aside</aside>`
126	`    <div id="fixed"><a href="#header">回到頁首</a></div>`
127	`    <footer id="footer">這裡是footer</footer>`
128	`</body>`
129	`</html>`

8-1-2　使用display:block與float:left製作選單

 ch8\ch8-1-2.html

可以使用標籤li製作選單，但是只能由上到下顯示（因為標籤li預設屬性display為list-item，以block模式進行配置，擁有項目符號），使用float:left則可以改成橫向顯示。以下範例介紹使用display:block與float:left製作選單，接續前一章的範例，在其header下方新增選單。

STEP01 在header下方新增div區塊，設定id為menu，在div區塊內新增標籤ul與li的清單，如下。

```
......
</header>
<div id="menu">
    <ul>
        <li><a href="#">台北景點</a></li>
        <li><a href="#">台南景點</a></li>
        <li><a href="#">宜蘭景點</a></li>
        <li><a href="#">澎湖景點</a></li>
    </ul>
</div>
......
```

STEP02 使用CSS設定menu的背景顏色為白色，menu的標籤ul的padding為0；menu的標籤li的屬性float為left，背景圖片為img/btn1.png，設定background-size為contain，不顯示清單項目符號，字型大小為24px，寬度為150px，邊線寬度為1px，顏色為藍色，使用虛線表示。

```
#menu{
    background-color: white;
}
#menu ul{
```

```
        padding: 0;
    }
    #menu li{
        float: left;
        background-image: url(img/btn1.png);
        background-size: contain;
        list-style-type: none;
        font-size: 24px;
        width: 150px;
        border:1px blue dashed;
    }
```

STEP03　為了取消menu的標籤li的屬性float，需要在其上一層元素ul的最後(#menu ul:after)，設定為無內容，以block模式顯示，最後加上clear:both清除子元素li的屬性float，這樣之後的元素才不會自動擠上去。

```
#menu ul:after{
    content: "";
    display: block;
    clear: both;
}
```

STEP04　使用CSS設定menu的標籤li的標籤a的屬性display為block，文字置中對齊（設定為display: block，文字置中對齊才會有作用），接著設定文字為黑色，不設定文字的裝飾線。當滑鼠移動到menu的標籤li的標籤a時，驅動虛擬類別hover，背景圖片為img/btn2.png，設定background-size為contain，文字顏色為棕色。

```
#menu li a{
    display: block;
    text-align: center;
    color: black;
    text-decoration-line: none;
}
#menu li a:hover{
    background-image: url(img/btn2.png);
    background-size: contain;
    color: brown;
}
```

STEP05 網頁預覽結果如下，出現了「台北景點」、「台南景點」、「宜蘭景
點」與「澎湖景點」，寬度為150px，文字置中對齊。

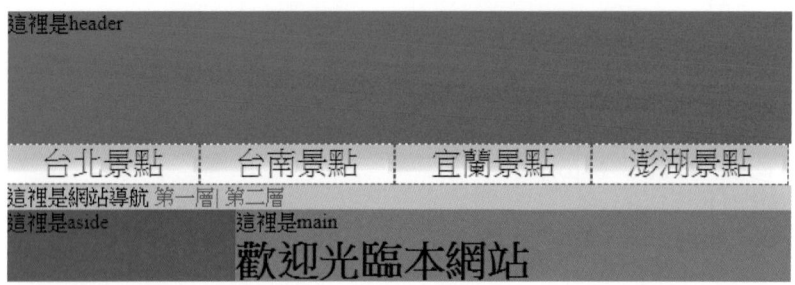

當滑鼠移動到「台南景點」更改背景圖片，文字顏色為棕色。

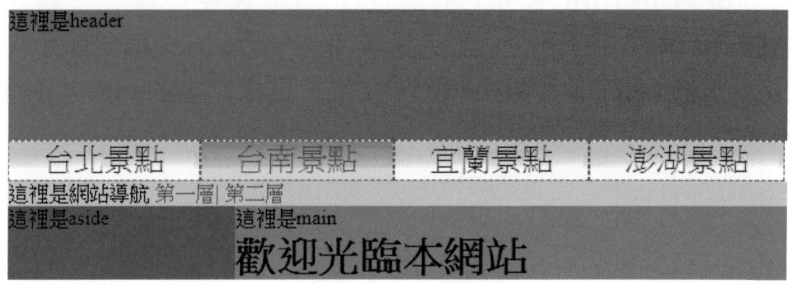

本單元完整網頁如下：

行號	網頁
1	`<!DOCTYPE html>`
2	`<html lang="zh-TW">`
3	`<head>`
4	`<title>ch8-1-2使用display:block與float:left製作選單</title>`
5	`<meta charset="utf-8">`
6	`<style>`
7	`    * {`
8	`        margin:0;`
9	`    }`
10	`    body{`
11	`        background-color: blue;`
12	`    }`
13	`    a{`
14	`        text-decoration: none;`
15	`    }`
16	`    img{`
17	`        width:300px;`
18	`    }`
19	`    #header{`
20	`        height: 100px;`

行號	網頁
21	`        background-color: red;`
22	`        position:relative;`
23	`    }`
24	`    #nav{`
25	`        background-color: skyblue;`
26	`    }`
27	`    #wrapper{`
28	`        float:left;`
29	`        width:100%;`
30	`    }`
31	`    main{`
32	`        margin-left: 180px;`
33	`        background-color: green;`
34	`    }`
35	`    #aside{`
36	`        float:left;`
37	`        width:180px;`
38	`        margin-left:-100%;`
39	`        background-color: blue;`
40	`    }`
41	`    #footer{`
42	`        clear:both;`
43	`        height: 50px;`
44	`        background-color: yellow;`
45	`    }`
46	`    #gohome{`
47	`        position:absolute;`
48	`        background-color: aqua;`
49	`        right:30px;`
50	`        bottom:-16px;`
51	`    }`
52	`    figure{`
53	`        position: relative;`
54	`        left:100px;`
55	`    }`
56	`    #fixed{`
57	`        position: fixed;`
58	`        bottom:0;`
59	`        left:90%;`
60	`        background-color: white;`
61	`    }`
62	`    #menu{`
63	`        background-color: white;`

行號	網頁
64	`    }`
65	`    #menu ul{`
66	`        padding: 0;`
67	`    }`
68	`    #menu li{`
69	`        float: left;`
70	`        background-image: url(img/btn1.png);`
71	`        background-size: contain;`
72	`        list-style-type: none;`
73	`        font-size: 24px;`
74	`        width: 150px;`
75	`        border:1px blue dashed;`
76	`    }`
77	`    #menu ul:after{`
78	`        content: "";`
79	`        display: block;`
80	`        clear: both;`
81	`    }`
82	`    #menu li a{`
83	`        display: block;`
84	`        text-align: center;`
85	`        color: black;`
86	`        text-decoration-line: none;`
87	`    }`
88	`    #menu li a:hover{`
89	`        background-image: url(img/btn2.png);`
90	`        background-size: contain;`
91	`        color: brown;`
92	`    }`
93	`</style>`
94	`</head>`
95	`<body>`
96	`    <header id="header">這裡是header`
97	`    <div id="gohome">`
98	`        <a href="#">回到網站首頁</a>`
99	`    </div>`
100	`    </header>`
101	`    <div id="menu">`
102	`        <ul>`
103	`            <li><a href="#">台北景點</a></li>`
104	`            <li><a href="#">台南景點</a></li>`
105	`            <li><a href="#">宜蘭景點</a></li>`
106	`            <li><a href="#">澎湖景點</a></li>`

行號	網頁
107	`        </ul>`
108	`    </div>`
109	`    <nav id="nav">這裡是網站導航　<a href="#">第一層</a>| <a href="#">第二層</a></nav>`
110	`    <div id="wrapper">`
111	`        <main>這裡是main`
112	`            <h1>歡迎光臨本網站</h1>`
113	`            <p>本網站介紹旅遊景點</p>`
114	`            <section>`
115	`                <h2>台南旅遊</h2>`
116	`                <article>`
117	`                    <h3>四草綠色隧道</h3>`
118	`                    <p>四草綠色隧道在台江國家公園內，裡面有溼地及豐富的生態資源，可以坐船遊覽由紅樹林交織成的綠色隧道，潮間帶的招潮蟹、彈塗魚與紅樹林，體會不一樣的大自然感受。</p>`
119	`                        <figure>`
120	`                            <img src="img/1.jpg" alt="四草綠色隧道">`
121	`                            <figcaption>四草綠色隧道</figcaption>`
122	`                        </figure>`
123	`                </article>`
124	`                <article>`
125	`                    <h3>北門井仔腳瓦盤鹽田</h3>`
126	`                    <p>井仔腳瓦盤鹽田是北門的第一座鹽田，西元1818年開始曬鹽，因人工成本過高，在2002年停止曬鹽，鹽田漸漸荒廢，目前開發為觀光景點，遊客在此可體驗傳統曬鹽、挑鹽與收鹽。</p>`
127	`                        <figure>`
128	`                            <img src="img/2.jpg" alt="北門井仔腳瓦盤鹽田">`
129	`                            <figcaption>北門井仔腳瓦盤鹽田</figcaption>`
130	`                        </figure>`
131	`                </article>`
132	`            </section>`
133	`        </main>`
134	`    </div>`
135	`    <aside id="aside">這裡是aside</aside>`
136	`    <div id="fixed"><a href="#header">回到頁首</a></div>`
137	`    <footer id="footer">這裡是footer</footer>`
138	`</body>`
139	`</html>`

8-1-3　使用display:table-cell製作選單

📀 ch8\ch8-1-3.html

　　可以使用標籤li製作選單，但是只能由上到下顯示，使用display:table-cell則可以改成橫向顯示。以下範例介紹使用display:table-cell製作選單，接續前一章的範例，在其header下方新增選單。

STEP01 在header下方新增div區塊，設定id為menu，在div區塊內新增標籤ul與li的清單，如下。

```
......
</header>
<div id="menu">
    <ul>
        <li><a href="#">台北景點</a></li>
        <li><a href="#">台南景點</a></li>
        <li><a href="#">宜蘭景點</a></li>
        <li><a href="#">澎湖景點</a></li>
    </ul>
</div>
......
```

STEP02 使用CSS設定menu的背景顏色為白色，menu的標籤ul的padding為0。

```
#menu{
    background-color: white;
}
#menu ul{
    padding: 0;
}
```

STEP03 menu的標籤li的屬性display為table-cell，背景圖片為img/btn1.png，設定background-size為contain，不顯示清單項目符號，字型大小為24px，寬度為150px，邊線寬度為1px，顏色為藍色，使用虛線表示。menu的標籤ul的屬性display為table，設定表格邊線間隔為5px。

```
#menu li{
    display: table-cell;
    background-image: url(img/btn1.png);
    background-size: contain;
    list-style-type: none;
    font-size: 24px;
    width: 150px;
```

```
    border:1px blue dashed;
}
#menu ul{
    display: table;
    border-spacing: 5px;
}
```

STEP04 設定menu的標籤li的標籤a的屬性display為block，文字置中對齊（設定為display: block，文字置中對齊才會有作用）；接著設定文字為黑色，不設定文字的裝飾線。當滑鼠移動到menu的標籤li的標籤a時，驅動虛擬類別hover，背景圖片為img/btn2.png，設定background-size為contain，文字顏色為棕色。

```
#menu li a{
    display: block;
    text-align: center;
    color: black;
    text-decoration-line: none;
}
#menu li a:hover{
    background-image: url(img/btn2.png);
    background-size: contain;
    color: brown;
}
```

STEP05 網頁預覽結果如下，出現了「台北景點」、「台南景點」、「宜蘭景點」與「澎湖景點」，寬度為150px，文字置中對齊。

當滑鼠移動到「台南景點」更改背景圖片，文字顏色為棕色。

本單元完整網頁如下：

行號	網頁
1	`<!DOCTYPE html>`
2	`<html lang="zh-TW">`
3	`<head>`
4	`<title>ch8-1-3使用display:table-cell製作選單</title>`
5	`<meta charset="utf-8">`
6	`<style>`
7	`    * {`
8	`        margin:0;`
9	`    }`
10	`    body{`
11	`        background-color: blue;`
12	`    }`
13	`    a{`
14	`        text-decoration: none;`
15	`    }`
16	`    img{`
17	`        width:300px;`
18	`    }`
19	`    #header{`
20	`        height: 100px;`
21	`        background-color: red;`
22	`        position:relative;`
23	`    }`
24	`    #nav{`
25	`        background-color: skyblue;`
26	`    }`
27	`    #wrapper{`
28	`        float:left;`
29	`        width:100%;`
30	`    }`
31	`    main{`
32	`        margin-left: 180px;`
33	`        background-color: green;`
34	`    }`
35	`    #aside{`
36	`        float:left;`
37	`        width:180px;`
38	`        margin-left:-100%;`
39	`        background-color: blue;`
40	`    }`
41	`    #footer{`
42	`        clear:both;`

行號	網頁
43	``` height: 50px;```
44	``` background-color: yellow;```
45	``` }```
46	``` #gohome{```
47	``` position:absolute;```
48	``` background-color: aqua;```
49	``` right:30px;```
50	``` bottom:-16px;```
51	``` }```
52	``` figure{```
53	``` position: relative;```
54	``` left:100px;```
55	``` }```
56	``` #fixed{```
57	``` position: fixed;```
58	``` bottom:0;```
59	``` left:90%;```
60	``` background-color: white;```
61	``` }```
62	``` #menu{```
63	``` background-color: white;```
64	``` }```
65	``` #menu ul{```
66	``` padding: 0;```
67	``` }```
68	``` #menu li{```
69	``` display: table-cell;```
70	``` background-image: url(img/btn1.png);```
71	``` background-size: contain;```
72	``` list-style-type: none;```
73	``` font-size: 24px;```
74	``` width: 150px;```
75	``` border:1px blue dashed;```
76	``` }```
77	``` #menu ul{```
78	``` display: table;```
79	``` border-spacing: 5px;```
80	``` }```
81	``` #menu li a{```
82	``` display: block;```
83	``` text-align: center;```

行號	網頁
84	`    color: black;`
85	`    text-decoration-line: none;`
86	`}`
87	`#menu li a:hover{`
88	`    background-image: url(img/btn2.png);`
89	`    background-size: contain;`
90	`    color: brown;`
91	`}`
92	`</style>`
93	`</head>`
94	`<body>`
95	`    <header id="header">這裡是header`
96	`    <div id="gohome">`
97	`        <a href="#">回到網站首頁</a>`
98	`    </div>`
99	`    </header>`
100	`    <div id="menu">`
101	`        <ul>`
102	`            <li><a href="#">台北景點</a></li>`
103	`            <li><a href="#">台南景點</a></li>`
104	`            <li><a href="#">宜蘭景點</a></li>`
105	`            <li><a href="#">澎湖景點</a></li>`
106	`        </ul>`
107	`    </div>`
108	`    <nav id="nav">這裡是網站導航　<a href="#">第一層</a>| <a href="#">第二層</a></nav>`
109	`    <div id="wrapper">`
110	`        <main>這裡是main`
111	`            <h1>歡迎光臨本網站</h1>`
112	`            <p>本網站介紹旅遊景點</p>`
113	`            <section>`
114	`                <h2>台南旅遊</h2>`
115	`                <article>`
116	`                    <h3>四草綠色隧道</h3>`
117	`                    <p>四草綠色隧道在台江國家公園內，裡面有溼地及豐富的生態資源，可以坐船遊覽由紅樹林交織成的綠色隧道，潮間帶的招潮蟹、彈塗魚與紅樹林，體會不一樣的大自然感受。</p>`
118	`                    <figure>`
119	`                        <img src="img/1.jpg" alt="四草綠色隧道">`
120	`                        <figcaption>四草綠色隧道</figcaption>`
121	`                    </figure>`
122	`                </article>`
123	`                <article>`

行號	網頁
124	<h3>北門井仔腳瓦盤鹽田</h3>
125	<p>井仔腳瓦盤鹽田是北門的第一座鹽田，西元1818年開始曬鹽，因人工成本過高，在2002年停止曬鹽，鹽田漸漸荒廢，目前開發為觀光景點，遊客在此可體驗傳統曬鹽、挑鹽與收鹽。</p>
126	<figure>
127	<img src="img/2.jpg" alt="北門井仔腳瓦盤鹽田">
128	<figcaption>北門井仔腳瓦盤鹽田</figcaption>
129	</figure>
130	</article>
131	</section>
132	</main>
133	</div>
134	<aside id="aside">這裡是aside</aside>
135	<div id="fixed"><a href="#header">回到頁首</a></div>
136	<footer id="footer">這裡是footer</footer>
137	</body>
138	</html>

8-2 ○ CSS套用順序

當網頁套用CSS時發生衝突，例如：一個要將文字設定為紅色，另一個要將文字設定為藍色，會依照CSS的套用順序決定文字的顏色，以下介紹套用的規則。

8-2-1 比較行內、id、類別與標籤的CSS套用優先權

🕐 ch8\ch8-2-1.html

網頁中CSS可以來自於行內、id選擇器、類別選擇器與標籤選擇器。行內的優先權最高，其次是id選擇器，再來是類別選擇器，優先權最低的是標籤選擇器。您可以發現，CSS套用範圍越小，其優先權越高。

類別	HTML	CSS
行內	<p style="color:red;" >文字套用行內</p>	style="color:red;"

id選擇器	<p id="p">文字套用id的CSS</p>	#p {
		    color:green;
		}

類別選擇器	<p class="p">文字套用類別的CSS</p>	.p {
		    color:blue;
		}

類別	HTML	CSS

標籤選擇器	`<p>文字套用標籤p的CSS</p>`	`p{`
		`    color:brown;`
		`}`

STEP01 在標籤body內新增以下HTML語法。

```
<p style="color:red;" id="p" class="p">文字套用行內、id、類別與標籤p
的CSS</p>
<p id="p" class="p">文字套用id、類別與標籤p的CSS</p>
<p class="p">文字套用類別與標籤p的CSS</p>
<p>文字套用標籤p的CSS</p>
```

STEP02 在標籤head內新增以下CSS。

```
#p {
    color:green;
}
.p {
    color:blue;
}
p{
    color:brown;
}
```

STEP03 網頁預覽結果如下，發現當文字套用行內、id、類別與標籤p的CSS，會套用行內的CSS，文字顏色為紅色；當文字套用id、類別與標籤p的CSS，會套用id的CSS，文字顏色為綠色；當文字套用類別與標籤p的CSS，會套用類別的CSS，文字顏色為藍色；當文字套用標籤p的CSS，會套用標籤的CSS，文字顏色為棕色。

文字套用行內、id、類別與標籤p的CSS

文字套用id、類別與標籤p的CSS

文字套用類別與標籤p的CSS

文字套用標籤p的CSS

本單元完整網頁如下：

行號	網頁
1	`<!DOCTYPE html>`
2	`<html lang="zh-TW">`
3	`<head>`
4	`<title>ch8-2-1 比較行內、id、類別與標籤CSS的套用優先權</title>`
5	`<meta charset="utf-8">`
6	`<style>`
7	`#p {`
8	`    color:green;`
9	`}`
10	`.p {`
11	`    color:blue;`
12	`}`
13	`p{`
14	`    color:brown;`
15	`}`
16	`</style>`
17	`</head>`
18	`<body>`
19	`<p style="color:red;" id="p" class="p">文字套用行內、id、類別與標籤p的CSS</p>`
20	`<p id="p" class="p">文字套用id、類別與標籤p的CSS</p>`
21	`<p class="p">文字套用類別與標籤p的CSS</p>`
22	`<p>文字套用標籤p的CSS</p>`
23	`</body>`
24	`</html>`

8-2-2　使用!important提高優先權

ch8\ch8-2-2.html

　　CSS的來源分成user agent（瀏覽器預設值）、user normal（瀏覽器使用者的一般設定值）、user important（瀏覽器使用者的重要設定值）、author normal（網頁作者的一般設定值）、author important（網頁作者的重要設定值）等五類。也有優先權高低之分，優先權由低到高如下表。

優先權	來源
低	user agent（瀏覽器預設值）
	user normal（瀏覽器使用者的一般設定值）
	author normal（網頁作者的一般設定值）
	author important（網頁作者的重要設定值）
高	user important（瀏覽器使用者的重要設定值）

　　由於很少使用者會自行設定瀏覽器的CSS，所以user normal與user important可以忽略。本單元介紹author important，網頁作者可以在CSS中使用!important提高優先權，如以下範例。

STEP01 在標籤body內新增以下HTML語法。

```
<p style="color:red;" id="p" class="p">文字套用行內、id、類別與標籤p的CSS</p>
```

STEP02 在標籤head新增以下CSS。

```
#p {
    color:green;
}
.p {
    color:blue;
}
p{

    color:brown !important;
}
```

STEP03 網頁預覽結果如下，因為標籤p選擇器的CSS後方加上!important提高優先權，變成了author important的權限高於author normal的權限，author normal的權限包含行內CSS、id選擇器的CSS與類別選擇器的CSS，所以文字顏色為棕色。

文字套用行內、id、類別與標籤p的CSS

━━━━━━━━━━━━━ 充電時間 ⏸ ━━━━━━━━━━━━━

使用Chrome瀏覽器瀏覽本單元範例網頁，點選F12可以開啟「開發人員工具」，可以看到有哪些CSS沒有作用，以及user agent（瀏覽器預設值）。如下圖，在Elements點選標籤p，下方選取Styles頁籤，發現有刪除線的CSS表示被取代了，只剩下標籤p選擇器的CSS有作用。因為加上了!important，更下方的user agent stylesheet就是瀏覽器預設值。

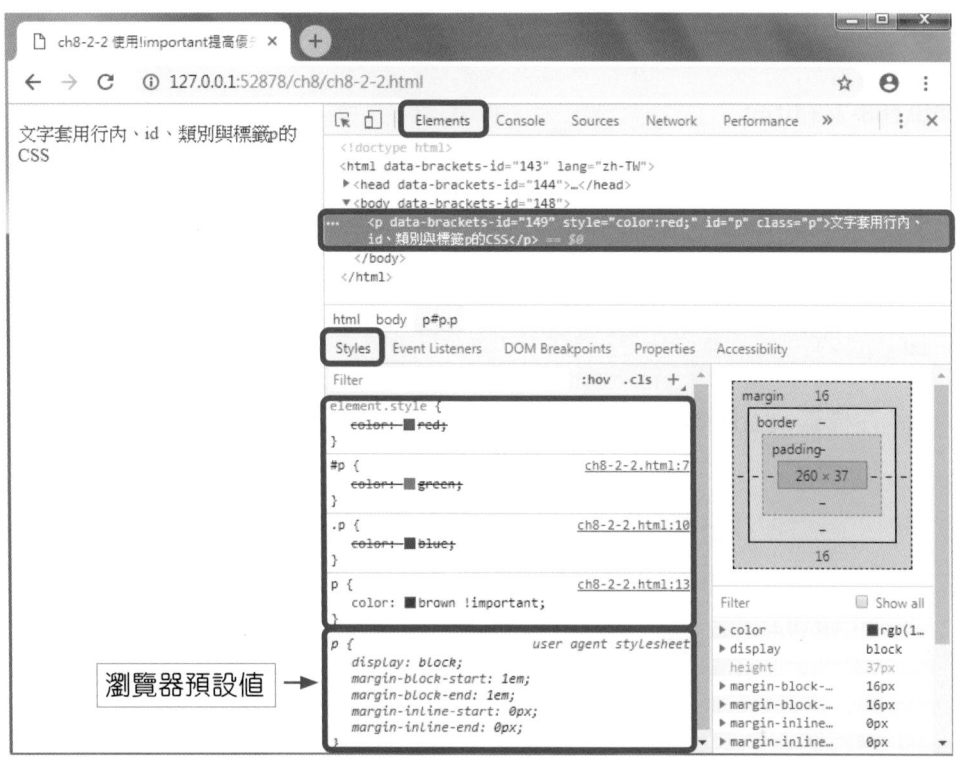

本單元完整網頁如下：

行號	網頁
1	`<!DOCTYPE html>`
2	`<html lang="zh-TW">`
3	`<head>`
4	`<title>ch8-2-2 使用!important提高優先權</title>`
5	`<meta charset="utf-8">`
6	`<style>`
7	`#p {`
8	`    color:green;`
9	`}`
10	`.p {`
11	`    color:blue;`
12	`}`
13	`p{`
14	`    color:brown !important;`
15	`}`
16	`</style>`
17	`</head>`
18	`<body>`
19	`<p style="color:red;" id="p" class="p">文字套用行內、id、類別與標籤p的CSS</p>`
20	`</body>`
21	`</html>`

8-2-3 套用相同優先權的CSS

ch8\ch8-2-3.html

若同時存在兩個優先權一樣的CSS，則後面撰寫的CSS會覆蓋前面撰寫的CSS，請參考以下範例。

STEP01 在標籤body內新增以下HTML語法。

```
<p id="p">文字套用兩個id為p的CSS</p>
```

STEP02 在標籤head新增以下CSS。

```
#p {
    color:green;
}
#p {
    color:blue;
}
```

STEP03 網頁預覽結果如下：

文字套用兩個id為p的CSS

本單元完整網頁如下：

行號	網頁
1	`<!DOCTYPE html>`
2	`<html lang="zh-TW">`
3	`<head>`
4	`<title>ch8-2-3同時套用兩個相同id的文字</title>`
5	`<meta charset="utf-8">`
6	`<style>`
7	`#p {`
8	`    color:green;`
9	`}`
10	`#p {`
11	`    color:blue;`
12	`}`
13	`</style>`
14	`</head>`
15	`<body>`
16	`<p id="p">文字套用兩個id為p的CSS</p>`
17	`</body>`
18	`</html>`

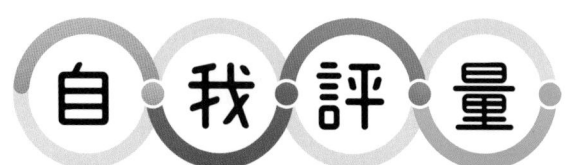

自 我 評 量

1. 請問將屬性display分別設定為下列設定值會有什麼效果？

   (a)inline

   (b)block

   (c)inline-block

   (d)table-cell

   (e)none

2. 請以display:inline製作選單。

3. 請以display:block與float:left製作選單。

4. 請以display:tablecell製作選單。

5. 當CSS套用樣式發生衝突時，使用行內、id選擇器、類別選擇器與標籤選擇器的套用優先順序？

6. CSS來源分成user agent、user normal、user important、author normal、author important，請說明這些名詞的定義與優先順序？

7. 若套用優先權相同的CSS發生衝突時，優先順序為何？

HTML5
CSS3
JavaScript

09

使用**CSS**製作多層級選單

綜合之前的選擇器、虛擬類別、屬性float、屬性position與屬性display，使用CSS就能製作多層級選單。以下分兩階段製作，第一階段將標籤ul與li所製作的清單依照所需要方式顯示出來；第二階段使用屬性display決定是否顯示出來，與虛擬類別hover決定顯示的時機。

9-1 ○ 使用CSS製作多層級選單(1)

🔗 ch9\ch9-1.htm

使用清單與CSS製作選單，所需要的選單效果如下：

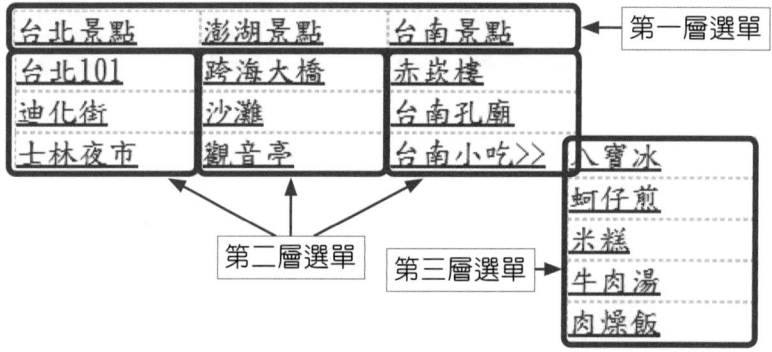

STEP01 在標籤body內新增以下HTML語法。

```
<ul class="menu">
    <li><a href="#">台北景點</a>
        <ul>
            <li><a href="#">台北101</a></li>
            <li><a href="#">迪化街</a></li>
            <li><a href="#">士林夜市</a></li>
        </ul>
    </li>
    <li><a href="#">澎湖景點</a>
        <ul>
            <li><a href="#">跨海大橋</a></li>
            <li><a href="#">沙灘</a></li>
            <li><a href="#">觀音亭</a></li>
        </ul>
    </li>
    <li><a href="#">台南景點</a>
        <ul>
            <li><a href="#">亦崁樓</a></li>
            <li><a href="#">台南孔廟</a></li>
            <li><a href="#">台南小吃>></a>
```

```
                <ul>
                    <li><a href="#">八寶冰</a></li>
                    <li><a href="#">蚵仔煎</a></li>
                    <li><a href="#">米糕</a></li>
                    <li><a href="#">牛肉湯</a></li>
                    <li><a href="#">肉燥飯</a></li>
                </ul>
            </li>
        </ul>
    </li>
</ul>
```

STEP02 設定標籤ul的margin為0，padding為0，不顯示清單選項。

設定類別menu的字型為標楷體，字型大小為20px。

類別menu的下一層標籤li設定屬性float為left，選單第一層由左到右顯示出來。

```
ul {
    margin: 0;
    padding: 0;
    list-style-type: none;
}
.menu {
    font-family: '標楷體';
    font-size: 20px;
}
.menu > li { /*子選擇器，只有第一層*/
    float: left;
}
```

到此預覽結果，如下圖：

台北景點　　　澎湖景點　　　台南景點

STEP03 設定類別menu的標籤li的屬性position為relative，paddding為0px，邊線為淡藍色、寬度1px與虛線，最小寬度為120px。

類別menu的標籤ul的屬性position為absolute（因為上一層的標籤li的屬性position為relative，所以以上一層標籤li為基準），設定z-index為10（z-index數值越大越上層；z-index預設為0，z-index為10會顯示在上層），設定top為100%，表示標籤ul移動到標籤li正下方。

```
.menu li {
    position: relative;
    padding: 0px;
    border: lightblue 1px dashed;
```

```
    min-width: 120px;
}
.menu ul {
    position: absolute;
    z-index: 10;
    top: 100%;
}
```

到此預覽結果，如下圖，第二層與第三層選單都是由上到下顯示。

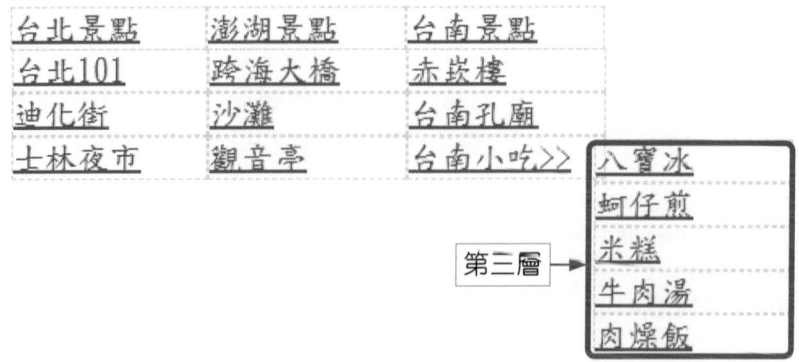

STEP04 設定類別menu的標籤ul的標籤li的下一層ul標籤，表示選擇第三層以後的選單，設定屬性z-index為20，表示顯示在更上層，設定top為5%與left為95%，表示標籤ul（第三層選單）相對於標籤li（第二層選單）距離標籤li的上方5%，距離標籤li的左側95%，表示標籤ul（第三層選單）往右下角移動。

```
.menu ul li > ul { /*定義上一層ul  li與下一層ul的距離，第三層以後*/
    z-index: 20;
    top: 5%;
    left: 95%;
}
```

到此預覽結果，如下圖，發現第三層選單往右下角移動。

本單元完整網頁如下：

行號	網頁
1	`<!DOCTYPE html>`
2	`<html lang="zh-TW">`
3	`<head>`
4	`<title>ch9-1使用CSS製作多層級選單(1)</title>`
5	`<meta charset="utf-8">`
6	`<style>`
7	`ul {`
8	`    margin: 0;`
9	`    padding: 0;`
10	`    list-style-type: none;`
11	`}`
12	`.menu {`
13	`    font-family: '標楷體';`
14	`    font-size: 20px;`
15	`}`
16	`.menu > li { /*子選擇器，只有第一層*/`
17	`    float: left;`
18	`}`
19	`.menu li {`
20	`    position: relative;`
21	`    padding: 0px;`
22	`    border: lightblue 1px dashed;`
23	`    min-width: 120px;`
24	`}`
25	`.menu ul {`
26	`    position: absolute;`
27	`    z-index: 10;`
28	`    top: 100%;`
29	`}`
30	`.menu ul li > ul { /*定義上一層ul li與下一層ul的距離，第三層以後*/`
31	`    z-index: 20;`
32	`    top: 5%;`
33	`    left: 95%;`
34	`}`
35	`</style>`
36	`</head>`
37	`<body>`
38	`<ul class="menu">`
39	`    <li><a href="#">台北景點</a>`
40	`        <ul>`
41	`            <li><a href="#">台北101</a></li>`
42	`            <li><a href="#">迪化街</a></li>`

行號	網頁
43	`        <li><a href="#">士林夜市</a></li>`
44	`    </ul>`
45	`  </li>`
46	`  <li><a href="#">澎湖景點</a>`
47	`    <ul>`
48	`        <li><a href="#">跨海大橋</a></li>`
49	`        <li><a href="#">沙灘</a></li>`
50	`        <li><a href="#">觀音亭</a></li>`
51	`    </ul>`
52	`  </li>`
53	`  <li><a href="#">台南景點</a>`
54	`    <ul>`
55	`        <li><a href="#">赤崁樓</a></li>`
56	`        <li><a href="#">台南孔廟</a></li>`
57	`        <li><a href="#">台南小吃>></a>`
58	`          <ul>`
59	`            <li><a href="#">八寶冰</a></li>`
60	`            <li><a href="#">蚵仔煎</a></li>`
61	`            <li><a href="#">米糕</a></li>`
62	`            <li><a href="#">牛肉湯</a></li>`
63	`           <li><a href="#">肉燥飯</a></li>`
64	`          </ul>`
65	`        </li>`
66	`    </ul>`
67	`  </li>`
68	`</ul>`
69	`</body>`
70	`</html>`

9-2 使用 CSS 製作多層級選單 (2)

🔵 ch9\ch9-2.html

　　接續前一節，使用屬性display決定選單是否顯示，使用虛擬類別hover決定顯示選單的時機，完成多層級選單。

STEP01 在標籤body內新增以下HTML語法。

```
<ul class="menu">
    <li><a href="#">台北景點</a>
        <ul>
            <li><a href="#">台北101</a></li>
```

```
            <li><a href="#">迪化街</a></li>
            <li><a href="#">士林夜市</a></li>
        </ul>
    </li>
    <li><a href="#">澎湖景點</a>
        <ul>
            <li><a href="#">跨海大橋</a></li>
            <li><a href="#">沙灘</a></li>
            <li><a href="#">觀音亭</a></li>
        </ul>
    </li>
    <li><a href="#">台南景點</a>
        <ul>
            <li><a href="#">赤崁樓</a></li>
            <li><a href="#">台南孔廟</a></li>
            <li><a href="#">台南小吃>></a>
                <ul>
                    <li><a href="#">八寶冰</a></li>
                    <li><a href="#">蚵仔煎</a></li>
                    <li><a href="#">米糕</a></li>
                    <li><a href="#">牛肉湯</a></li>
                    <li><a href="#">肉燥飯</a></li>
                </ul>
            </li>
        </ul>
    </li>
</ul>
```

STEP02　在類別menu的標籤ul使用display:none，表示預設不顯示選單。

```
...
.menu ul {
    position: absolute;
    z-index: 10;
    top: 100%;
    display:none;  /*預設ul不顯示*/
}
.menu ul li> ul {/*定義上一層ul li與下一層ul的距離*/
    z-index: 20;
    top: 5%;
    left: 95%;
}
```

到此預覽結果，如下圖，選單都消失了。

台北景點　　澎湖景點　　台南景點

STEP03 在類別menu的標籤a設定屬性display為block，設定padding為10px，不設定文字裝飾線，設定背景圖片為img/btn1.png，background-size為cover，文字顏色為黑色。

在類別menu的標籤a的虛擬類別hover，設定背景圖片為img/btn2.png，background-size為cover，文字顏色為白色。

```css
.menu a {
    display: block;
    padding: 10px;
    text-decoration: none;
    background-image: url(img/btn1.png);
    background-size: cover;
    color: black;
}
.menu a:hover {
    background-image: url(img/btn2.png);
    background-size: cover;
    color: white;
}
```

到此預覽結果，如下圖，選單以圖片當背景，滑鼠移動到「台南景點」更換背景圖片。

台北景點　　澎湖景點　　台南景點

STEP04 在類別menu的標籤li的虛擬類別hover，對下一層的標籤ul，設定屬性display為block，將屬性display由none改成block，表示顯示該層選單出來。

```css
.menu li:hover > ul {
    display: block; /*移動到li，li下一層的ul才顯示*/
}
```

到此預覽結果，如下圖，點選「台南景點」出現第二層選單「赤崁樓」、「台南孔廟」與「台南小吃」，接著點選「台南小吃」出現第三層選單「八寶冰」等五種小吃。

本單元完整網頁如下：

行號	網頁
1	`<!DOCTYPE html>`
2	`<html lang="zh-TW">`
3	`<head>`
4	`<title>ch9-2使用CSS製作多層級選單(2)</title>`
5	`<meta charset="utf-8">`
6	`<style>`
7	`ul{`
8	`    margin: 0;`
9	`    padding: 0;`
10	`    list-style-type: none;`
11	`}`
12	`.menu {`
13	`    font-family: '標楷體';`
14	`    font-size: 20px;`
15	`}`
16	`.menu > li { /*子選擇器，只有第一層*/`
17	`    float: left;`
18	`}`
19	`.menu li {`
20	`    position: relative;`
21	`    padding: 0px;`
22	`    border: lightblue 1px dashed;`
23	`    min-width: 140px;`
24	`}`

行號	網頁

```
25   .menu ul {
26       position: absolute;
27       z-index: 10;
28       top: 100%;
29       display:none; /*預設ul不顯示*/
30   }
31   .menu ul li> ul {/*定義上一層ul li與下一層ul的距離*/
32       z-index: 20;
33       top: 5%;
34       left: 95%;
35   }
36   .menu a {
37       display: block;
38       padding: 5px 20px;
39       text-decoration: none;
40       background-image: url(img/btn1.png);
41       background-size: cover;
42       color: black;
43   }
44   .menu a:hover {
45       background-image: url(img/btn2.png);
46       background-size: cover;
47       color: white;
48   }
49   .menu li:hover > ul {
50       display: block; /*移動到li，li下一層的ul才顯示*/
51   }
52   </style>
53   </head>
54   <body>
55   <ul class="menu">
56       <li><a href="#">台北景點</a>
57           <ul>
58               <li><a href="#">台北101</a></li>
59               <li><a href="#">迪化街</a></li>
60               <li><a href="#">士林夜市</a></li>
61           </ul>
62       </li>
63       <li><a href="#">澎湖景點</a>
64           <ul>
65               <li><a href="#">跨海大橋</a></li>
66               <li><a href="#">沙灘</a></li>
67               <li><a href="#">觀音亭</a></li>
```

行號	網頁
68	`            </ul>`
69	`        </li>`
70	`        <li><a href="#">台南景點</a>`
71	`            <ul>`
72	`                <li><a href="#">赤崁樓</a></li>`
73	`                <li><a href="#">台南孔廟</a></li>`
74	`                <li><a href="#">台南小吃>></a>`
75	`                    <ul>`
76	`                        <li><a href="#">八寶冰</a></li>`
77	`                        <li><a href="#">蚵仔煎</a></li>`
78	`                        <li><a href="#">米糕</a></li>`
79	`                        <li><a href="#">牛肉湯</a></li>`
80	`                        <li><a href="#">肉燥飯</a></li>`
81	`                    </ul>`
82	`                </li>`
83	`            </ul>`
84	`        </li>`
85	`</ul>`
86	`</body>`
87	`</html>`

自我評量

1. 本單元使用什麼設定，讓選單可以隱藏與顯示？

2. 如何讓下一層選單往下移動？

3. 如何讓第三層選單往右下移動？

4. 請實作本章範例「多層級選單」。

HTML5
CSS3
JavaScript

10

利用CSS製作各種特效

CSS3提供許多特效功能，常用特效有文字陰影、漸層、區塊陰影、邊線弧度、位移、旋轉、傾斜與縮放等特效，以下對這些特效功能進行介紹。

10-1 文字陰影、漸層、區塊陰影與邊線弧度特效

在網頁上可以適當地運用文字陰影、漸層、區塊陰影與邊線弧度等特效，讓網頁顏色更豐富，更吸引使用者瀏覽網頁。

10-1-1 文字陰影特效

🔗 ch10\ch10-1-1.html

使用text-shadow達成文字陰影效果，所需參數如下：

text-shadow: 陰影水平距離　陰影垂直距離　模糊半徑　陰影顏色;

陰影水平距離表示陰影的左右移動距離，向右為正。陰影垂直距離表示陰影的上下移動距離，向下為正。模糊半徑的數值越大，模糊效果越強，範圍越大。陰影顏色為陰影所填入的顏色。

本範例有六個文字陰影效果，分別如下：

text-shadow範例（一）	
HTML	`<h1 class="ts1">套用text-shadow: 4px 4px 8px red的文字</h1>`

CSS	`.ts1{`
	`    text-shadow: 4px 4px 8px red;`
	`}`

CSS說明	文字陰影水平向右距離為4px，垂直向下距離為4px，模糊半徑為8px，陰影為紅色。
結果	套用**text-shadow: 4px 4px 8px red**的文字

text-shadow範例（二）	
HTML	`<h1 class="ts2">套用text-shadow: -4px 4px 8px red的文字</h1>`

CSS	`.ts2{`
	`    text-shadow: -4px 4px 8px red;`
	`}`

text-shadow範例（二）	
CSS說明	文字陰影水平向左距離為4px，垂直向下距離為4px，模糊半徑為8px，陰影為紅色。
結果	**套用text-shadow: -4px 4px 8px red**的文字

text-shadow範例（三）	
HTML	`<h1 class="ts3">套用text-shadow: -4px -4px 8px red的文字</h1>`
CSS	```.ts3{ text-shadow: -4px -4px 8px red; }```
CSS說明	文字陰影水平向左距離為4px，垂直向上距離為4px，模糊半徑為8px，陰影為紅色。
結果	**套用text-shadow: -4px -4px 8px red**的文字

text-shadow範例（四）	
HTML	`<h1 class="ts4">套用text-shadow: -4px -4px 20px red的文字</h1>`
CSS	```.ts4{ text-shadow: -4px -4px 20px red; }```
CSS說明	文字陰影水平向左距離為4px，垂直向上距離為4px，模糊半徑為20px，陰影為紅色。
結果	**套用text-shadow: -4px -4px 20px red**的文字

text-shadow範例（五）	
HTML	`<h1 class="ts5">套用text-shadow: -4px -4px 20px blue的文字</h1>`
CSS	```.ts5{ text-shadow: -4px -4px 20px blue; }```
CSS說明	文字陰影水平向左距離為4px，垂直向上距離為4px，模糊半徑為20px，陰影為藍色。
結果	**套用text-shadow: -4px -4px 20px blue**的文字

text-shadow範例（六）	
HTML	`<h1 class="ts6">`套用text-shadow: 0 0 8px blue,0 0 16px red的文字`</h1>`

CSS	`.ts6{`
	`    text-shadow: 0 0 8px blue,0 0 16px red;`
	`}`

CSS說明	文字陰影水平不移動，垂直不移動，模糊半徑為8px，陰影為藍色，文字陰影水平不移動，垂直不移動，模糊半徑為16px，陰影為紅色，兩個陰影進行混合。
結果	套用text-shadow: 0 0 8px blue,0 0 16px red的文字

本單元完整網頁如下：

行號	網頁
1	`<!DOCTYPE html>`
2	`<html lang="zh-TW">`
3	`<head>`
4	`<title>ch10-1-1使用text-shadow製作文字特效</title>`
5	`<meta charset="utf-8">`
6	`<style>`
7	`.ts1{`
8	`    text-shadow: 4px 4px 8px red;`
9	`}`
10	`.ts2{`
11	`    text-shadow: -4px 4px 8px red;`
12	`}`
13	`.ts3{`
14	`    text-shadow: -4px -4px 8px red;`
15	`}`
16	`.ts4{`
17	`    text-shadow: -4px -4px 20px red;`
18	`}`
19	`.ts5{`
20	`    text-shadow: -4px -4px 20px blue;`
21	`}`
22	`.ts6{`
23	`    text-shadow: 0 0 8px blue,0 0 16px red;`
24	`}`
25	`</style>`
26	`</head>`
27	`<body>`
28	`<h1 class="ts1">`套用text-shadow: 4px 4px 8px red的文字`</h1>`

行號	網頁
29	`<h1 class="ts2">套用text-shadow: -4px 4px 8px red的文字</h1>`
30	`<h1 class="ts3">套用text-shadow: -4px -4px 8px red的文字</h1>`
31	`<h1 class="ts4">套用text-shadow: -4px -4px 20px red的文字</h1>`
32	`<h1 class="ts5">套用text-shadow: -4px -4px 20px blue的文字</h1>`
33	`<h1 class="ts6">套用text-shadow: 0 0 8px blue,0 0 16px red的文字</h1>`
34	`</body>`
35	`</html>`

10-1-2 漸層特效

🔧 ch10\ch10-1-2.html

使用linear-gradient達成漸層特效，所需參數如下：

```
background: linear-gradient(漸層方向, 顏色1, 顏色2, ...);
```

若沒有指定漸層方向，預設漸層方向為由上到下，而「顏色1, 顏色2, ...」可以設定多個顏色進行漸層顏色變化。

本範例有六個漸層效果，分別如下。每個範例都套用標籤p選擇器的CSS，設定字型大小為30px，且文字置中對齊。

```
p{
    font-size:30px;
    text-align: center;
}
```

linear-gradient範例（一）	
HTML	`<p class="lg1">套用linear-gradient(yellow, green)的背景</p>`

CSS	`.lg1{`
	`    background: linear-gradient(yellow, orange);`
	`}`

CSS說明	沒有指定漸層方向，預設由上到下，由黃色到橙色。
結果	套用linear-gradient(yellow, orange)的背景

linear-gradient範例（二）	
HTML	`<p class="lg2">`套用linear-gradient(to right,yellow, orange)的背景`</p>`

CSS	`.lg2{`
	　　`background: linear-gradient(to right,yellow, orange);`
	`}`

CSS說明	由左到右顏色由黃色到橙色。
結果	套用linear-gradient(to right,yellow, orange)的背景

linear-gradient範例（三）	
HTML	`<p class="lg3">`套用linear-gradient(to top right,yellow, orange)的背景`</p>`

CSS	`.lg3{`
	　　`background: linear-gradient(to top right,yellow, orange);`
	`}`

CSS說明	由左下到右上顏色由黃色到橙色。
結果	套用linear-gradient(to top right,yellow, orange)的背景

linear-gradient範例（四）	
HTML	`<p class="lg4">`套用linear-gradient(30deg,yellow, orange)的背景`</p>`

CSS	`.lg4{`
	　　`background: linear-gradient(30deg,yellow, orange);`
	`}`

CSS說明	由左下到右上，與Y軸夾角30度，顏色由黃色到橙色。
結果	套用linear-gradient(30deg,yellow, orange)的背景

linear-gradient範例（五）	
HTML	`<p class="lg5">`套用linear-gradient(to left, red, yellow, orange)的背景`</p>`

CSS	`.lg5{`
	　　`background: linear-gradient(to left, red, yellow, orange);`
	`}`

CSS說明	由右向左，顏色依序為紅色、黃色與橙色。
結果	套用linear-gradient(to left, red, yellow, orange)的背景

linear-gradient範例（六）	
HTML	`<p class="lg6">`套用linear-gradient(to left, rgba(255,0,0,0),rgba(255,0,0,0.5))的背景`</p>`

CSS	`.lg6{`
	　　`background: linear-gradient(to left,rgba(255,0,0,0),rgba(255,0,0,0.5));`
	`}`

CSS說明	由右向左顏色為rgba(255,0,0,0)到rgba(255,0,0,0.5)。rgba(255,0,0,0)為透明度為0的紅色（完全透明的紅色），rgba(255,0,0,0.5)為透明度為0.5的紅色　（半透明的紅色）。
結果	套用linear-gradient(to left, rgba(255,0,0,0),rgba(255,0,0,0.5))的背景

本單元完整網頁如下：

行號	網頁
1	`<!DOCTYPE html>`
2	`<html lang="zh-TW">`
3	`<head>`
4	`<title>ch10-1-2使用linear-gradient製作漸層背景</title>`
5	`<meta charset="utf-8">`
6	`<style>`
7	`p{`
8	`    font-size:30px;`
9	`    text-align: center;`
10	`}`
11	`.lg1{`
12	`    background: linear-gradient(yellow, orange);`
13	`}`
14	`.lg2{`
15	`    background: linear-gradient(to right,yellow, orange);`
16	`}`
17	`.lg3{`
18	`    background: linear-gradient(to top right,yellow, orange);`
19	`}`
20	`.lg4{`
21	`    background: linear-gradient(30deg,yellow, orange);`
22	`}`
23	`.lg5{`
24	`    background: linear-gradient(to left, red, yellow, orange);`
25	`}`
26	`.lg6{`
27	`    background: linear-gradient(to left,rgba(255,0,0,0),rgba(255,0,0,0.5));`

行號	網頁
28	`}`
29	`</style>`
30	`</head>`
31	`<body>`
32	`<p class="lg1">套用linear-gradient(yellow, orange)的背景</p>`
33	`<p class="lg2">套用linear-gradient(to right,yellow, orange)的背景</p>`
34	`<p class="lg3">套用linear-gradient(to top right,yellow, orange)的背景</p>`
35	`<p class="lg4">套用linear-gradient(30deg,yellow, orange)的背景</p>`
36	`<p class="lg5">套用linear-gradient(to left, red, yellow, orange)的背景</p>`
37	`<p class="lg6">套用linear-gradient(to left, rgba(255,0,0,0),rgba(255,0,0,0.5))的背景</p>`
38	`</body>`
39	`</html>`

10-1-3 區塊陰影

⏱ ch10\ch10-1-3.html

使用box-shadow達成區塊陰影特效，所需參數如下：

---

box-shadow: 陰影水平距離　陰影垂直距離　模糊程度 擴散距離 陰影顏色 inset;

陰影水平距離向右為正，陰影垂直距離向下為正。

若有加上inset，則陰影在區塊內；若沒有加上inset，則陰影在區塊外。

本範例有六個區塊陰影效果，分別如下。每個範例都套用標籤div選擇器的CSS，設定寬度為300px、高度為100px、背景顏色為黃色、margin上下為50px與左右為auto。

```
div{
    width: 300px;
    height: 100px;
    background-color: yellow;
    margin:50px auto;
}
```

box-shadow範例（一）	
HTML	`<div class="bs1">套用box-shadow: 20px 10px 10px red</div>`

CSS	`.bs1{`
	`    box-shadow: 20px 10px 10px red;`
	`}`

CSS說明	陰影水平向右移動距離為20px，陰影垂直向下移動距離為10px，模糊程度為10px，陰影顏色為紅色。
結果	套用box-shadow: 20px 10px 10px red

box-shadow範例（二）	
HTML	`<div class="bs2">套用box-shadow: 20px 10px 20px red</div>`

CSS	`.bs2{`
	`    box-shadow: 20px 10px 20px red;`
	`}`

CSS說明	陰影水平向右移動距離為20px，陰影垂直向下移動距離為10px，模糊程度為20px，陰影顏色為紅色。
結果	套用box-shadow: 20px 10px 20px red

box-shadow範例（三）	
HTML	`<div class="bs3">套用box-shadow: 20px 10px 20px green</div>`

CSS	`.bs3{`
	`    box-shadow: 20px 10px 20px green;`
	`}`

CSS說明	陰影水平向右移動距離為20px，陰影垂直向下移動距離為10px，模糊程度為20px，陰影顏色為綠色。
結果	套用box-shadow: 20px 10px 20px green

box-shadow範例（四）

HTML	`<div class="bs4">套用box-shadow: 20px 10px 20px 10px green</div>`
| CSS | ```
.bs4{
    box-shadow: 20px 10px 20px 10px green;
}
``` |
| CSS說明 | 陰影水平向右移動距離為20px，陰影垂直向下移動距離為10px，模糊程度為20px，擴散距離為10px，陰影顏色為綠色。 |
| 結果 | 套用box-shadow: 20px 10px 20px 10px green |

box-shadow範例（五）

HTML	`<div class="bs5">套用box-shadow: 20px 10px 20px 20px green</div>`
| CSS | ```
.bs5{
    box-shadow: 20px 10px 20px 20px green;
}
``` |
| CSS說明 | 陰影水平向右移動距離為20px，陰影垂直向下移動距離為10px，模糊程度為20px，擴散距離為20px，陰影顏色為綠色。 |
| 結果 | 套用box-shadow: 20px 10px 20px 20px green |

box-shadow範例（六）

HTML	`<div class="bs6">套用box-shadow: 0px 0px 50px green inset</div>`
| CSS | ```
.bs6{
    box-shadow: 0px 0px 50px green inset;
}
``` |
| CSS說明 | 陰影水平移動距離為0px，陰影垂直移動距離為0px，模糊程度為50px，陰影顏色為綠色，設定為inset。 |
| 結果 | 套用box-shadow: 0px 0px 50px green inset |
```

本單元完整網頁如下：

行號	網頁
1	`<!DOCTYPE html>`
2	`<html lang="zh-TW">`
3	`<head>`
4	`<title>ch10-1-3使用box-shadow製作區塊陰影特效</title>`
5	`<meta charset="utf-8">`
6	`<style>`
7	`div{`
8	`    width: 300px;`
9	`    height: 100px;`
10	`    background-color: yellow;`
11	`    margin:50px auto;`
12	`}`
13	`.bs1{`
14	`    box-shadow: 20px 10px 10px red;`
15	`}`
16	`.bs2{`
17	`    box-shadow: 20px 10px 20px red;`
18	`}`
19	`.bs3{`
20	`    box-shadow: 20px 10px 20px green;`
21	`}`
22	`.bs4{`
23	`    box-shadow: 20px 10px 20px 10px green;`
24	`}`
25	`.bs5{`
26	`    box-shadow: 20px 10px 20px 20px green;`
27	`}`
28	`.bs6{`
29	`    box-shadow: 0px 0px 50px green inset;`
30	`}`
31	`</style>`
32	`</head>`
33	`<body>`
34	`<div class="bs1">套用box-shadow: 20px 10px 10px red</div>`
35	`<div class="bs2">套用box-shadow: 20px 10px 20px red</div>`
36	`<div class="bs3">套用box-shadow: 20px 10px 20px green</div>`
37	`<div class="bs4">套用box-shadow: 20px 10px 20px 10px green</div>`
38	`<div class="bs5">套用box-shadow: 20px 10px 20px 20px green</div>`
39	`<div class="bs6">套用box-shadow: 0px 0px 50px green inset</div>`
40	`</body>`
41	`</html>`

10-1-4 邊線弧度

🔘 ch10\ch10-1-4.html

使用border-radius達成邊線弧度特效，所需參數如下，分成四種情形，border-radius後面可以接1個數字到4個數字，所表示的意義如下：

```
border-radius:數值1 (左上 右上 右下 左下);
border-radius:數值1 (左上  右下) 數值2 (右上  左下);
border-radius:數值1 (左上)  數值2 (右上  左下)  數值3 (右下);
border-radius:數值1 (左上)  數值2 (右上)  數值3 (右下)  數值4 (左下);
```

本範例有四個區塊的邊線弧度，分別如下。每個範例都套用標籤img選擇器的CSS，設定寬度為40%、區塊陰影水平距離為0px，陰影垂直距離為6px，模糊程度為12px，陰影顏色為綠色、margin的上方為30px、左右為0與下方為0。

```
img{
    width:40%;
    box-shadow: 0 6px 12px green;
    margin: 30px 0 0;
}
```

border-radius範例（一）	
HTML	`<img src="img/1.jpg"  class="img1">` `<p>border-radius: 180px; /*(左上 右上 右下 左下)*/</p>`

CSS	`.img1{`
	`    border-radius: 180px; /*(左上 右上 右下 左下)*/`
	`}`

CSS說明	設定四個角的border-radius都是180px。
結果	 border-radius: 180px; /*(左上 右上 右下 左下)*/

border-radius範例（二）	
HTML	`<img src="img/2.jpg"  class="img2">` `<p>border-radius: 20px 40px; /*(左上 右下)　(右上 左下)*/</p>`

CSS	`.img2{`
	`    border-radius: 20px 40px; /*(左上 右下)　(右上 左下)*/`
	`}`

CSS說明	設定border-radius的左上與右下為20px，右上與左下為40px。
結果	 border-radius: 20px 40px; /*(左上 右下) (右上 左下)*/

border-radius範例（三）	
HTML	`<img src="img/1.jpg"  class="img3">` `<p>border-radius: 20px 40px 60px; /*左上　(右上 左下)　右下 */</p>`

CSS	`.img3{`
	`    border-radius: 20px 40px 60px; /*左上　(右上 左下)　右下 */`
	`}`

CSS說明	設定border-radius的左上為20px，右上與左下為40px，右下為60px。
結果	 border-radius: 20px 40px 60px; /*左上 (右上 左下) 右下 */

border-radius範例（四）	
HTML	`<img src="img/2.jpg"  class="img4">` `<p>border-radius: 20px 40px 60px 80px; /*左上　右上　右下　左下*/</p>`

CSS	`.img4{`
	`    border-radius: 20px 40px 60px 80px; /*左上　右上　右下　左下*/`
	`}`

border-radius範例（四）	
CSS說明	設定border-radius的左上為20px，右上為40px，右下為60px，左下為80px。
結果	border-radius: 20px 40px 60px 80px; /*左上 右上 右下 左下*/

本單元完整網頁如下：

行號	網頁
1	`<!DOCTYPE html>`
2	`<html lang="zh-TW">`
3	`<head>`
4	`<title>ch10-1-4 border-radius特效範例</title>`
5	`<meta charset="utf-8">`
6	`<style>`
7	`img{`
8	`    width:40%;`
9	`    box-shadow: 0 6px 12px green;`
10	`    margin: 30px 0 0;`
11	`}`
12	`.img1{`
13	`    border-radius: 180px; /*(左上 右上 右下 左下)*/`
14	`}`
15	`.img2{`
16	`    border-radius: 20px 40px; /*(左上 右下)　(右上 左下)*/`
17	`}`
18	`.img3{`
19	`    border-radius: 20px 40px 60px; /*左上　(右上 左下)　右下 */`
20	`}`
21	`.img4{`
22	`    border-radius: 20px 40px 60px 80px; /*左上　右上　右下　左下*/`
23	`}`
24	`</style>`
25	`</head>`
26	`<body>`
27	`<img src="img/1.jpg"  class="img1">`
28	`<p>border-radius: 180px; /*(左上 右上 右下 左下)*/</p>`

行號	網頁
29	`<img src="img/2.jpg"  class="img2">`
30	`<p>border-radius: 20px 40px; /*(左上 右下)　(右上 左下)*/</p>`
31	`<img src="img/1.jpg"  class="img3">`
32	`<p>border-radius: 20px 40px 60px; /*左上　(右上 左下)　右下 */</p>`
33	`<img src="img/2.jpg"  class="img4">`
34	`<p>border-radius: 20px 40px 60px 80px; /*左上　右上　右下　左下*/</p>`
35	`</body>`
36	`</html>`

10-1-5　使用border-left製作標題左側提示區塊

ch10\ch10-1-5.html

可以使用border-left製作標題左側提示區塊，範例如下。

STEP01　在標籤body新增HTML網頁，如下：

```
<h2 class="title1">四草綠色隧道</h2>
<img  class="img1" src="img/1.jpg">
```

STEP02　使用CSS設定類別title，左側邊線寬度10px、藍色與實線，類別img1的
寬度為400px。

```
.title{
    border-left: 10px blue solid;
}
.img1{
    width:400px;
}
```

STEP03　網頁預覽結果如下：

四草綠色隧道

本單元完整網頁如下：

行號	網頁
1	`<!DOCTYPE html>`
2	`<html lang="zh-TW">`
3	`<head>`
4	`<title>ch10-1-5使用border-left製作標題提示區塊</title>`
5	`<meta charset="utf-8">`
6	`<style>`
7	`.title1{`
8	`    border-left: 10px blue solid;`
9	`}`
10	`.img1{`
11	`    width:400px;`
12	`}`
13	`</style>`
14	`</head>`
15	`<body>`
16	`<h2 class="title1">四草綠色隧道</h2>`
17	`<img  class="img1" src="img/1.jpg">`
18	`</body>`
19	`</html>`

10-2 CSS 變形特效

CSS3的變形特效有translate、rotate、scale與skew等，使用transition可以設定狀態改變所需時間，產生動畫效果。

特效	說明
translate	平移區塊
rotate	旋轉區塊
scale	縮放區塊
skew	傾斜區塊

10-2-1　使用translate平移區塊

ch10\ch10-2-1.html

使用translate平移區塊，所需參數如下：

```
transform: translate(水平平移距離, 垂直平移距離);
水平平移距離向右為正，垂直平移距離向下為正。
```

使用translate平移區塊的範例，如下：

STEP01 在標籤body內新增HTML網頁。

```
<div>沒有平移</div>
<div class="trans1">使用transform: translate(25px,50px)平移區塊</div>
```

STEP02 使用CSS設定標籤div，寬度為250px、高度100px，背景顏色橙色，邊線寬度為1px、藍色與虛線，margin的上下為100px，左右為0。類別trans1使用translate設定區塊向右平移25px，向下平移50px。
-ms與-webkit為瀏覽器前綴字，當新增加的CSS功能尚未成為標準時，必須加上瀏覽器前綴字，讓CSS支援各家瀏覽器。-ms用於Internet Explorer，而-webkit用於Chrome與Safari。

```
div{
    width: 250px;
    height: 100px;
    background-color: orange;
    border: 1px blue dashed;
    margin:100px 0;
}
.trans1 {
    -ms-transform: translate(25px,50px);
    -webkit-transform: translate(25px,50px);
    transform: translate(25px,50px);
}
```

STEP03 網頁預覽結果如下：

本單元完整網頁如下：

行號	網頁
1	`<!DOCTYPE html>`
2	`<html lang="zh-TW">`
3	`<head>`
4	`<title>ch10-2-1使用translate平移區塊</title>`
5	`<meta charset="utf-8">`
6	`<style>`
7	`div{`
8	`    width: 250px;`
9	`    height: 100px;`
10	`    background-color: orange;`
11	`    border: 1px blue dashed;`
12	`    margin:100px 0;`
13	`}`
14	`.trans1 {`
15	`    -ms-transform: translate(25px,50px);`
16	`    -webkit-transform: translate(25px,50px);`
17	`    transform: translate(25px,50px);`
18	`}`
19	`</style>`
20	`</head>`
21	`<body>`
22	`<div>沒有平移</div>`
23	`<div class="trans1">使用transform: translate(25px,50px)平移區塊</div>`
24	`</body>`
25	`</html>`

10-2-2　使用rotate旋轉區塊

🔘 ch10\ch10-2-2.html

使用rotate旋轉區塊，所需參數如下：

`transform: rotate(角度);`

角度為正，表示順時針旋轉。

使用rotate旋轉區塊的範例，如下：

STEP01 在標籤body內新增HTML網頁。

```
<div>沒有旋轉</div>
<div class="rotate1">使用transform: rotate(30deg)旋轉區塊</div>
```

STEP02 使用CSS設定標籤div，寬度為250px、高度100px，背景顏色橙色，邊線寬度為1px、藍色與虛線，margin的上下為100px，左右為0。類別rotate1使用rotate設定區塊順時針旋轉30度。-ms與-webkit為瀏覽器前綴字，當新增的CSS功能尚未成為標準，須加上瀏覽器前綴字讓CSS支援各家瀏覽器，-ms用於Internet Explorer，而-webkit用於Chrome與Safari。

```
div{
    width: 250px;
    height: 100px;
    background-color: orange;
    border: 1px blue dashed;
    margin:100px 0;
}
.rotate1 {
    -ms-transform: rotate(30deg);
    -webkit-transform: rotate(30deg);
    transform: rotate(30deg);
}
```

STEP03 網頁預覽結果如下：

本單元完整網頁如下：

行號	網頁
1	`<!DOCTYPE html>`
2	`<html lang="zh-TW">`
3	`<head>`
4	`<title>ch10-2-2使用rotate旋轉區塊</title>`
5	`<meta charset="utf-8">`
6	`<style>`
7	`div{`
8	`    width: 250px;`
9	`    height: 100px;`
10	`    background-color: orange;`
11	`    border: 1px blue dashed;`
12	`    margin:100px 0;`
13	`}`
14	`.rotate1 {`
15	`    -ms-transform: rotate(30deg);`
16	`    -webkit-transform: rotate(30deg);`
17	`    transform: rotate(30deg);`
18	`}`
19	`</style>`
20	`</head>`
21	`<body>`
22	`<div>沒有旋轉</div>`
23	`<div class="rotate1">使用transform: rotate(30deg)旋轉區塊</div>`
24	`</body>`
25	`</html>`

10-2-3　使用scale縮放區塊

🔘 ch10\ch10-2-3.html

使用scale縮放區塊，所需參數如下：

```
transform: scale(水平縮放倍數, 垂直縮放倍數);
```

使用scale縮放區塊的範例，如下：

STEP01 在標籤body內新增HTML網頁。

```
<div>沒有縮放區塊</div>
<div class="scale1">使用transform: scale(0.8,2)縮放區塊</div>
```

STEP02 使用CSS設定標籤div，寬度為250px、高度100px，背景顏色橙色，邊線寬度為1px、藍色與虛線，margin的上下為100px，左右為0。類別scale1使用scale設定區塊水平寬度為原來的0.8倍，垂直高度為原來的2倍。-ms與-webkit為瀏覽器前綴字，當新增的CSS功能尚未成為標準，須加上瀏覽器前綴字讓CSS支援各家瀏覽器，-ms用於Internet Explorer，而-webkit用於Chrome與Safari。

```
div {
    width: 250px;
    height: 100px;
    background-color: orange;
    border: 1px blue dashed;
    margin:100px 0;
}
.scale1 {
    -ms-transform: scale(0.8,2);
    -webkit-transform: scale(0.8,2);
    transform: scale(0.8,2);
}
```

STEP03 網頁預覽結果如下：

沒有縮放區塊

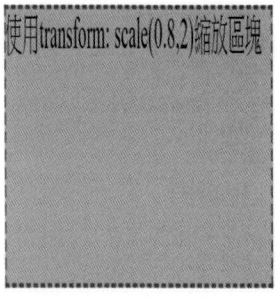

使用transform: scale(0.8,2)縮放區塊

本單元完整網頁如下：

行號	網頁
1	`<!DOCTYPE html>`
2	`<html lang="zh-TW">`
3	`<head>`
4	`<title>ch10-2-3使用scale縮放區塊</title>`

行號	網頁
5	`<meta charset="utf-8">`
6	`<style>`
7	`div {`
8	`    width: 250px;`
9	`    height: 100px;`
10	`    background-color: orange;`
11	`    border: 1px blue dashed;`
12	`    margin:100px 0;`
13	`}`
14	`.scale1 {`
15	`    -ms-transform: scale(0.8,2);`
16	`    -webkit-transform: scale(0.8,2);`
17	`    transform: scale(0.8,2);`
18	`}`
19	`</style>`
20	`</head>`
21	`<body>`
22	`<div>沒有縮放區塊</div>`
23	`<div class="scale1">使用transform: scale(0.8,2)縮放區塊</div>`
24	`</body>`
25	`</html>`

10-2-4　使用skew傾斜區塊

🔎 ch10\ch10-2-4.html

使用skew傾斜區塊，所需參數如下：

```
transform: skew(水平傾斜角度, 垂直傾斜角度);
```

使用skew縮放區塊的範例，如下：

STEP01　在標籤body內新增HTML網頁。

```
<div>沒有傾斜區塊</div>
<div class="skew1">使用transform: skew(30deg,0)傾斜區塊</div>
<div class="skew2">使用transform: skew(0,30deg)傾斜區塊</div>
```

STEP02　使用CSS設定標籤div，寬度為250px、高度100px，背景顏色橙色，邊線
寬度為1px、藍色與虛線，margin的上下左右為100px。類別skew1使用
skew設定水平傾斜30度，類別skew2使用skew設定垂直傾斜30度。-ms
與-webkit為瀏覽器前綴字，當新增的CSS功能尚未成為標準，須加上
瀏覽器前綴字讓CSS支援各家瀏覽器，-ms用於Internet Explorer，而
-webkit用於Chrome與Safari。

```
div {
    width: 250px;
    height: 100px;
    background-color: orange;
    border: 1px blue dashed;
    margin:100px;
}
.skew1 {
    -ms-transform: skew(30deg,0);
    -webkit-transform: skew(30deg,0);
    transform: skew(30deg,0);
}
.skew2 {
    -ms-transform: skew(0,30deg);
    -webkit-transform: skew(0,30deg);
    transform: skew(0,30deg);
}
```

STEP03　網頁預覽結果如下：

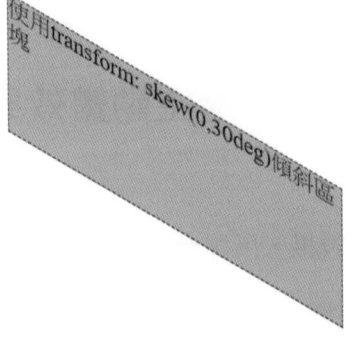

本單元完整網頁如下：

行號	網頁
1	`<!DOCTYPE html>`
2	`<html lang="zh-TW">`
3	`<head>`
4	`<title>ch10-2-4使用skew傾斜區塊</title>`
5	`<meta charset="utf-8">`
6	`<style>`
7	`div {`
8	`    width: 250px;`
9	`    height: 100px;`
10	`    background-color: orange;`
11	`    border: 1px blue dashed;`
12	`    margin:100px;`
13	`}`
14	`.skew1 {`
15	`    -ms-transform: skew(30deg,0);`
16	`    -webkit-transform: skew(30deg,0);`
17	`    transform: skew(30deg,0);`
18	`}`
19	`.skew2 {`
20	`    -ms-transform: skew(0,30deg);`
21	`    -webkit-transform: skew(0,30deg);`
22	`    transform: skew(0,30deg);`
23	`}`
24	`</style>`
25	`</head>`
26	`<body>`
27	`<div>沒有傾斜區塊</div>`
28	`<div class="skew1">使用transform: skew(30deg,0)傾斜區塊</div>`
29	`<div class="skew2">使用transform: skew(0,30deg)傾斜區塊</div>`
30	`</body>`
31	`</html>`

10-2-5　使用transition產生動畫效果

🕐 ch10\ch10-2-5.html

使用transition產生動畫效果，所需參數如下：

```
transition: 變換所需時間　屬性　變換方式　延遲時間;
```

使用transition產生動畫效果的範例，如下：

STEP01 在標籤body內新增HTML網頁。

```
<div class="div1">transition: 1s</div>
<div class="div2">transition: 2s background-color ease 1s</div>
```

STEP02 使用CSS設定標籤div，寬度為250px、高度100px，背景顏色橙色，邊線
寬度為1px、藍色與虛線，margin的上下為100px，左右為0。

```
div {
    width: 250px;
    height: 100px;
    background-color: orange;
    border: 1px blue dashed;
    margin:100px 0;
}
```

STEP03 類別div1使用transition設定變換所需時間為1秒，當滑鼠移動到類別div1
上，寬度改成500px，所以寬度由250px到500px所需時間為1秒。-ms
與-webkit為瀏覽器前綴字，當新增的CSS功能尚未成為標準，須加上
瀏覽器前綴字讓CSS支援各家瀏覽器，-ms用於Internet Explorer，而
-webkit用於Chrome與Safari。

```
.div1{
    -webkit-transition: 1s;
    -ms-transition:  1s;
    transition: 1s;
}
.div1:hover {
    width: 500px;
}
```

STEP04 類別div2使用transition設定變換所需時間為2秒，背景顏色進行變換，使
用ease為特效，延遲1秒，當滑鼠移動到類別div2上，背景顏色改成
藍色，所以背景顏色由橙色改成藍色所需時間為3秒。-ms與-webkit為
瀏覽器前綴字，當新增的CSS功能尚未成為標準，須加上瀏覽器前綴
字讓CSS支援各家瀏覽器，-ms用於Internet Explorer，而-webkit用於
Chrome與Safari。

```
.div2 {
    -webkit-transition: 2s background-color ease 1s;
    -ms-transition: 2s background-color ease 1s;
    transition: 2s background-color ease 1s;
}
```

```
.div2:hover {
    background-color: blue;
}
```

STEP05 網頁預覽結果如下：

原始狀態	滑鼠移到上方後
transition: 1s	transition: 1s
transition: 2s background-color ease 1s	transition: 2s background-color ease 1s

本單元完整網頁如下：

行號	網頁
1	`<!DOCTYPE html>`
2	`<html lang="zh-TW">`
3	`<head>`
4	`<title>ch10-2-5使用transition產生動畫效果</title>`
5	`<meta charset="utf-8">`
6	`<style>`
7	`div {`
8	`    width: 250px;`
9	`    height: 100px;`
10	`    background-color: orange;`
11	`    border: 1px blue dashed;`
12	`    margin:100px 0;`
13	`}`
14	`.div1{`
15	`    -webkit-transition: 1s;`
16	`    -ms-transition:  1s;`
17	`    transition: 1s;`
18	`}`
19	`.div1:hover {`
20	`    width: 500px;`
21	`}`
22	`.div2 {`
23	`    -webkit-transition: 2s background-color ease 1s;`
24	`    -ms-transition: 2s background-color ease 1s;`
25	`    transition: 2s background-color ease 1s;`

行號	網頁
26	`}`
27	`.div2:hover {`
28	`    background-color: blue;`
29	`}`
30	`</style>`
31	`</head>`
32	`<body>`
33	`<div class="div1">transition: 1s</div>`
34	`<div class="div2">transition: 2s background-color ease 1s</div>`
35	`</body>`
36	`</html>`

10-3 按鈕特效範例

本節將使用上述的特效功能，產生按鈕變色與按鈕按下效果，需要整合之前概念進行實作。

10-3-1 製作按鈕變色特效

🔍 ch10\ch10-3-1.html

綜合上述特效，製作出移到按鈕上產生變色效果，操作步驟如下。

STEP01 在標籤body內新增HTML網頁。

```
<button class="button1">CSS</button>
<button class="button1">HTML5</button>
```

STEP02 使用CSS設定類別button1，顯示模式為inline-block，padding的上下為10px，左右為20px，margin為5px，字型大小為20px，背景顏色為白色，文字顏色為黑色，邊線寬度為2px、橘色與實線，邊線弧度為10px，變換時間為0.5秒。設定類別button1的虛擬類別hover（滑鼠移動到類別button1上時驅動），更改背景顏色為深橘色，文字顏色為藍色，滑鼠圖示改成手指形狀（pointer）。

```
.button1{
    display:inline-block;
    padding: 10px 20px;
    margin:5px;
    font-size: 20px;
    background-color: white;
```

```
        color:black;
        border: 2px orange solid;
        border-radius: 10px;
        -webkit-transition: 0.5s;
        transition: 0.5s;
    }
    .button1:hover{
        background-color: darkorange;
        color:blue;
        cursor: pointer;
    }
```

STEP03 網頁預覽結果如下:

原始狀態	滑鼠移到上方後
CSS	CSS
HTML5	HTML5

本單元完整網頁如下:

行號	網頁
1	`<!DOCTYPE html>`
2	`<html lang="zh-TW">`
3	`<head>`
4	`<title>ch10-3-1 製作按鈕變色特效</title>`
5	`<meta charset="utf-8">`
6	`<style>`
7	`.button1{`
8	`    display:inline-block;`
9	`    padding: 10px 20px;`
10	`    margin:5px;`
11	`    font-size: 20px;`
12	`    background-color: white;`
13	`    color:black;`
14	`    border: 2px orange solid;`
15	`    border-radius: 10px;`
16	`    -webkit-transition: 0.5s;`
17	`    transition: 0.5s;`
18	`}`

行號	網頁
19	`.button1:hover{`
20	`    background-color: darkorange;`
21	`    color:blue;`
22	`    cursor: pointer;`
23	`}`
24	`</style>`
25	`</head>`
26	`<body>`
27	`<button class="button1">CSS</button>`
28	`<button class="button1">HTML5</button>`
29	`</body>`
30	`</html>`

10-3-2 製作按鈕按下特效

ch10\ch10-3-1.html

綜合上述特效，製作按鈕按下的效果，操作步驟如下。

STEP01 在標籤body內新增HTML網頁。

```
<button class="button1">CSS</button>
<button class="button1">HTML5</button>
```

STEP02 使用CSS設定類別button1，顯示模式為inline-block，padding的上下為10px，左右為20px，margin為5px，字型大小為20px，背景顏色為黃色，文字顏色為黑色，設定區塊陰影水平位移為0，垂直向下位移為8px，陰影顏色為淡灰色，無邊線，邊線弧度為10px。

```
.button1{
    display:inline-block;
    padding: 10px 20px;
    margin:5px;
    font-size: 20px;
    background-color: yellow;
    color:black;
    box-shadow: 0px 8px lightgray;
    border: none;
    border-radius: 10px;
}
```

STEP03 設定類別button1的虛擬類別hover（滑鼠移動到類別button1上時驅動），更改背景顏色為深橘色，滑鼠圖示改成手指形狀（pointer）。類別button1的虛擬類別active（滑鼠按下button1時驅動）設定區塊陰影水平位移為0，垂直向下位移為4px，陰影顏色為灰色。使用translate讓按鈕向下移動4px，這樣才有按鈕被按下的效果。

```
.button1:hover{
    background-color: darkorange;
    cursor: pointer;
}
.button1:active{
    box-shadow: 0px 4px gray;
    -ms-transform: translate(0,4px);
    -webkit-transform: translate(0,4px);
    transform: translate(0,4px);
}
```

STEP04 網頁預覽結果如下：

原始狀態	滑鼠移到按鈕上方後	滑鼠按下按鈕
CSS	CSS	CSS
HTML5	HTML5	HTML5

本單元完整網頁如下：

行號	網頁
1	`<!DOCTYPE html>`
2	`<html lang="zh-TW">`
3	`<head>`
4	`<title>ch10-3-2 製作按鈕按下特效</title>`
5	`<meta charset="utf-8">`
6	`<style>`
7	`.button1{`
8	`    display:inline-block;`
9	`    padding: 10px 20px;`
10	`    margin:5px;`
11	`    font-size: 20px;`

行號	網頁
12	`    background-color: yellow;`
13	`    color:black;`
14	`    box-shadow: 0px 8px lightgray;`
15	`    border: none;`
16	`    border-radius: 10px;`
17	`}`
18	`.button1:hover{`
19	`    background-color: darkorange;`
20	`    cursor: pointer;`
21	`}`
22	`.button1:active{`
23	`    box-shadow: 0px 4px gray;`
24	`    -ms-transform: translate(0,4px);`
25	`    -webkit-transform: translate(0,4px);`
26	`    transform: translate(0,4px);`
27	`}`
28	`</style>`
29	`</head>`
30	`<body>`
31	`<button class="button1">CSS</button>`
32	`<button class="button1">HTML5</button>`
33	`</body>`
34	`</html>`

自我評量

1. 請說明「text-shadow: 陰影水平距離 陰影垂直距離 模糊半徑 陰影顏色」的text-shadow後面每個參數的意義,並實作此特效。

2. 請說明「background: linear-gradient(漸層方向, 顏色1, 顏色2, ...)」的linear-gradient後面每個參數的意義,並實作此特效。

3. 請說明border-radius後面可以接1個到4個數字所表示的意義,並實作此特效。

4. CSS3的變形特效有translate、rotate、scale與skew,請說明這些特效的功能,並實作這些特效。

5. 請說明為何有時必須加上-ms與-webkit等瀏覽器前綴字?

6. 請說明本章「製作按鈕按下特效」範例如何產生「按鈕按下」的特效,並實作此特效。

HTML5
CSS3
JavaScript

表格、縮排清單、表單、影片與聲音

　　本單元介紹表格、縮排清單、表單、影片與聲音等,可以讓網頁擁有更多的功能;表格與縮排清單用於資料呈現、表單用於與使用者互動,允許使用者輸入資料、配合動態網頁語言可以將表單資料儲存到資料庫、影片與聲音的標籤可以讓網頁支援影片與聲音的播放。

11-1　表格與縮排清單

　　使用表格與縮排清單可以將資料擺放整齊,若呈現的資料是標題與說明文字,則適用於縮排清單,不屬於這類型的資料則適合以表格呈現。

11-1-1　使用table、tr、th與td製作表格

ch11\ch11-1-1.html

　　在網頁中經常會使用表格來顯示資料,以下介紹表格的製作,與如何使用CSS設定表格的外觀,操作步驟如下。

STEP01　在標籤body內新增表格。

```
<table>
  <tr>
    <th>姓名</th>
    <th>電話</th>
  </tr>
  <tr>
    <td>王大德</td>
    <td>1234-56789</td>
  </tr>
  <tr>
    <td>林小寶</td>
    <td>4321-98765</td>
  </tr>
  <tr>
    <td>黃大偉</td>
    <td>1234-56789</td>
  </tr>
  <tr>
    <td>陳大寶</td>
    <td>4321-98765</td>
  </tr>
</table>
```

到此預覽結果，如下圖，表格中偶數列（包含標題列）的背景顏色為淡綠色。

姓名	電話
王大德	1234-56789
林小寶	4321-98765
黃大偉	1234-56789
陳大寶	4321-98765

當滑鼠移動到第四列，該列背景顏色為水藍色。

姓名	電話
王大德	1234-56789
林小寶	4321-98765
黃大偉	1234-56789
陳大寶	4321-98765

本單元完整網頁如下：

行號	網頁
1	`<!DOCTYPE html>`
2	`<html lang="zh-TW">`
3	`<head>`
4	`<title>ch11-1-1使用table、tr、th與td製作表格</title>`
5	`<meta charset="utf-8">`
6	`<style>`
7	`table{`
8	`    border: 3px blue solid;`
9	`    border-collapse:collapse;`
10	`}`
11	`th,td{`
12	`    border: 2px red dashed;`
13	`    padding: 5px;`
14	`}`
15	`tr:nth-child(even){`
16	`    background-color: lightgreen;`
17	`}`
18	`tr:hover{`
19	`    background-color: aqua;`
20	`}`
21	`</style>`

行號	網頁
22	`</head>`
23	`<body>`
24	`<table>`
25	`  <tr>`
26	`    <th>姓名</th>`
27	`    <th>電話</th>`
28	`  </tr>`
29	`  <tr>`
30	`    <td>王大德</td>`
31	`    <td>1234-56789</td>`
32	`  </tr>`
33	`  <tr>`
34	`    <td>林小寶</td>`
35	`    <td>4321-98765</td>`
36	`  </tr>`
37	`  <tr>`
38	`    <td>黃大偉</td>`
39	`    <td>1234-56789</td>`
40	`  </tr>`
41	`  <tr>`
42	`    <td>陳大寶</td>`
43	`    <td>4321-98765</td>`
44	`  </tr>`
45	`</table>`
46	`</body>`
47	`</html>`

11-1-2　使用dl、dt與dd製作縮排清單

🔎 ch11\ch11-1-2.html

　　縮排清單與表格有些相似，但其實差異很大，縮排清單用於標題與說明文字的對應，說明文字的部分進行縮排。若需要使用到這種功能，就使用dl、dt與dd製作縮排清單，操作步驟如下。

STEP01 在標籤body內新增表格，如下：

```
<dl>
    <dt>全糖</dt>
    <dd>正常糖</dd>
    <dt>少糖</dt>
    <dd>七分糖</dd>
    <dt>半糖</dt>
```

```
        <dd>五分糖</dd>
        <dt>微糖</dt>
        <dd>三分糖</dd>
        <dt>無糖</dt>
        <dd>不加糖</dd>
</dl>
```

到此預覽結果，如下圖：

全糖
　　　正常糖
少糖
　　　七分糖
半糖
　　　五分糖
微糖
　　　三分糖
無糖
　　　不加糖

STEP02 設定標籤dl的寬度為150px，背景顏色為水藍色。當滑鼠移動到標籤dt與 dd上時，背景顏色為黃色。

```
dl{
    width: 150px;
    background-color: aqua;
}
dt:hover,dd:hover {
    background: yellow;
}
```

到此預覽結果，如下圖，移動到「七分糖」背景顏色改成黃色。

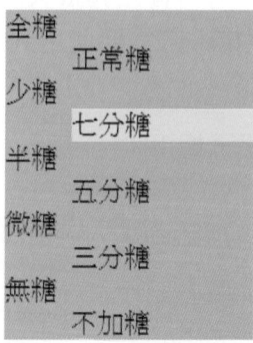

本單元完整網頁如下：

行號	網頁
1	`<!DOCTYPE html>`
2	`<html lang="zh-TW">`
3	`<head>`
4	`<title>ch11-1-2使用table、dl、dt與dd製作縮排清單</title>`
5	`<meta charset="utf-8">`
6	`<style>`
7	`dl{`
8	`    width: 150px;`
9	`    background-color: aqua;`
10	`}`
11	`dt:hover,dd:hover {`
12	`    background: yellow;`
13	`}`
14	`</style>`
15	`</head>`
16	`<body>`
17	`<dl>`
18	`    <dt>全糖</dt>`
19	`    <dd>正常糖</dd>`
20	`    <dt>少糖</dt>`
21	`    <dd>七分糖</dd>`
22	`    <dt>半糖</dt>`
23	`    <dd>五分糖</dd>`
24	`    <dt>微糖</dt>`
25	`    <dd>三分糖</dd>`
26	`    <dt>無糖</dt>`
27	`    <dd>不加糖</dd>`
28	`</dl>`
29	`</body>`
30	`</html>`

11-2 表單

　　表單用於讓使用者填寫並上傳資料，表單使用標籤form。以下所有範例都需要寫在標籤form內，標籤input有許多不同的type，對應不同的功能，以下分別以範例進行說明。

標籤input可以設定的type	
type	範例
button 按鈕，可以使用onclick與JavaScript結合	`<input type="button" onclick="getData()" value="送出">` 送出 補充說明：點選按鈕會呼叫函式getData。

標籤input可以設定的type	
type	**範例**
submit 按鈕，用於送出表單	`<input type="submit" value="送出">` 送出
reset 重設按鈕，將表單中所有元素還原為預設值	`<input type="reset" value="清空表單">` 清空表單
color 選取顏色	顏色`<input type="color" name="color">` 顏色 ▮
date 選擇日期	生日`<input type="date" name="birth">` 生日 年 /月/日
time 輸入時間	輸入時間`<input type="time" name="time">` 輸入時間 -- --:--
datetime-local 輸入日期與時間	輸入日期時間`<input type="datetime-local" name="datetime">` 輸入日期時間 年 /月/日 -- --:--
text 輸入文字	姓名`<input type="text" name="name" required placeholder="王大寶">` 姓名 王大寶 補充說明：required表示此欄位一定需要填寫，placeholder表示輸入值的範例。
number 輸入數字	訂購個數(1-10)`<input type="number" name="num1" min="1" max="10">` 訂購個數(1-10) ▢ 補充說明：使用min設定輸入的最小值，max設定輸入的最大值。
range 以區間輸入數值	輸入個數1`<input type="range" name="num3" min="1" max="10">`10 輸入個數1 ━━●━━ 10 補充說明：使用min設定區間的最小值，max設定區間的最大值。

標籤input可以設定的type	
type	範例
email 輸入電子郵件	電子郵件`<input type="email" name="email">` 　　　電子郵件 ☐
tel 輸入電話	電話`<input type="tel" name="phone" value="09xx-xxx-xxx">` 　　　電話 `09xx-xxx-xxx` 補充說明：使用value表示輸入值範例。
url 輸入網址	輸入網址`<input type="url" name="url">` 　　　輸入網址 ☐
password 輸入密碼	密碼`<input type="password" name="pass"  required>` 　　　密碼 ☐ 補充說明：required表示此欄位一定需要填寫。
checkbox 核取方塊，用於複選	`<input type="checkbox" name="sport"` `value="baseball">`棒球` ` `<input type="checkbox" name="sport"` `value="basketball">`籃球` ` `<input type="checkbox" name="sport"` `value="football">`足球` ` ☐ 棒球 ☐ 籃球 ☐ 足球 補充說明：value表示該選項的回傳值。
radio 單選按鈕	`<input type="radio" name="gender" value="male">` 男 ` ` `<input type="radio" name="gender" value="female" checked>` 女 ` ` `<input type="radio" name="gender" value="other">` 其他 ` ` ◯ 男 ◉ 女 ◯ 其他 補充說明：checked表示預設勾選該選項，單選按鈕的每個選項的屬性name要有相同的值，使用屬性name進行區隔，才會造成這些選項只能選其中之一。

標籤select為下拉選單，只適用於單選問題，範例如下：

標籤	範例

select
下拉選單
	``html
	<select name="num1">
	    <option value="1">1</option>
	    <option value="2" selected>2</option>
	    <option value="3">3</option>
	    <option value="4">4</option>
	    <option value="5">5</option>
	</select>
	``
	
	訂購個數(1-5) [2 ▾]
	
	補充說明：selected表示預設選取該選項。

標籤textarea為多行文字的輸入，可以設定輸入文字的列數與行數。

標籤	範例

textarea
輸入多行文字
	``html
	<textarea name="textarea" rows="10" cols="50">請在此輸入訊息</textarea>
	``
	
	┌─────────────────────┐
	│ 請在此輸入訊息 │
	│ │
	│ │
	│ │
	│ │
	└─────────────────────┘
	
	補充說明：rows表示輸入文字的列數，cols表示輸入文字的行數。

11-2-1 製作表單(一)

🔧 ch11\ch11-2-1.html

本範例以標籤input製作表單，將使用者的輸入值以JavaScript接收，並將接收的資料顯示在網頁上。

STEP01 在標籤body內新增表單，如下，當點選「送出」按鈕時，會呼叫函式 getData處理表單的輸入值，最後將輸入的結果顯示在id為result的元件內。

```html
<form>
    姓名<input type="text" name="name" required placeholder="王大寶"><br>
    密碼<input type="password" name="pass"  required><br>
```

```
    生日<input type="date" name="birth"><br>
    電子郵件<input type="email" name="email"><br>
    電話<input type="tel" name="phone" value="09xx-xxx-xxx"><br>
    輸入時間<input type="time" name="time"><br>
    輸入日期時間<input type="datetime-local" name="datetime"><br>
    輸入網址<input type="url" name="url"><br>
    訂購個數(1-10)<input type="number" name="num1" min="1" max="10"><br>
    訂購個數(2-10，只允許偶數)<input type="number" name="num2" min="2"
max="10" step="2"><br>
    輸入個數1<input type="range" name="num3" min="1" max="10">10<br>
    顏色<input type="color" name="color"><br>
    <p id="result"></p>
    <input type="button" onclick="getData()" value="送出"><br>
    <input type="reset" value="清空表單">
</form>
```

到此預覽結果，如下圖：

STEP02 設定標籤input的margin為10px，讓每個標籤input距離為10px，才不會黏在一起。

```
input{
    margin:10px;
}
```

到此預覽結果，如下圖：

姓名	王大寶
密碼	
生日	年 /月/日
電子郵件	
電話	09xx-xxx-xxx
輸入時間	-- --:--
輸入日期時間	年 /月/日 -- --:--
輸入網址	
訂購個數(1-10)	
訂購個數(2-10，只允許偶數)	
輸入個數1	━━━━━ 10
顏色	■
送出　清空表單	

STEP03 在標籤script新增JavaScript接收表單所傳送的資料，使用JavaScript定義函式getData，當按下「送出」按鈕時會呼叫此函式，該函式使用document.getElementsByName('屬性name的值')[0].value讀取輸入值，將輸入值串接到變數result，最後顯示變數result在id為result的元件內。若函式getData程式碼看不懂沒關係，之後章節會介紹JavaScript，等學會後再看一次，應該就能了解函式getData的運作原理。

```
<script>
function getData() {
    var result="";
    result += document.getElementsByName('name')[0].value + "<br>";
    result += document.getElementsByName('pass')[0].value + "<br>";
    result += document.getElementsByName('birth')[0].value + "<br>";
    result += document.getElementsByName('email')[0].value + "<br>";
    result += document.getElementsByName('phone')[0].value + "<br>";
    result += document.getElementsByName('time')[0].value + "<br>";
    result += document.getElementsByName('datetime')[0].value + "<br>";
```

```
        result += document.getElementsByName('url')[0].value + "<br>";
        result += document.getElementsByName('num1')[0].value + "<br>";
        result += document.getElementsByName('num2')[0].value + "<br>";
        result += document.getElementsByName('num3')[0].value + "<br>";
        result += document.getElementsByName('color')[0].value + "<br>";
        document.getElementById('result').innerHTML= result;
    }
</script>
```

到此預覽結果，如下圖，在表格中填入資料，最後點選「送出」。

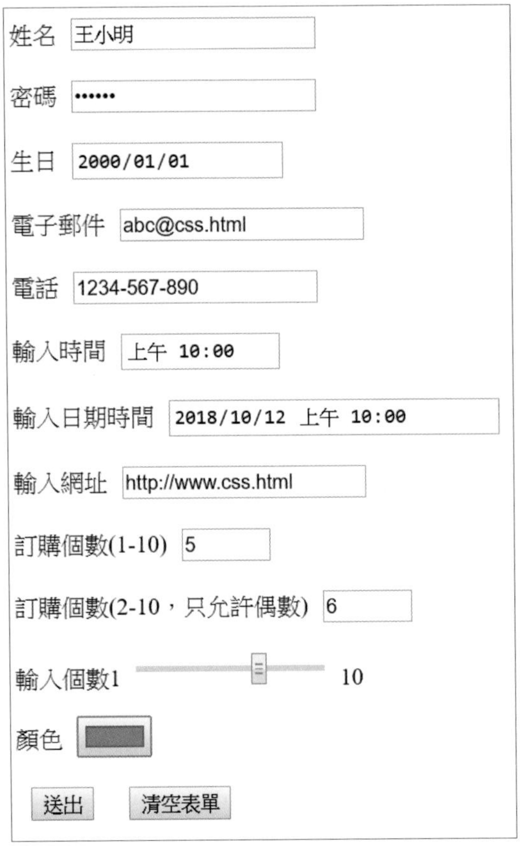

姓名 王小明

密碼 ••••••

生日 2000/01/01

電子郵件 abc@css.html

電話 1234-567-890

輸入時間 上午 10:00

輸入日期時間 2018/10/12 上午 10:00

輸入網址 http://www.css.html

訂購個數(1-10) 5

訂購個數(2-10，只允許偶數) 6

輸入個數1   10

顏色 [■]

[送出] [清空表單]

點選「送出」按鈕後，下方會顯示JavaScript接收到的資料。

姓名	王小明

| 密碼 | •••••• |

| 生日 | 2000/01/01 |

| 電子郵件 | abc@css.html |

| 電話 | 1234-567-890 |

| 輸入時間 | 上午 10:00 |

| 輸入日期時間 | 2018/10/12 上午 10:00 |

| 輸入網址 | http://www.css.html |

| 訂購個數(1-10) | 5 |

| 訂購個數(2-10，只允許偶數) | 6 |

輸入個數1 —————◻———— 10

顏色 ▭

[送出]　[清空表單]

```
王小明
123456
2000-01-01
abc@css.html
1234-567-890
10:00
2018-10-12T10:00
http://www.css.html
5
6
7
#ff8000
```

本單元完整網頁如下：

行號	網頁
1	`<!DOCTYPE html>`
2	`<html lang="zh-TW">`
3	`<head>`
4	`<title>ch11-2-1製作表單(一)</title>`
5	`<meta charset="utf-8">`

行號	網頁

6
7
8
9
10
11
12
13
14
15
16
17
18
19
20
21
22
23
24
25
26
27
28
29
30
31
32
33
34
35
36
37
38
39
40
41
 	
42
43
44
45
46
47
48
49
	``html
	<style>
	input{
	    margin:10px;
	}
	</style>
	<script>
	function getData() {
	    var result="";
	    result += document.getElementsByName('name')[0].value + "
	";
	    result += document.getElementsByName('pass')[0].value + "
	";
	    result += document.getElementsByName('birth')[0].value + "
	";
	    result += document.getElementsByName('email')[0].value + "
	";
	    result += document.getElementsByName('phone')[0].value + "
	";
	    result += document.getElementsByName('time')[0].value + "
	";
	    result += document.getElementsByName('atetime')[0].value + "
	";
	    result += document.getElementsByName('url')[0].value + "
	";
	    result += document.getElementsByName('num1')[0].value + "
	";
	    result += document.getElementsByName('num2')[0].value + "
	";
	    result += document.getElementsByName('num3')[0].value + "
	";
	    result += document.getElementsByName('color')[0].value + "
	";
	    document.getElementById('result').innerHTML= result;
	}
	</script>
	</head>
	<body>
	<form>
	    姓名<input type="text" name="name" required placeholder="王大寶">
	
	    密碼<input type="password" name="pass" required>
	
	    生日<input type="date" name="birth">
	
	    電子郵件<input type="email" name="email">
	
	    電話<input type="tel" name="phone" value="09xx-xxx-xxx">
	
	    輸入時間<input type="time" name="time">
	
	    輸入日期時間<input type="datetime-local" name="datetime">
	
	    輸入網址<input type="url" name="url">
	
	    訂購個數(1-10)<input type="number" name="num1" min="1" max="10">
	
	    訂購個數(2-10，只允許偶數)<input type="number" name="num2"
	min="2" max="10" step="2">
	
	    輸入個數1<input type="range" name="num3" min="1" max="10">10
	
	    顏色<input type="color" name="color">
	
	    <p id="result"></p>
	    <input type="button" onclick="getData()" value="送出">
	
	    <input type="reset" value="清空表單">
	</form>
	</body>
	</html>
	``

11-2-2 製作表單(二)

ch11\ch11-2-2.html

使用標籤fieldset設定方框,可以包含一個問題的所有選項。使用標籤legend設定標籤fieldset的標題,範例如下:

```
<fieldset>
    <legend>性別</legend>
    <input type="radio" name="gender" value="male"> 男 <br>
    <input type="radio" name="gender" value="female" checked> 女 <br>
    <input type="radio" name="gender" value="other"> 其他 <br>
</fieldset>
```

結果如下:

```
┌性別─────────────────────────┐
│  ○ 男                        │
│  ● 女                        │
│  ○ 其他                      │
└─────────────────────────────┘
```

STEP01 在標籤body內新增表單如下,當點選「送出」按鈕時,會呼叫函式getData處理表單的輸入值,最後將輸入的結果顯示在id為result的元件內。

```
<form>
    <textarea name="textarea" rows="10" cols="50">請在此輸入訊息
</textarea><br>
    <fieldset>
        <legend>性別</legend>
        <input type="radio" name="gender" value="male"> 男 <br>
        <input type="radio" name="gender" value="female" checked> 女 <br>
        <input type="radio" name="gender" value="other"> 其他 <br>
    </fieldset>
    <fieldset>
        <legend>飲料</legend>
        <input type="radio" name="drink" id="coffee" value="coffee">
        <label for="coffee"> 咖啡 </label><hr>
        <input type="radio" name="drink" id="tea" value="tea">
        <label for="tea"> 茶 </label><br>
        <input type="radio" name="drink" id="water" value="water">
        <label for="water"> 水 </label><br>
    </fieldset>
```

```
    訂購個數(1-5)
    <select name="num1">
        <option value="1">1</option>
        <option value="2" selected>2</option>
        <option value="3">3</option>
        <option value="4">4</option>
        <option value="5">5</option>
    </select>
    <fieldset>
        <legend>喜歡的運動</legend>
        <input type="checkbox" name="sport" value="baseball">棒球<br>
        <input type="checkbox" name="sport" value="basketball">籃球<br>
        <input type="checkbox" name="sport" value="football">足球<br>
    </fieldset>
    <input type="button" onclick="getData()" value="送出">
    <input type="reset" value="清空表單">
    <p id="result"></p>
</form>
```

到此預覽結果，如下圖：

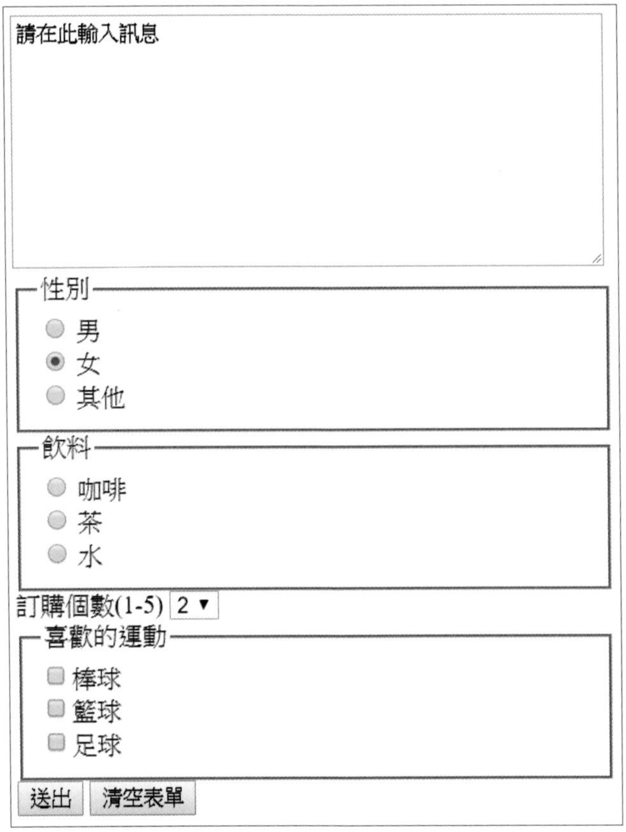

STEP02 設定標籤input與select的margin為5px，才不會讓輸入欄位之間與選項之間間隔過窄，標籤fieldset的margin為5px，寬度為350px。

```
input,select{
    margin:5px;
}
fieldset{
    margin:5px;
    width:350px;
}
```

到此預覽結果，如下圖：

```
┌────────────────────────────────────┐
│ 請在此輸入訊息                        │
│                                      │
│                                      │
│                                      │
│                                      │
│                                    ◢ │
├────────────────────────────────────┤
│ ┌─性別─────────────────────────┐    │
│ │  ◯ 男                         │    │
│ │  ◉ 女                         │    │
│ │  ◯ 其他                       │    │
│ └──────────────────────────────┘    │
│ ┌─飲料─────────────────────────┐    │
│ │  ◯ 咖啡                       │    │
│ │  ◯ 茶                         │    │
│ │  ◯ 水                         │    │
│ └──────────────────────────────┘    │
│ 訂購個數(1-5) [ 2 ▾]                  │
│ ┌─喜歡的運動───────────────────┐    │
│ │  ☐ 棒球                       │    │
│ │  ☐ 籃球                       │    │
│ │  ☐ 足球                       │    │
│ └──────────────────────────────┘    │
│ [ 送出 ]  [ 清空表單 ]                │
└────────────────────────────────────┘
```

STEP03 在標籤script內新增JavaScript接收表單所傳送的資料，使用JavaScript定義函式getData，當按下「送出」按鈕時會呼叫此函式。該函式使用document.getElementsByName('屬性name的值')[0].value讀取輸入值，使用document.getElementsByName('屬性name的值')[0].checked讀取是否選取，將輸入值串接到變數result，最後變數result結果儲存到result元件內。

```
<script>
function getData() {
    var result="";
    result += document.getElementsByName('textarea')[0].value + "<br>";
    var gender = document.getElementsByName('gender');
    result+=gender[0].value + " " + gender[0].checked + "   ";
    result+=gender[1].value + " " + gender[1].checked + "   ";
    result+=gender[2].value + " " + gender[2].checked + "   ";
    result += "<br>";
    var drink = document.getElementsByName('drink');
    result+=drink[0].value + " " + drink[0].checked + "   ";
    result+=drink[1].value + " " + drink[1].checked + "   ";
    result+=drink[2].value + " " + drink[2].checked + "   ";
    result += "<br>";
    result += document.getElementsByName('num1')[0].value + "<br>";
    var sport = document.getElementsByName('sport');
    result += sport[0].value + " " + sport[0].checked + "   ";
    result += sport[1].value + " " + sport[1].checked + "   ";
    result += sport[2].value + " " + sport[2].checked + "   ";
    result += "<br>";
    document.getElementById('result').innerHTML= result;
}
</script>
```

到此預覽結果，如下圖，在表格中填入資料，最後點選「送出」。

下方會顯示使用JavaScript接收到的資料。

HTML+CSS+JAVASCRIPT

┌ 性別 ─────────────────────┐
　○ 男
　◉ 女
　○ 其他
└───────────────────────────┘

┌ 飲料 ─────────────────────┐
　◉ 咖啡
　○ 茶
　○ 水
└───────────────────────────┘

訂購個數(1-5) [2 ▼]

┌ 喜歡的運動 ───────────────┐
　☑ 棒球
　☑ 籃球
　☑ 足球
└───────────────────────────┘

[送出]　[清空表單]

```
HTML+CSS+JAVASCRIPT
male false female true other false
coffee true tea false water false
2
baseball true basketball true football true
```

本單元完整網頁如下：

行號	網頁
1	`<!DOCTYPE html>`
2	`<html lang="zh-TW">`
3	`<head>`
4	`<title>ch11-2-2製作表單(二)</title>`
5	`<meta charset="utf-8">`
6	`<style>`
7	`input,select{`
8	`    margin:5px;`
9	`}`
10	`fieldset{`
11	`    margin:5px;`
12	`    width:350px;`

行號	網頁
13	`}`
14	`</style>`
15	`<script>`
16	`function getData() {`
17	`    var result="";`
18	`    result += document.getElementsByName('textarea')[0].value + " ";`
19	`    var gender = document.getElementsByName('gender');`
20	`    result+=gender[0].value + " " + gender[0].checked + "   ";`
21	`    result+=gender[1].value + " " + gender[1].checked + "   ";`
22	`    result+=gender[2].value + " " + gender[2].checked + "   ";`
23	`    result += " ";`
24	`    var drink = document.getElementsByName('drink');`
25	`    result+=drink[0].value + " " + drink[0].checked + "   ";`
26	`    result+=drink[1].value + " " + drink[1].checked + "   ";`
27	`    result+=drink[2].value + " " + drink[2].checked + "   ";`
28	`    result += " ";`
29	`    result += document.getElementsByName('num1')[0].value + " ";`
30	`    var sport = document.getElementsByName('sport');`
31	`    result += sport[0].value + " " + sport[0].checked + "   ";`
32	`    result += sport[1].value + " " + sport[1].checked + "   ";`
33	`    result += sport[2].value + " " + sport[2].checked + "   ";`
34	`    result += " ";`
35	`    document.getElementById('result').innerHTML= result;`
36	`}`
37	`</script>`
38	`</head>`
39	`<body>`
40	`<form>`
41	`    <textarea name="textarea" rows="10" cols="50">請在此輸入訊息</textarea> `
42	`    <fieldset>`
43	`        <legend>性別</legend>`
44	`        <input type="radio" name="gender" value="male"> 男  `
45	`        <input type="radio" name="gender" value="female" checked> 女  `
46	`        <input type="radio" name="gender" value="other"> 其他  `
47	`    </fieldset>`
48	`    <fieldset>`
49	`        <legend>飲料</legend>`
50	`        <input type="radio" name="drink" id="coffee" value="coffee">`
51	`        <label for="coffee"> 咖啡 </label> `
52	`        <input type="radio" name="drink" id="tea" value="tea">`
53	`        <label for="tea"> 茶 </label> `
54	`        <input type="radio" name="drink" id="water" value="water">`

行號	網頁
55	`<label for="water"> 水 </label> `
56	`</fieldset>`
57	訂購個數(1-5)
58	`<select name="num1">`
59	`<option value="1">1</option>`
60	`<option value="2" selected>2</option>`
61	`<option value="3">3</option>`
62	`<option value="4">4</option>`
63	`<option value="5">5</option>`
64	`</select>`
65	`<fieldset>`
66	`<legend>喜歡的運動</legend>`
67	`<input type="checkbox" name="sport" value="baseball">棒球 `
68	`<input type="checkbox" name="sport" value="basketball">籃球 `
69	`<input type="checkbox" name="sport" value="football">足球 `
70	`</fieldset>`
71	`<input type="button" onclick="getData()" value="送出">`
72	`<input type="reset" value="清空表單">`
73	`<p id="result"></p>`
74	`</form>`
75	`</body>`
76	`</html>`

11-2-3　使用CSS設定表單(一)

ch11\ch11-2-3.html

　　修改「製作表單(一)」單元，暫時刪除JavaScript，讓網頁行數少一些。在表單上設定CSS，加強與使用者的互動效果。

STEP01 在標籤body內新增表單如下，本範例的「送出」按鈕沒有設定接收的 JavaScript函式，設定「訂購個數(1-10)」選項為disabled，表示該欄位無法輸入。

```
<form>
    姓名<input type="text" name="usrname" required placeholder="王大寶"><br>
    密碼<input type="password" name="usrpass"  required><br>
    生日<input type="date" name="usrbir"><br>
    電子郵件<input type="email" name="usremail"><br>
    電話<input type="tel" name="usrphone" value="09xx-xxx-xxx"><br>
    輸入時間<input type="time" name="usrtime"><br>
    輸入日期時間<input type="datetime-local" name="usrdatetime"><br>
    輸入網址<input type="url" name="usrurl"><br>
```

```
    訂購個數(1-10)<input type="number" name="num1" min="1" max="10"
disabled><br>
    訂購個數(2-10，只允許偶數)<input type="number" name="num2" min="2"
max="10" step="2"><br>
    輸入個數1<input type="range" name="num3" min="1" max="10">10<br>
    顏色<input type="color" name="color"><br>
    <input type="button" value="送出">
    <input type="reset" value="清空表單">
</form>
```

到此預覽結果，如下圖：

STEP02 設定標籤input的邊線寬度為1px、藍色與實線，margin上下為10px，左
右為0，讓每個標籤input的上下距離為10px，才不會黏在一起。「姓
名」與「密碼」欄位為required，設定背景顏色為黃色。在HTML中設定
欄位「訂購個數(1-10)」為disable，將該欄位設定背景顏色為淡灰色。

```
input{
    border: 1px blue solid;
    margin:10px 0;
}
input:required{
    background-color: yellow;
}
input:disabled {
    background-color: lightgray;
}
```

到此預覽結果，如下圖：

STEP03 設定標籤input的虛擬類別invalid的邊線寬度1px、實線與紅色，表示當該選項被判定為invalid時，顯示紅色方框。設定標籤input的虛擬類別focus的背景顏色為天藍色，表示當滑鼠點選到該選項時，改變背景顏色為天藍色。當滑鼠移動到型別為button的按鈕上方時，顯示按鈕的背景顏色為橙色。

```
input:invalid {
    border: 1px solid red;
}
input:focus {
    background-color: azure;
}
input[type=button]:hover{
    background-color: orange;
}
```

到此預覽結果，如下圖，因為「姓名」與「密碼」欄位為required，「姓名」輸入「abc」後，不再是invalid，所以紅色方框改變為藍色方框，而「密碼」尚未輸入值，所以還是invalid，顯示紅色方框。當滑鼠移動到「送出」按鈕上方時，顯示按鈕的背景顏色為橙色。

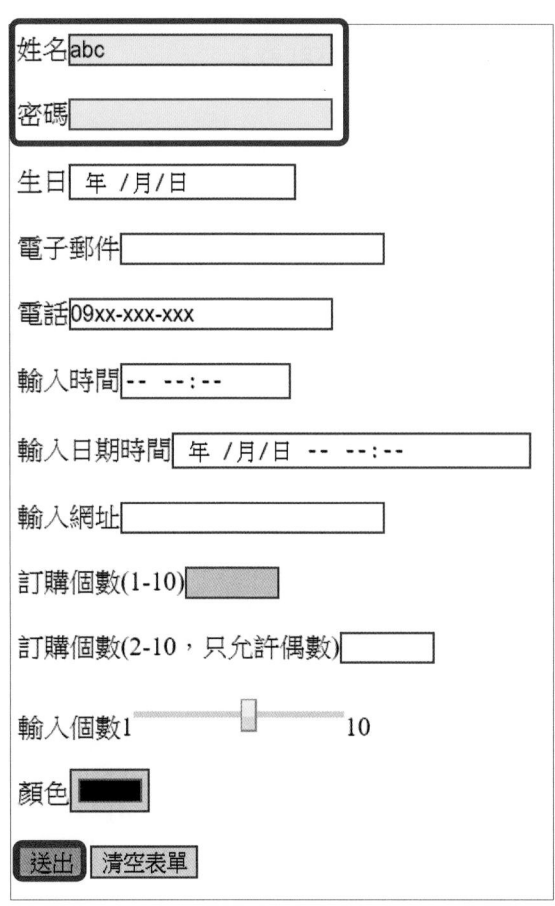

本單元完整網頁如下：

行號	網頁
1	`<!DOCTYPE html>`
2	`<html lang="zh-TW">`
3	`<head>`
4	`<title>ch11-2-3使用CSS設定表單(一)</title>`
5	`<meta charset="utf-8">`
6	`<style>`
7	`input{`
8	`    border: 1px blue solid;`
9	`    margin:10px 0;`
10	`}`

行號	網頁
11	`input:required{`
12	`    background-color: yellow;`
13	`}`
14	`input:disabled {`
15	`    background-color: lightgray;`
16	`}`
17	`input:invalid {`
18	`    border: 1px solid red;`
19	`}`
20	`input:focus {`
21	`    background-color: azure;`
22	`}`
23	`input[type=button]:hover{`
24	`    background-color: orange;`
25	`}`
26	`</style>`
27	`</head>`
28	`<body>`
29	`<form>`
30	`    姓名<input type="text" name="usrname" required placeholder="王大寶"> `
31	`    密碼<input type="password" name="usrpass"  required> `
32	`    生日<input type="date" name="usrbir"> `
33	`    電子郵件<input type="email" name="usremail"> `
34	`    電話<input type="tel" name="usrphone" value="09xx-xxx-xxx"> `
35	`    輸入時間<input type="time" name="usrtime"> `
36	`    輸入日期時間<input type="datetime-local" name="usrdatetime"> `
37	`    輸入網址<input type="url" name="usrurl"> `
38	`    訂購個數(1-10)<input type="number" name="num1" min="1" max="10" disabled> `
39	`    訂購個數(2-10，只允許偶數)<input type="number" name="num2" min="2" max="10" step="2"> `
40	`    輸入個數1<input type="range" name="num3" min="1" max="10">10 `
41	`    顏色<input type="color" name="color"> `
42	`    <input type="button" value="送出">`
43	`    <input type="reset" value="清空表單">`
44	`</form>`
45	`</body>`
46	`</html>`

11-2-4　使用CSS設定表單(二)

⚙ ch11\ch11-2-4.html

　　修改「製作表單(二)」單元，暫時刪除JavaScript，讓網頁行數少一些。在表單上設定CSS，加強與使用者的互動效果。

STEP01 在標籤body內新增表單，如下，本範例的「送出」按鈕沒有設定接收的JavaScript函式。

```html
<form>
    <textarea name="message" rows="10" cols="50">請在此輸入訊息
</textarea><br>
    <fieldset>
        <legend>性別</legend>
        <input type="radio" name="gender" value="male"> 男
        <input type="radio" name="gender" value="female" checked> 女
        <input type="radio" name="gender" value="other"> 其他
    </fieldset>
    <fieldset>
        <legend>飲料</legend>
        <input type="radio" name="drink" id="coffee" value="coffee">
        <label for="coffee"> 咖啡 </label><br>
        <input type="radio" name="drink" id="tea" value="tea">
        <label for="tea"> 茶 </label><br>
        <input type="radio" name="drink" id="water" value="other">
        <label for="water"> 水 </label><br>
    </fieldset>
    訂購個數(1-5)
    <select name="num4">
        <option value="1">1</option>
        <option value="2" selected>2</option>
        <option value="3">3</option>
        <option value="4">4</option>
        <option value="5">5</option>
    </select><br>
    <fieldset>
        <legend>喜歡的運動</legend>
        <input type="checkbox" name="sport" value="baseball">棒球
        <input type="checkbox" name="sport" value="basketball">籃球
        <input type="checkbox" name="sport" value="football">足球
    </fieldset>
    <input type="button" value="送出">
    <input type="reset" value="清空表單">
</form>
```

到此預覽結果，如下圖：

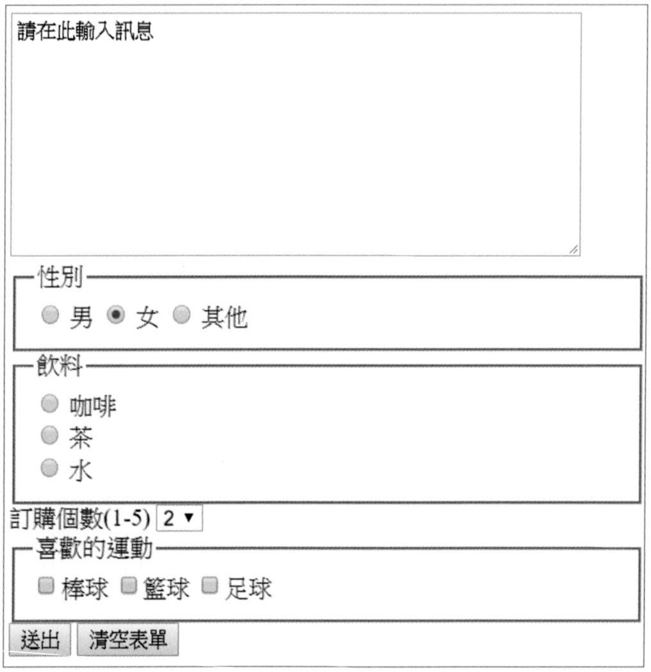

請在此輸入訊息

┌─ 性別 ─────────────────────────┐
│ ○ 男 ● 女 ○ 其他   │
└────────────────────────────────┘
┌─ 飲料 ─────────────────────────┐
│ ○ 咖啡   │
│ ○ 茶   │
│ ○ 水   │
└────────────────────────────────┘
訂購個數(1-5) [2 ▼]
┌─ 喜歡的運動 ───────────────────┐
│ □ 棒球 □ 籃球 □ 足球   │
└────────────────────────────────┘
[送出] [清空表單]

STEP02 設定標籤textarea、select與input的margin為5px，才不會讓輸入欄位之間與選項之間間隔過窄。標籤fieldset的margin為5px，寬度為350px。滑鼠點選textarea時，背景設定為水藍色。

```css
textarea,select,input{
    margin:5px;
}
fieldset{
    margin: 5px;
    width:350px;
}
textarea:focus{
    background-color: aqua;
}
```

到此預覽結果，如下圖：

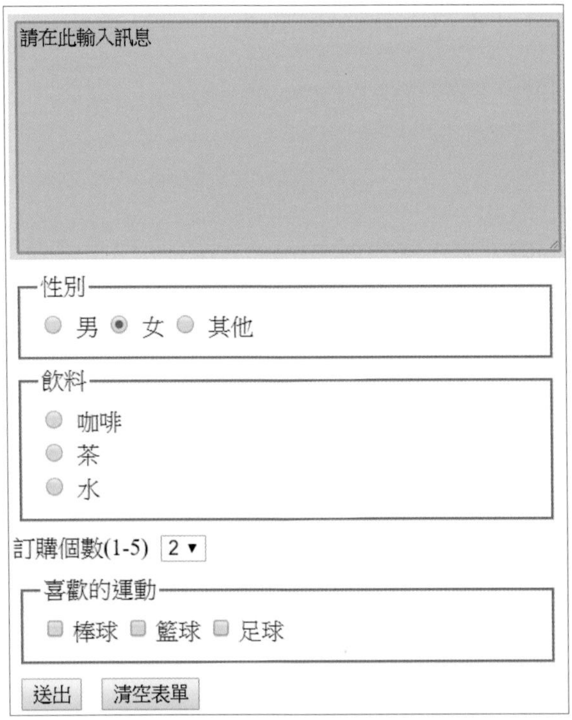

STEP03 設定radio按鈕相鄰的標籤label，設定標籤文字為藍色。若radio按鈕被
點選，設定相鄰的標籤label為紅色。當滑鼠移動到「送出」按鈕上方
時，顯示按鈕的背景顏色為橙色。

```
input[type=radio] + label {
  color: blue;
}
input[type=radio]:checked + label {
  color: red;
}
input[type=button]:hover{
    background-color: orange;
}
```

到此預覽結果，如下圖。當點選飲料「咖啡」時，文字以紅色呈現，沒
被點選的「茶」與「水」，文字以藍色呈現。當滑鼠移動到「送出」按
鈕上方時，顯示按鈕的背景顏色為橙色。

本單元完整網頁如下：

行號	網頁
1	`<!DOCTYPE html>`
2	`<html lang="zh-TW">`
3	`<head>`
4	`<title>ch11-2-4使用CSS設定表單(二)</title>`
5	`<meta charset="utf-8">`
6	`<style>`
7	`textarea,select,input{`
8	`    margin:5px;`
9	`}`
10	`fieldset{`
11	`    margin: 5px;`
12	`    width:350px;`
13	`}`
14	`textarea:focus{`
15	`    background-color: aqua;`
16	`}`
17	`input[type=radio] + label {`
18	`  color: blue;`
19	`}`

行號	網頁

```
20  input[type=radio]:checked + label {
21      color: red;
22  }
23  input[type=button]:hover{
24      background-color: orange;
25  }
26  </style>
27  </head>
28  <body>
29  <form>
30      <textarea name="message" rows="10" cols="50">請在此輸入訊息</textarea><br>
31      <fieldset>
32          <legend>性別</legend>
33          <input type="radio" name="gender" value="male"> 男
34          <input type="radio" name="gender" value="female" checked> 女
35          <input type="radio" name="gender" value="other"> 其他
36      </fieldset>
37      <fieldset>
38          <legend>飲料</legend>
39          <input type="radio" name="drink" id="coffee" value="coffee">
40          <label for="coffee"> 咖啡 </label><br>
41          <input type="radio" name="drink" id="tea" value="tea">
42          <label for="tea"> 茶 </label><br>
43          <input type="radio" name="drink" id="water" value="other">
44          <label for="water"> 水 </label><br>
45      </fieldset>
46      訂購個數(1-5)
47      <select name="num4">
48          <option value="1">1</option>
49          <option value="2" selected>2</option>
50          <option value="3">3</option>
51          <option value="4">4</option>
52          <option value="5">5</option>
53      </select><br>
54      <fieldset>
55          <legend>喜歡的運動</legend>
56          <input type="checkbox" name="sport" value="baseball">棒球
57          <input type="checkbox" name="sport" value="basketball">籃球
58          <input type="checkbox" name="sport" value="football">足球
59      </fieldset>
60      <input type="button" value="送出">
61      <input type="reset" value="清空表單">
62  </form>
63    </body>
64  </html>
```

11-3 在網頁中加入影片與聲音

ch11\ch11-3.html

HTML5提供標籤video載入影片，標籤audio載入聲音，可以開啟控制列，控制影片或聲音的播放與暫停，以下介紹標籤video與audio。

標籤video用於載入影片，範例如下：

標籤	說明	範例
video	載入影片	<video width="200" height="315" controls> <source src="plant.mp4" type="video/mp4"> <source src="plant.ogg" type="video/ogg"> 瀏覽器沒有支援HTML5的影片播放 </video> 補充說明：使用width設定寬度，height設定高度，controls表示顯示控制列，控制列用於播放或暫停影片。標籤source用於設定影片所在檔案位置，可以設定多個，瀏覽器會由上到下依序找尋可以播放的影片，若沒有可以播放的影片格式，則顯示「瀏覽器沒有支援HTML5的影片播放」。

標籤audio用於載入聲音，範例如下：

標籤	說明	範例
audio	載入聲音	<audio controls> <source src="noise.mp3" type="audio/mpeg"> <source src="noise.ogg" type="audio/ogg"> 瀏覽器沒有支援聲音播放 </audio> 補充說明：controls表示顯示控制列，控制列用於播放或暫停聲音。標籤source用於設定聲音所在檔案位置，可以設定多個，瀏覽器會依序找尋可以播放的聲音；若沒有可以播放的聲音格式，則顯示「瀏覽器沒有支援聲音播放」。

可以使用標籤iframe播放YouTube影片，設定方式如下，使用width設定寬度，height設定高度，src設定YouTube影片的位址。

```
<iframe width="200" height="315" src="https://www.youtube.com/
embed/7RQDIPltktE" frameborder="0" allow="autoplay; encrypted-media"
allowfullscreen></iframe>
```

本單元完整網頁如下：

行號	網頁
1	`<!DOCTYPE html>`
2	`<html lang="zh-TW">`
3	`<head>`
4	`<title>ch11-3網頁中播放多媒體</title>`
5	`<meta charset="utf-8">`
6	`<style>`
7	`video,audio,iframe{`
8	`    margin:5px;`
9	`}`
10	`</style>`
11	`</head>`
12	`<body>`
13	`<video width="200" controls>`
14	`    <source src="plant.mp4" type="video/mp4">`
15	`    <source src="plant.ogg" type="video/ogg">`
16	`    瀏覽器沒有支援HTML5的影片播放`
17	`</video> `
18	`<audio controls>`
19	`    <source src="noise.mp3" type="audio/mpeg">`
20	`    <source src="noise.ogg" type="audio/ogg">`
21	`    瀏覽器沒有支援聲音播放`
22	`</audio> `
23	`<iframe width="200" height="315" src="https://www.youtube.com/embed/7RQDIPltktE" frameborder="0" allow="autoplay; encrypted-media" allowfullscreen></iframe> `
24	`</body>`
25	`</html>`

預覽結果，如下圖：

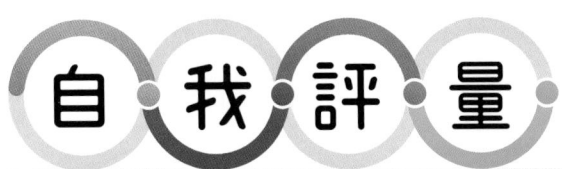

1. 請比較表格與縮排清單的差異與用途？

2. 如何可以讓表格奇數列與偶數列背景顏色不同？

3. 請練習使用標籤input、select、textarea與fieldset製作包含各種問題類型的表單，且設定當點選到問題時，輸入的欄位會更換背景顏色。

4. 請練習使用標籤video與audio，在網頁中插入影片與聲音。

HTML5
CSS3
JavaScript

12

網頁中加入JavaScript、
JavaScript的變數與運算子

本單元介紹網頁中如何加入JavaScript、JavaScript的變數與運算子。

JavaScript是一種直譯式的程式語言,所謂直譯式語言,程式是從上到下一行接著一行被執行,中間有錯的話,前面的程式也會被執行。

JavaScript執行於瀏覽器上,所以瀏覽器有沒有支援變得很重要。現在JavaScript的常用功能在大部分的瀏覽器都有支援;可以將JavaScript程式以常見的瀏覽器跑一遍,看看能不能執行。

12-1○ 網頁中加入 JavaScript

在網頁中加入JavaScript有三種方式,分成使用行內(inline)方式、標籤script方式與外部的JavaScript檔案方式,以下分別介紹。

12-1-1 使用行內方式在網頁中加入JavaScript

🔗 ch12\ch12-1-1.html

將JavaScript撰寫在按鈕的屬性onclick內,點選按鈕執行此程式,稱作行內(inline),以下範例會在js1的元素內顯示目前時間。

```
<p  id="js1">按下按鈕在此顯示時間</p>
<button type="button" onclick="document.getElementById('js1').innerHTML
= Date()">點選顯示時間</button>
```

以下範例除了顯示時間範例外,另一個範例可以點選按鈕改變字型大小。

STEP01 新增區塊div,包含標籤p設定id為js1,與「點選顯示時間」按鈕;該按鈕可以在id為js1的元件內顯示目前時間。

```
<div>
    <p id="js1">按下按鈕在此顯示時間</p>
    <button type="button" onclick="document.getElementById('js1').innerHTML
= Date()">點選顯示時間</button>
</div>
```

1. 網頁預覽結果如下,點選「點選顯示時間」按鈕。

> 按下按鈕在此顯示時間
>
> 點選顯示時間

2. 點選按鈕後，顯示目前的時間取代文字「按下按鈕在此顯示時間」。

Fri Oct 12 2018 19:59:15 GMT+0800 (台北標準時間)

點選顯示時間

STEP02 新增區塊div，包含標籤p設定id為js2、「設定文字大小為30px」與「設定文字大小為20px」按鈕，點選這兩個按鈕分別設定js2內文字大小為30px與20px。

```
<div>
    <p id="js2">按下按鈕更改文字大小</p>
    <button type="button" onclick="document.getElementById('js2').style.
fontSize='30px'">設定文字大小為30px</button>
    <button type="button" onclick="document.getElementById('js2').style.
fontSize='20px'">設定文字大小為20px</button>
</div>
```

1. 網頁預覽結果如下，點選「設定文字大小為30px」按鈕。

按下按鈕更改文字大小

設定文字大小為30px　設定文字大小為20px

2. 點選按鈕後，上方文字「按下按鈕更改文字大小」的文字大小改為30px，接著點選「設定文字大小為20px」按鈕。

按下按鈕更改文字大小

設定文字大小為30px　設定文字大小為20px

3. 點選按鈕後，上方文字「按下按鈕更改文字大小」的文字大小改為20px。

按下按鈕更改文字大小

設定文字大小為30px　設定文字大小為20px

本單元完整網頁如下：

行號	網頁
1	`<!DOCTYPE html>`
2	`<html lang="zh-TW">`
3	`<head>`
4	`<title>ch12-1-1使用inline方式在網頁中加入JavaScript</title>`
5	`<meta charset="utf-8">`
6	`</head>`
7	`<body>`
8	`<div>`
9	`    <p id="js1">按下按鈕在此顯示時間</p>`
10	`    <button type="button" onclick="document.getElementById('js1').innerHTML = Date()">點選顯示時間</button>`
11	`</div>`
12	`<div>`
13	`    <p id="js2">按下按鈕更改文字大小</p>`
14	`    <button type="button" onclick="document.getElementById('js2').style.fontSize='30px'">文字設定為30px</button>`
15	`    <button type="button" onclick="document.getElementById('js2').style.fontSize='20px'">文字設定為20px</button>`
16	`</div>`
17	`</body>`
18	`</html>`

12-1-2　以標籤script在網頁中加入JavaScript

🔵 ch12\ch12-1-2.html

　　將JavaScript撰寫在標籤script內，標籤script可以放在標籤head或標籤body內，以下範例會在載入網頁時（window.onload），取代id為js1的文字為「這些文字來自JavaScript」，這時的JavaScript放在標籤script內。

　　新增div區塊，內含id命名為js1的標籤p。

```
<div>
    <p id="js1">這些文字不會出現</p>
</div>
```

　　在標籤script內新增以下JavaScript程式碼，接著將標籤script放在標籤head內，在網頁載入時，自動取代js1的文字為「這些文字來自JavaScript」。

```
<script>
window.onload = function(){
```

```
        document.getElementById("js1").innerHTML = "這些文字來自JavaScript";
    }
</script>
```

以下範例除了自動取代文字外，另一個範例可以經由點選按鈕，顯示與隱藏文字，完整操作步驟如下。

STEP01 首先設定標籤div的CSS，設定寬度為400px，邊線寬度為1px、紅色與實線，margin為10px。

```
div {
    width:400px;
    border: 1px red solid;
    margin: 10px;
}
```

STEP02 新增區塊div，包含標籤p設定id為js1，標籤p文字為「這些文字不會出現」。

```
<div>
    <p id="js1">這些文字不會出現</p>
</div>
```

在標籤script內，新增windows.onload函式，接著將整個標籤script放置於標籤head內，函式功能為取代id為js1的文字為「這些文字來自JavaScript」。

```
<script>
window.onload = function(){
    document.getElementById("js1").innerHTML = "這些文字來自JavaScript";
}
</script>
```

網頁預覽結果如下：

```
┌─────────────────────────────────────────┐
│ 這些文字來自JavaScript                     │
│                                           │
└─────────────────────────────────────────┘
```

STEP03 新增區塊div，包含標籤p設定id為js2、「點選隱藏文字」與「點選顯示文字」按鈕，點選這兩個按鈕分別呼叫函式hide與show。

```
<div>
    <p id="js2">按下按鈕顯示隱藏此段文字</p>
    <button type="button" onclick=hide()>點選隱藏文字</button>
```

```
    <button type="button" onclick=show()>點選顯示文字</button>
</div>
```

在標籤script內定義函式hide與show，函式hide設定js2的屬性display為none，表示隱藏js2，函式show設定js2的屬性display為block，表示顯示js2。

```
<script>
function hide(){
    document.getElementById('js2').style.display='none';
}
function show(){
    document.getElementById('js2').style.display='block';
}
</script>
```

1. 網頁預覽結果如下，點選「點選隱藏文字」按鈕。

按下按鈕顯示隱藏此段文字

點選隱藏文字　點選顯示文字

2. 點選「點選隱藏文字」按鈕後，上方文字「按下按鈕隱藏此段文字」會消失不見，接著點選「點選顯示文字」按鈕。

點選隱藏文字　點選顯示文字

3. 點選「點選顯示文字」按鈕後，上方文字「按下按鈕隱藏此段文字」就又會出現。

按下按鈕顯示隱藏此段文字

點選隱藏文字　點選顯示文字

本單元完整網頁如下：

行號	網頁
1	`<!DOCTYPE html>`
2	`<html lang="zh-TW">`
3	`<head>`
4	`<title>ch12-1-2以標籤script在網頁中加入JavaScript</title>`

行號	網頁
5	`<meta charset="utf-8">`
6	`<style>`
7	`    div {`
8	`        width:400px;`
9	`        border: 1px red solid;`
10	`        margin: 10px;`
11	`    }`
12	`</style>`
13	`<script>`
14	`window.onload = function(){`
15	`    document.getElementById("js1").innerHTML = "這些文字來自JavaScript";`
16	`}`
17	`function hide(){`
18	`    document.getElementById('js2').style.display='none';`
19	`}`
20	`function show(){`
21	`    document.getElementById('js2').style.display='block';`
22	`}`
23	`</script>`
24	`</head>`
25	`<body>`
26	`<div>`
27	`    <p id="js1">這些文字不會出現</p>`
28	`</div>`
29	`<div>`
30	`    <p id="js2">按下按鈕顯示隱藏此段文字</p>`
31	`    <button type="button" onclick=hide()>點選隱藏文字</button>`
32	`    <button type="button" onclick=show()>點選顯示文字</button>`
33	`</div>`
34	`</body>`
35	`</html>`

12-1-3　以標籤script在網頁中加入外部的JavaScript檔

🔵 ch12\ch12-1-3.html

　　將JavaScript撰寫在外部的JavaScript檔案內，使用標籤script匯入到網頁，以下範例將檔案ex.js匯入網頁內。

```
<script src="ex.js"></script>
```

　　修改前一節的範例，將JavaScript放在外部的JavaScript檔案，經由點選按鈕顯示與隱藏文字。

STEP01 在此網頁的資料夾下,新增檔案ex.js,內容如下:定義函式hide與show,函式hide設定js1的屬性display為none,表示隱藏js1,函式show設定js1的屬性display為block,表示顯示js1。

```
function hide(){
    document.getElementById('js1').style.display='none';
}
function show(){
    document.getElementById('js1').style.display='block';
}
```

STEP02 在標籤head內使用標籤script匯入ex.js。

```
<script src="ex.js"></script>
```

STEP03 設定標籤div的CSS,設定寬度為400px,邊線寬度為1px、紅色與實線。

```
div {
    width:400px;
    border: 1px red solid;
}
```

STEP04 新增區塊div,包含標籤p設定id為js1、「點選隱藏文字」與「點選顯示文字」按鈕,點選這兩個按鈕分別呼叫函式hide與show,這兩個函式定義在外部JavaScript檔案ex.js內。

```
<div>
    <p id="js1">按下按鈕隱藏此段文字</p>
    <button type="button" onclick=hide()>點選隱藏文字</button>
    <button type="button" onclick=show()>點選顯示文字</button>
</div>
```

1. 網頁預覽結果如下,點選「點選隱藏文字」按鈕。

按下按鈕隱藏此段文字

點選隱藏文字　點選顯示文字

2. 點選「點選隱藏文字」按鈕後,上方文字「按下按鈕隱藏此段文字」會消失不見,接著點選「點選顯示文字」按鈕。

點選隱藏文字　點選顯示文字

3. 點選「點選顯示文字」按鈕後，上方文字「按下按鈕隱藏此段文字」就又會出現。

按下按鈕隱藏此段文字

點選隱藏文字　點選顯示文字

本單元完整網頁如下：

行號	網頁
1	`<!DOCTYPE html>`
2	`<html lang="zh-TW">`
3	`<head>`
4	`<title>ch12-1-3以標籤script在網頁中加入外部的JavaScript檔</title>`
5	`<meta charset="utf-8">`
6	`<style>`
7	`    div {`
8	`        width:50%;`
9	`        border: 1px red solid;`
10	`    }`
11	`</style>`
12	`<script src="ex.js"></script>`
13	`</head>`
14	`<body>`
15	`<div>`
16	`    <p id="js1">按下按鈕隱藏此段文字</p>`
17	`    <button type="button" onclick=hide()>點選隱藏文字</button>`
18	`    <button type="button" onclick=show()>點選顯示文字</button>`
19	`</div>`
20	`</body>`
21	`</html>`

12-2 ○ 變數

　　變數是程式存放資料的空間，佔有電腦的記憶體空間；程式在運算過程中，將資料進行處理與運算，就是對變數進行處理與運算，也就是對變數所對應的記憶體進行處理與運算。

　　還記得數學中的方程式，如x+y=12，x與y是未知數，跟本章要介紹的變數有相同的概念，代表某個資料；而電腦的變數還多了佔有記憶體空間。程式中命名變數的方式通常有固定的規則，如成績就用score表示，加總就用sum等，再對變數進行運算，例如sum=score1+score2，就是將score1加score2的結果儲存到sum。這樣的變數命名規則沒有強制性，只是讓後續維護程式的人更容易閱讀。

12-2-1　變數的命名規則

1. 變數的第一個字母一定只能是大小寫英文字母、底線（_）與錢字號（$），其後可以接大小寫英文字母、底線（_）、錢字號（$）與數字，但不能以數字開頭。JavaScript可以使用中文當變數名稱，若程式不需要分享給非中文的使用者，就可以使用中文變數。

正確	不正確	說明
SCORE_1	1_SCORE	無法使用數字開頭
SCORE_1	SCORE?1	包含「?」，「?」不是英文字母、底線、數字或錢字號（$）

2. 大小寫字母視爲不同變數，A與a視爲不同的變數。

3. 變數名稱可以利用多個有意義的單字組合而成，程式設計者較容易閱讀與了解。如表示數學成績的變數可以使用mathScore或MathScore來表示。變數的第一個單字可以大寫也可以小寫，其後的每個單字開頭字母以大寫字母表示，這樣的規定沒有強制性。

4. JavaScript的關鍵字無法命名爲變數名稱，如：if、else、switch、var、for、while、break與continue等。

12-2-2　變數的宣告與初始化

　　建議變數宣告後才使用，宣告表示告訴程式可以使用這個變數，宣告方式如下。

1. 宣告變數

格式：var 變數;

例如：var x;，宣告x爲變數。

2. 宣告變數並初始化

格式：var 變數=資料值;

例如：var x=100;，宣告x爲變數，並初始化爲100。

3. 宣告多個變數

格式：var 變數1,變數2,變數3;

例如：var x,y,z;，宣告x、y與z為變數。

例如：var x=1,y= "你好",z;，宣告x、y與z為變數，x初始化為1，y初始化為「你好」，z未進行初始化。

12-3 運算子

　　將數值或變數進行運算，需要使用運算子，運算子分成指定運算子、算數運算子、比較運算子與邏輯運算子等，以下就分別介紹並舉例說明。

12-3-1 指定運算子

　　用等號（=）表示，意思是等號右邊先運算，再將運算結果儲存到左邊的變數，如A=1+2，右邊的1+2先運算獲得3，將3再儲存到左邊的A。

➡ JavaScript的指定運算子範例

🔧 ch12\ch12-3-1.html

　　本範例會使用到指定運算子（=）、數字的加法運算（+）與字串串接運算（+），若加號的前後都是數字，則是數字相加；加號的前後有一個是字串，就會變成字串串接。

STEP01 新增四個區塊div，設定id為var1、var2、var3與var4。

```
<div id="var1"></div>
<div id="var2"></div>
<div id="var3"></div>
<div id="var4"></div>
```

STEP02 設定標籤div的CSS，設定寬度為400px，邊線寬度為1px、紅色與實線，margin為10px。

```
div {
    width:400px;
    border: 1px red solid;
    margin: 10px;
}
```

STEP03 新增以下JavaScript程式碼，宣告a、b與c為變數，a為1，b為2，c等於a加上b，c等於3，將3顯示在var1。

```
var a,b,c;
a=1,b=2;
c=a+b;
document.getElementById("var1").innerHTML = c;
```

網頁預覽結果如下：

```
3
```

STEP04 新增以下JavaScript程式碼，宣告hello與name為變數，hello為「你好」，name為「王小寶」，因為name與hello為字串，所以「+」就變成字串串接。

```
var hello="你好",name="王小寶";
document.getElementById("var2").innerHTML = name+hello;
```

網頁預覽結果如下：

```
王小寶你好
```

STEP05 新增以下JavaScript程式碼，宣告a為"3"+2+1，"3"為字串，所以「+」就變成字串串接，數字2與1也會轉換成字串。

```
var a="3"+2+1;
document.getElementById("var3").innerHTML = a;
```

網頁預覽結果如下：

```
321
```

STEP06 新增以下JavaScript程式碼，宣告a為1+2+"3"，1與2為數字，相加為3，"3"為字串，所以「+」就變成字串串接。

```
var a=1+2+"3";
document.getElementById("var4").innerHTML = a;
```

網頁預覽結果如下：

```
33
```

本單元完整網頁如下：

行號	網頁
1	`<!DOCTYPE html>`
2	`<html lang="zh-TW">`
3	`<head>`
4	`<title>ch12-3-1 JavaScript的指定運算子</title>`
5	`<meta charset="utf-8">`
6	`<style>`
7	`div {`
8	`    width:400px;`
9	`    border: 1px red solid;`
10	`    margin: 10px;`
11	`}`
12	`</style>`
13	`</head>`
14	`<body>`
15	`<div id="var1"></div>`
16	`<div id="var2"></div>`
17	`<div id="var3"></div>`
18	`<div id="var4"></div>`
19	`<script>`
20	`var a,b,c;`
21	`a=1,b=2;`
22	`c=a+b;`
23	`document.getElementById("var1").innerHTML = c;`
24	`var hello="你好",name="王小寶";`
25	`document.getElementById("var2").innerHTML = name+hello;`
26	`var a="3"+2+1;`
27	`document.getElementById("var3").innerHTML = a;`
28	`var a=1+2+"3";`
29	`document.getElementById("var4").innerHTML = a;`
30	`</script>`
31	`</body>`
32	`</html>`

12-3-2　算術運算子、遞增減運算子

　　算術運算子為數學的運算子，例如：A-B表示A減B，減（-）為算術運算子，可以結合指定運算子（=）將結果儲存到變數C，C=A-B。以下介紹算術運算子。

運算子	說明	舉例
+	加	A=5+2 結果：A=7
-	減	A=5-2 結果：A=3
*	乘	A=5*2 結果：A=10
/	除	A=5/2 結果：A=2.5。
%	相除後求餘數	A=5%2 結果：A=1

乘號在數學中可以不用加上，但在程式中，乘號不可以忽略。其他使用方式與數學相同，先乘除後加減，使用小括號括起來的部分優先計算。

以下提供程式中數學運算子範例。

運算式	結果
a=(2+3*2)*(4-1)	變數a的值為24，因為左邊括弧內3*2先運算，結果為6，再加上2得到8，右邊括弧內4-1，運算結果為3，最後8乘以3得24，獲得最後結果。

遞增減運算子分為遞增（++）與遞減（--），以下介紹遞增與遞減運算子。

運算子	說明	舉例
++	遞增	int A=5; A++; 結果：A=6
--	遞減	int A=5; A--; 結果：A=4

➡ JavaScript的算術運算子、遞增與遞減運算子範例

🔗 ch12\ch12-3-2.html

STEP01 新增七個區塊div，設定id為op1、op2、op3、op4、op5、op6與op7。

```
<div id="op1"></div>
<div id="op2"></div>
<div id="op3"></div>
<div id="op4"></div>
<div id="op5"></div>
<div id="op6"></div>
<div id="op7"></div>
```

STEP02　設定標籤div的CSS，設定寬度為200px，邊線寬度為1px、紅色與實線，margin為10px。

```css
div {
    width:200px;
    border: 1px red solid;
    margin: 10px;
}
```

STEP03　新增以下JavaScript程式碼，宣告a、b與c為變數，a為10，b為3，c等於a加上b，c等於13，將c顯示在op1。

```javascript
var a,b,c;
a=10,b=3;
c=a+b;
document.getElementById("op1").innerHTML = c;
```

　　　　網頁預覽結果如下：

```
13
```

STEP04　新增以下JavaScript程式碼，a為10，b為3，c等於a減去b，c等於7，將c顯示在op2。

```javascript
c=a-b;
document.getElementById("op2").innerHTML = c;
```

　　　　網頁預覽結果如下：

```
7
```

STEP05　新增以下JavaScript程式碼，a為10，b為3，c等於a乘以b，c等於30，將c顯示在op3。

```javascript
c=a*b;
document.getElementById("op3").innerHTML = c;
```

　　　　網頁預覽結果如下：

```
30
```

STEP06　新增以下JavaScript程式碼，a為10，b為3，c等於a除以b，c等於3.3333333333333335，將c顯示在op4。

```
c=a/b;
document.getElementById("op4").innerHTML = c;
```

網頁預覽結果如下：

```
3.3333333333333335
```

STEP07 新增以下JavaScript程式碼，a為10，b為3，c等於a除以b的餘數，c等於1，將c顯示在op5。

```
c=a%b;
document.getElementById("op5").innerHTML = c;
```

網頁預覽結果如下：

```
1
```

STEP08 新增以下JavaScript程式碼，a為10，a遞增1，a等於11，將a顯示在op6。

```
a++;
document.getElementById("op6").innerHTML = a;
```

網頁預覽結果如下：

```
11
```

STEP09 新增以下JavaScript程式碼，a為11，a遞減1，a等於10，將a顯示在op7。

```
a--;
document.getElementById("op7").innerHTML = a;
```

網頁預覽結果如下：

```
10
```

本單元完整網頁如下：

行號	網頁
1	`<!DOCTYPE html>`
2	`<html lang="zh-TW">`
3	`<head>`
4	`<title>ch12-3-2. JavaScript的算術運算子、遞增與遞減運算子</title>`
5	`<meta charset="utf-8">`
6	`<style>`
7	`div {`
8	`    width:400px;`
9	`    border: 1px red solid;`
10	`    margin: 10px;`
11	`}`
12	`</style>`
13	`</head>`
14	`<body>`
15	`<div id="op1"></div>`
16	`<div id="op2"></div>`
17	`<div id="op3"></div>`
18	`<div id="op4"></div>`
19	`<div id="op5"></div>`
20	`<div id="op6"></div>`
21	`<div id="op7"></div>`
22	`<script>`
23	`var a,b,c;`
24	`a=10,b=3;`
25	`c=a+b;`
26	`document.getElementById("op1").innerHTML = c;`
27	`c=a-b;`
28	`document.getElementById("op2").innerHTML = c;`
29	`c=a*b;`
30	`document.getElementById("op3").innerHTML = c;`
31	`c=a/b;`
32	`document.getElementById("op4").innerHTML = c;`
33	`c=a%b;`
34	`document.getElementById("op5").innerHTML = c;`
35	`a++;`
36	`document.getElementById("op6").innerHTML = a;`
37	`a--;`
38	`document.getElementById("op7").innerHTML = a;`
39	`</script>`
40	`</body>`
41	`</html>`

12-3-3　算數運算子縮寫

在JavaScript中，A=A+3是成立的，右邊的A+3先運算，結果儲存回左邊的A，會讓變數A增加3。A=A+3可以縮寫為A+=3，以下介紹算術運算子的縮寫。

運算子	說明	舉例
+	加	var A=10; A+=3; 結果：A=13
-	減	var A=10; A-=3; 結果：A=7
*	乘	var A=10; A*=3; 結果：A=30
/	除	var A=10; A/=3; 結果：A= 3.3333333333333335
%	相除後求餘數	var A=10; A%=3; 結果：A=1

➡ JavaScript的算數運算子縮寫範例

🔗 ch12\ch12-3-3.html

本範例練習將算數運算子進行縮寫，可以將A=A+3縮寫成A+=3，其他運算子也可以如此縮寫。

STEP01 新增五個區塊div，設定id為op1、op2、op3、op4與op5。

```
<div id="op1"></div>
<div id="op2"></div>
<div id="op3"></div>
<div id="op4"></div>
<div id="op5"></div>
```

STEP02 設定標籤div的CSS，設定寬度為200px，邊線寬度為1px、紅色與實線，margin為10px。

```
div {
    width:200px;
    border: 1px red solid;
    margin: 10px;
}
```

STEP03 新增以下JavaScript程式碼，宣告a為變數，a為10，執行a＋=3，將a顯示在op1。

```
var a;
a=10;
a+=3;
document.getElementById("op1").innerHTML = a;
```

網頁預覽結果如下：

```
13
```

STEP04 新增以下JavaScript程式碼，a為10，執行a-=3，將a顯示在op2。

```
a=10;
a-=3;
document.getElementById("op2").innerHTML = a;
```

網頁預覽結果如下：

```
7
```

STEP05 新增以下JavaScript程式碼，a為10，執行a*=3，將a顯示在op3。

```
a=10;
a*=3;
document.getElementById("op3").innerHTML = a;
```

網頁預覽結果如下：

```
30
```

STEP06 新增以下JavaScript程式碼，a為10，執行a/=3，將a顯示在op4。

```
a=10;
a/=3;
document.getElementById("op4").innerHTML = a;
```

網頁預覽結果如下：

```
3.3333333333333335
```

STEP07 新增以下JavaScript程式碼，a為10，執行a%=3，將a顯示在op5。

```
a=10;
a%=3;
document.getElementById("op5").innerHTML = a;
```

網頁預覽結果如下：

本單元完整網頁如下：

行號	網頁
1	`<!DOCTYPE html>`
2	`<html lang="zh-TW">`
3	`<head>`
4	`<title>ch12-3-3　JavaScript的算數運算子縮寫</title>`
5	`<meta charset="utf-8">`
6	`<style>`
7	`div {`
8	`    width:200px;`
9	`    border: 1px red solid;`
10	`    margin: 10px;`
11	`}`
12	`</style>`
13	`</head>`
14	`<body>`
15	`<div id="op1"></div>`
16	`<div id="op2"></div>`
17	`<div id="op3"></div>`
18	`<div id="op4"></div>`
19	`<div id="op5"></div>`
20	`<script>`
21	`var a;`
22	`a=10;`
23	`a+=3;`
24	`document.getElementById("op1").innerHTML = a;`
25	`a=10;`
26	`a-=3;`
27	`document.getElementById("op2").innerHTML = a;`
28	`a=10;`
29	`a*=3;`
30	`document.getElementById("op3").innerHTML = a;`
31	`a=10;`
32	`a/=3;`
33	`document.getElementById("op4").innerHTML = a;`
34	`a=10;`
35	`a%=3;`
36	`document.getElementById("op5").innerHTML = a;`
37	`</script>`
38	`</body>`
39	`</html>`

12-3-4　比較運算子

比較運算子用於比較兩數的大小關係，回傳true或false，如下表：

比較運算子	說明	舉例
<	判斷是否小於	A=(5<2) 結果：A=false false表示條件不成立，結果為假。
<=	判斷是否小於等於	A=(5<=2) 結果：A= false false表示條件不成立，結果為假。
>	判斷是否大於	A=(5>2) 結果：A=true true表示條件成立，結果為真。
>=	判斷是否大於等於	A=(5>=2) 結果：A= true true表示條件成立，結果為真。
!=	判斷是否不等於	A=(5!=2) 結果：A= true true表示條件成立，結果為真。
==	判斷是否等於，會進行型別轉換再比較	A=(2== "2") 結果：A= true true表示條件成立，結果為真。
===	判斷是否等於，不會進行型別轉換，型別與數值都正確，才會回傳true	A=(2=== "2") 結果：A= false false表示條件不成立，結果為假。
!==	判斷是否不等於，不會進行型別轉換，型別與數值都正確，才會回傳false，其他都回傳true	A=(2!== "2") 結果：A= true true表示條件成立，結果為真。

➡ JavaScript的比較運算子範例

🕐 ch12\ch12-3-4.html

本範例練習JavaScript的比較運算子。

STEP01 新增十個區塊div，設定id為op1、op2、op3、op4、op5、op6、op7、op8、op9與op10。

```
<div id="op1"></div>
<div id="op2"></div>
<div id="op3"></div>
<div id="op4"></div>
<div id="op5"></div>
<div id="op6"></div>
<div id="op7"></div>
<div id="op8"></div>
```

```
<div id="op9"></div>
<div id="op10"></div>
```

STEP02 設定標籤div的CSS，設定寬度為200px，邊線寬度為1px、紅色與實線，margin為10px。

```
div {
    width:200px;
    border: 1px red solid;
    margin: 10px;
}
```

STEP03 新增以下JavaScript程式碼，宣告a為變數，a等於10，b為變數，b等於3，在op1顯示「a>b的結果為」與「(a>b)」的結果。

```
var a=10,b=3;
document.getElementById("op1").innerHTML = "a>b的結果為"+(a>b);
```

網頁預覽結果如下：

> a>b的結果為true

STEP04 新增以下JavaScript程式碼，a等於10，b等於3，在op2顯示「a>=b的結果為」與「(a>=b)」的結果。

```
document.getElementById("op2").innerHTML = "a>=b的結果為"+(a>=b);
```

網頁預覽結果如下：

> a>=b的結果為true

STEP05 新增以下JavaScript程式碼，a等於10，b等於3，在op3顯示「a&lt b的結果為」與「(a<b)」的結果，網頁中「<」是特殊字元，無法正確顯示，以「&lt」表示「<」。

```
document.getElementById("op3").innerHTML = "a&ltb的結果為"+(a<b);
```

網頁預覽結果如下：

> a<b的結果為false

STEP06 新增以下JavaScript程式碼，a等於10，b等於3，在op4顯示「a<=b的結果為」與「(a<=b)」的結果。

```
a document.getElementById("op4").innerHTML = "a<=b的結果為"+(a<=b);
```

網頁預覽結果如下：

> a<=b的結果為false

STEP07 新增以下JavaScript程式碼，a等於10，b等於3，在op5顯示「a==b的結果為」與「(a==b)」的結果。

```
document.getElementById("op5").innerHTML = "a==b的結果為"+(a==b);
```

網頁預覽結果如下：

> a==b的結果為false

STEP08 新增以下JavaScript程式碼，a等於10，b等於3，在op6顯示「a===b的結果為」與「(a===b)」的結果。

```
document.getElementById("op6").innerHTML = "a===b的結果為"+(a===b);
```

網頁預覽結果如下：

> a===b的結果為false

STEP09 新增以下JavaScript程式碼，a等於10，b等於3，在op7顯示「a!=b的結果為」與「(a!=b)」的結果。

```
document.getElementById("op7").innerHTML = "a!=b的結果為"+(a!=b);
```

網頁預覽結果如下：

> a!=b的結果為true

STEP10 新增以下JavaScript程式碼，a等於10，b等於3，在op8顯示「a!==b的結果為」與「(a!==b)」的結果。

```
document.getElementById("op8").innerHTML = "a!==b的結果為"+(a!==b);
```

網頁預覽結果如下：

> a!==b的結果為true

STEP11　新增以下JavaScript程式碼，a等於字串的3，b等於數字的3，在op9顯示「a==b的結果為」與「(a==b)」的結果，因為「==」會進行型別轉換，所以視為相等，回傳true。

```
a="3",b=3;
document.getElementById("op9").innerHTML = "a==b的結果為"+(a==b);
```

網頁預覽結果如下：

a==b的結果為true

STEP12　新增以下JavaScript程式碼，a等於字串的3，b等於數字的3，在op10顯示「a===b的結果為」與「(a===b)」的結果，因為「===」不會進行型別轉換，型別不相同，直接回傳false。

```
document.getElementById("op10").innerHTML = "a===b的結果為"+(a===b);
```

網頁預覽結果如下：

a===b的結果為false

本單元完整網頁如下：

行號	網頁
1	`<!DOCTYPE html>`
2	`<html lang="zh-TW">`
3	`<head>`
4	`<title>ch12-3-4　JavaScript的比較運算子</title>`
5	`<meta charset="utf-8">`
6	`<style>`
7	`div {`
8	`    width:200px;`
9	`    border: 1px red solid;`
10	`    margin: 10px;`
11	`}`
12	`</style>`
13	`</head>`
14	`<body>`
15	`<div id="op1"></div>`
16	`<div id="op2"></div>`
17	`<div id="op3"></div>`
18	`<div id="op4"></div>`
19	`<div id="op5"></div>`

行號	網頁
20	`<div id="op6"></div>`
21	`<div id="op7"></div>`
22	`<div id="op8"></div>`
23	`<div id="op9"></div>`
24	`<div id="op10"></div>`
25	`<script>`
26	`var a=10,b=3;`
27	`document.getElementById("op1").innerHTML = "a>b的結果為"+(a>b);`
28	`document.getElementById("op2").innerHTML = "a>=b的結果為"+(a>=b);`
29	`document.getElementById("op3").innerHTML = "a&ltb的結果為"+(a<b);`
30	`document.getElementById("op4").innerHTML = "a<=b的結果為"+(a<=b);`
31	`document.getElementById("op5").innerHTML = "a==b的結果為"+(a==b);`
32	`document.getElementById("op6").innerHTML = "a===b的結果為"+(a===b);`
33	`document.getElementById("op7").innerHTML = "a!=b的結果為"+(a!=b);`
34	`document.getElementById("op8").innerHTML = "a!==b的結果為"+(a!==b);`
35	`a="3",b=3;`
36	`document.getElementById("op9").innerHTML = "a==b的結果為"+(a==b);`
37	`document.getElementById("op10").innerHTML = "a===b的結果為"+(a===b);`
38	`</script>`
39	`</body>`
40	`</html>`

12-3-5　邏輯運算子

邏輯運算子有三種：且（&&）、或（||）、非（!）。

➡ **X&&Y**：當X是True，Y也是True，結果為True；X與Y只要其中一個為False，結果為False。

X && Y	Y=True	Y=False
X=True	True	False
X=False	False	False

➡ **X||Y**：當X與Y其中一個為True，則結果為True；當X是False且Y也是False，則結果為False。

X || Y	Y=True	Y=False
X=True	True	True
X=False	True	False

➡ **! X**：若X為True，! X結果為False；若X為False，! X結果為True。

	! X
X＝True	False
X＝False	True

━━━ 充電時間 (II) ━━━

可以使用邏輯運算子（且&&、或||、非!）連結多個條件，若多個條件須同時為true，運算結果才為true，就使用&&運算子結合這些條件；若只要其中之一條件為true，運算結果就為true，就使用||運算子結合這些條件；若要取相反的結果，就使用!運算子置於該條件前面，邏輯運算子結合多個條件運算舉例如下。

舉例	X值	結果	說明
((X＞60) && (X＜80))	70	true	條件（70＞60）為true，而條件（70＜80）為true，經由&&（且）運算結果為true。
((X＞60) && (X＜80))	60	false	條件（60＞60）為false，只要有一個條件false，經由&&（且）運算結果就為false。
((X＞60) || (X＜80))	60	true	條件（60＜80）為true，只要有一個條件為true就為true，經由||（或）運算結果就為true。
!(X＞60)	60	true	條件（60＞60）為false，取!（非）運算，結果變成true。

➡ JavaScript的邏輯運算子範例

🔘 ch12\ch12-3-5.html

　　本範例練習JavaScript的邏輯運算子。

STEP01 新增三個區塊div設定id為op1、op2與op3。

```
<div id="op1"></div>
<div id="op2"></div>
<div id="op3"></div>
```

STEP02 設定標籤div的CSS，設定寬度為250px，邊線寬度為1px、紅色與實線，margin為10px。

```
div {
    width:250px;
    border: 1px red solid;
    margin: 10px;
}
```

STEP03 新增以下JavaScript程式碼，宣告a為變數，a等於85，在op1顯示「(a>=60)&&(a<=80)的結果為」與「((a>=60)&&(a<=80))」的結果。

```
var a=85;
document.getElementById("op1").innerHTML = "(a>=60)&&(a<=80)的結果為"
+((a>=60)&&(a<=80));
```

網頁預覽結果如下：

> (a>=60)&&(a<=80)的結果為false

STEP04 新增以下JavaScript程式碼，a等於85，在op2顯示「(a>=60)||(a<=80)的結果為」與「((a>=60)||(a<=80))」的結果。

```
document.getElementById("op2").innerHTML = "(a>=60)||(a<=80)的結果
為"+((a>=60)||(a<=80));
```

網頁預覽結果如下：

> (a>=60)||(a<=80)的結果為true

STEP05 新增以下JavaScript程式碼，a等於85，在op2顯示「!(a>=60)的結果為」與「!(a>=60)」的結果。

```
document.getElementById("op3").innerHTML = "!(a>=60)的結果為"+!(a>=60);
```

網頁預覽結果如下：

> !(a>=60)的結果為false

本單元完整網頁如下：

行號	網頁
1	`<!DOCTYPE html>`
2	`<html lang="zh-TW">`
3	`<head>`
4	`<title>ch12-3-5　JavaScript的邏輯運算子</title>`
5	`<meta charset="utf-8">`
6	`<style>`
7	`div {`
8	`    width:250px;`
9	`    border: 1px red solid;`
10	`    margin: 10px;`
11	`}`
12	`</style>`
13	`</head>`
14	`<body>`
15	`<div id="op1"></div>`
16	`<div id="op2"></div>`
17	`<div id="op3"></div>`
18	`<script>`
19	`var a=85;`
20	`document.getElementById("op1").innerHTML = "(a>=60)&&(a<=80)的結果為"+((a>=60)&&(a<=80));`
21	`document.getElementById("op2").innerHTML = "(a>=60)||(a<=80)的結果為"+((a>=60)||(a<=80));`
22	`document.getElementById("op3").innerHTML = "!(a>=60)的結果為"+!(a>=60);`
23	`</script>`
24	`</body>`
25	`</html>`

12-3-6　位元運算子

任何電腦中的數字都會轉成二進位儲存在電腦，例如：數字13轉成二進位為00001101。位元運算會對數值轉換成二進位值的每個0與1進行運算，JavaScript的位元運算提供以下運算子。

運算子	說明	範例	運算結果(二進位顯示)
&	且（and）運算	$(101)_2 \& (110)_2$	$(100)_2$
|	或（or）運算	$(101)_2 \| (110)_2$	$(111)_2$
~	1的補數運算，1變0，0變1	$\sim(101)_2$	$(11111010)_2$

運算子	說明	範例	運算結果(二進位顯示)
^	互斥或（exclusive-or）運算	$(101)_2 \, ^\wedge \, (110)_2$	$(011)_2$
<<	左移運算，「<< 1」表示左移一個位元，相當於乘以2；「<< 2」表示左移兩個位元，相當於乘以4，以此類推。	$(101)_2 << 1$	$(1010)_2$
>>	右移運算「>> 1」表示右移一個位元，相當於除以2；「>> 2」表示右移兩個位元，相當於除以4，以此類推。	$(101)_2 >> 1$	$(10)_2$

➡ JavaScript的位元運算子範例

🔍 ch12\ch12-3-6.html

本範例練習JavaScript的位元運算子。

STEP01 新增六個區塊div，設定id為op1、op2、op3、op4、op5與op6。

```
<div id="op1"></div>
<div id="op2"></div>
<div id="op3"></div>
<div id="op4"></div>
<div id="op5"></div>
<div id="op6"></div>
```

STEP02 設定標籤div的CSS，設定寬度為200px，邊線寬度為1px、紅色與實線，margin為10px。

```
div {
    width:200px;
    border: 1px red solid;
    margin: 10px;
}
```

STEP03 新增以下JavaScript程式碼，宣告a為變數，a等於5，宣告b為變數，b等於6，在op1顯示「a&b的結果為」與「(a&b)」的結果。

```
var a=5,b=6;
document.getElementById("op1").innerHTML = "a&b的結果為"+(a&b);
```

網頁預覽結果如下：

a&b的結果為4

STEP04 新增以下JavaScript程式碼，a等於5，b等於6，在op2顯示「a|b的結果為」與「(a|b)」的結果。

```
document.getElementById("op2").innerHTML = "a|b的結果為"+(a|b);
```

網頁預覽結果如下：

a|b的結果為7

STEP05 新增以下JavaScript程式碼，a等於5，在op3顯示「~a的結果為」與「(~a)」的結果。

```
document.getElementById("op3").innerHTML = "~a的結果為"+(~a);
```

網頁預覽結果如下：

~a的結果為-6

STEP06 新增以下JavaScript程式碼，a等於5，b等於6，在op4顯示「a＾b的結果為」與「(a＾b)」的結果。

```
document.getElementById("op4").innerHTML = "a^b的結果為"+(a^b);
```

網頁預覽結果如下：

a^b的結果為3

STEP07 新增以下JavaScript程式碼，a等於5，在op5顯示「a<<1的結果為」與「(a<<1)」的結果。

```
document.getElementById("op5").innerHTML = "a<<1的結果為"+(a<<1);
```

網頁預覽結果如下：

a<<1的結果為10

STEP08 新增以下JavaScript程式碼，a等於5，在op6顯示「a>>1的結果為」與「(a>>1)」的結果。

```
document.getElementById("op6").innerHTML = "a>>1的結果為"+(a>>1);
```

網頁預覽結果如下：

a>>1的結果為2

本單元完整網頁如下：

行號	網頁
1	`<!DOCTYPE html>`
2	`<html lang="zh-TW">`
3	`<head>`
4	`<title>ch12-3-6　JavaScript的位元運算子</title>`
5	`<meta charset="utf-8">`
6	`<style>`
7	`div {`
8	`    width:200px;`
9	`    border: 1px red solid;`
10	`    margin: 10px;`
11	`}`
12	`</style>`
13	`</head>`
14	`<body>`
15	`<div id="op1"></div>`
16	`<div id="op2"></div>`
17	`<div id="op3"></div>`
18	`<div id="op4"></div>`
19	`<div id="op5"></div>`
20	`<div id="op6"></div>`
21	`<script>`
22	`var a=5,b=6;`
23	`document.getElementById("op1").innerHTML = "a&b的結果為"+(a&b);`
24	`document.getElementById("op2").innerHTML = "a|b的結果為"+(a|b);`
25	`document.getElementById("op3").innerHTML = "~a的結果為"+(~a);`
26	`document.getElementById("op4").innerHTML = "a^b的結果為"+(a^b);`
27	`document.getElementById("op5").innerHTML = "a<<1的結果為"+(a<<1);`
28	`document.getElementById("op6").innerHTML = "a>>1的結果為"+(a>>1);`
29	`</script>`
30	`</body>`
31	`</html>`

12-3-7 JavaScript的typeof運算子

使用typeof運算子可以判斷變數的資料型別,例如:typeof(10)會回傳number,利用typeof運算子可以了解變數的資料型別。

➡ JavaScript的typeof運算子範例

🔘 ch12\ch12-3-7.html

本範例練習JavaScript的typeof運算子。

STEP01 新增六個區塊div,設定id為op1、op2、op3、op4、op5與op6。

```html
<div id="op1"></div>
<div id="op2"></div>
<div id="op3"></div>
<div id="op4"></div>
<div id="op5"></div>
<div id="op6"></div>
```

STEP02 設定標籤div的CSS,設定寬度為250px,邊線寬度為1px、紅色與實線,margin為10px。

```css
div {
    width:250px;
    border: 1px red solid;
    margin: 10px;
}
```

STEP03 新增以下JavaScript程式碼,在op1顯示「typeof(85)的結果為」與「typeof(85)」的結果。

```javascript
document.getElementById("op1").innerHTML = "typeof(85)的結果為"
+typeof(85);
```

網頁預覽結果如下:

```
typeof(85)的結果為number
```

STEP04 新增以下JavaScript程式碼,在op2顯示「typeof('hello')的結果為」與「typeof('hello')」的結果。

```javascript
document.getElementById("op2").innerHTML = "typeof('hello')的結果為"
+typeof('hello');
```

網頁預覽結果如下：

> typeof('hello')的結果為string

STEP05 新增以下JavaScript程式碼，在op3顯示「typeof(true)的結果為」與「typeof(true)」的結果。

```
document.getElementById("op3").innerHTML = "typeof(true)的結果為"
+typeof(true);
```

網頁預覽結果如下：

> typeof(true)的結果為boolean

STEP06 新增以下JavaScript程式碼，在op4顯示「typeof(document)的結果為」與「typeof(document)」的結果。

```
document.getElementById("op4").innerHTML = "typeof(document)的結果為"
+typeof(document);
```

網頁預覽結果如下：

> typeof(document)的結果為object

STEP07 新增以下JavaScript程式碼，在op5顯示「typeof(Date)的結果為"」與「typeof(Date)」的結果。

```
document.getElementById("op5").innerHTML = "typeof(Date)的結果為"
+typeof(Date);
```

網頁預覽結果如下：

> typeof(Date)的結果為function

STEP08 新增以下JavaScript程式碼，a尚未定義，在op6顯示「typeof(a)的結果為」與「typeof(a)」的結果。

```
document.getElementById("op6").innerHTML = "typeof(a)的結果為"+typeof(a);
```

網頁預覽結果如下：

> typeof(a)的結果為undefined

本單元完整網頁如下：

行號	網頁
1	`<!DOCTYPE html>`
2	`<html lang="zh-TW">`
3	`<head>`
4	`<title>ch12-3-7　JavaScript的typeof運算子</title>`
5	`<meta charset="utf-8">`
6	`<style>`
7	`div {`
8	`    width:250px;`
9	`    border: 1px red solid;`
10	`    margin: 10px;`
11	`}`
12	`</style>`
13	`</head>`
14	`<body>`
15	`<div id="op1"></div>`
16	`<div id="op2"></div>`
17	`<div id="op3"></div>`
18	`<div id="op4"></div>`
19	`<div id="op5"></div>`
20	`<div id="op6"></div>`
21	`<script>`
22	`document.getElementById("op1").innerHTML = "typeof(85)的結果為"+typeof(85);`
23	`document.getElementById("op2").innerHTML = "typeof('hello)的結果為"+typeof('hello');`
24	`document.getElementById("op3").innerHTML = "typeof(true)的結果為"+typeof(true);`
25	`document.getElementById("op4").innerHTML = "typeof(document)的結果為"+typeof(document);`
26	`document.getElementById("op5").innerHTML = "typeof(Date)的結果為"+typeof(Date);`
27	`document.getElementById("op6").innerHTML = "typeof(a)的結果為"+typeof(a);`
28	`</script>`
29	`</body>`
30	`</html>`

12-3-8　運算子優先權次序

F=2+3*5-14/7是一個數學計算公式，裡頭有加、減、乘、除四種運算子，乘除先運算或加減先運算會有不同的結果；而運算子的運算先後順序是有其規則的，這些規則定義在程式語言裡，以下是JavaScript運算了的優先權規定。

優先權	運算子	說明
高	( )	括號
	++、--	字尾遞增、字尾遞減
	! - typeof	非：邏輯運算子的非（NOT） 取負號：正數變負數，負數變正數 回傳資料的型別
	*、/、%	乘法、除法、求餘數
	+、-	加法、減法
	<<、>>	位元運算左移、位元運算右移
	< <= > >=	判斷是否小於 判斷是否小於等於 判斷是否大於 判斷是否大於等於
	== === != !==	判斷是否相等 判斷是否相等（不進行型別轉換） 判斷是否不相等 判斷是否不相等（不進行型別轉換）
	&&	邏輯運算子的且（AND）
低	||	邏輯運算子的或（OR）

範例一	乘除先運算	加減再運算
F=2+2*5-18/6	F=2+10-3	F=9

範例二	括號先運算	求餘數再運算
F=(2+7)%4	F=9%4	F=1

➡ JavaScript的運算子優先權範例

🔵 ch12\ch12-3-8.html

　　本範例練習JavaScript的運算子優先權範例。

STEP01 新增兩個區塊div，設定id為op1與op2。

```
<div id="op1"></div>
<div id="op2"></div>
```

STEP02 設定標籤div的CSS，設定寬度為200px，邊線寬度為1px、紅色與實線，margin為10px。

```css
div {
    width:200px;
    border: 1px red solid;
    margin: 10px;
}
```

STEP03 新增以下JavaScript程式碼，在op1顯示「(2+2*5-18/6)的結果為」與「(2+2*5-18/6)」的結果。

```javascript
document.getElementById("op1").innerHTML = "(2+2*5-18/6)的結果為"+(2+2*5-18/6);
```

網頁預覽結果如下：

(2+2*5-18/6)的結果為9

STEP04 新增以下JavaScript程式碼，在op2顯示「(2+7)%4的結果為」與「((2+7)%4)」的結果。

```javascript
document.getElementById("op2").innerHTML = "(2+7)%4的結果為"+((2+7)%4);
```

網頁預覽結果如下：

(2+7)%4的結果為1

本單元完整網頁如下：

行號	網頁
1	`<!DOCTYPE html>`
2	`<html lang="zh-TW">`
3	`<head>`
4	`<title>ch12-3-8　JavaScript的運算子優先權</title>`
5	`<meta charset="utf-8">`
6	`<style>`
7	`div {`
8	`    width:200px;`
9	`    border: 1px red solid;`
10	`    margin: 10px;`
11	`}`
12	`</style>`

行號	網頁
12	`</head>`
13	`<body>`
14	`<div id="op1"></div>`
15	`<div id="op2"></div>`
16	`<script>`
17	`document.getElementById("op1").innerHTML = "(2+2*5-18/6)的結果為"+(2+2*5-18/6);`
18	`document.getElementById("op2").innerHTML = "(2+7)%4的結果為"+((2+7)%4);`
19	`</script>`
20	`</body>`
21	`</html>`

自・我・評・量

1. 請說明使用行內（inline）、標籤script與外部的JavaScript檔案等三種方式加入JavaScript的步驟？

2. 請說明變數的意義與命名規則？

3. 請實作算術、遞增與遞減運算子。

4. 請說明算術運算子縮寫的使用時機，並實作算術運算子縮寫的程式。

5. 請比較運算子「==」與「===」的差異？

6. 請實作比較運算子。

7. 請實作邏輯運算子。

8. 請實作位元運算子。

9. 請說明typeof運算子的用途。

10. 請說明運算子優先權的意義。

HTML5
CSS3
JavaScript

13

JavaScript
條件判斷與迴圈

13-1 JavaScript條件判斷

程式的三個主要結構為循序結構、選擇結構與重複結構。

- 循序結構：為程式有從開始逐行執行的特性，第一行執行完畢後執行第二行，第二行執行完畢後執行第三行，直到程式執行結束。

- 選擇結構：為若條件測試的結果為真，則做條件測試為真的動作，否則執行條件測試為假的動作。例如：若成績大於等於60分，則輸出及格，否則輸出不及格。

- 重複結構：讓電腦重複執行某個區塊的程式多次，電腦適合做重複的工作，例如：求1+2+3+…+1000。使用重複結構可在很短時間內重複執行加總程式，直到求出結果。

善用這三種結構可以寫出解決複雜問題的程式。

日常生活中也有許多選擇結構的對話，「若明天天氣很好的話，我們就去動物園，否則就待在家裡。」程式語言提供選擇結構的程式結構，讓使用者可以於程式中使用，邏輯上的語意為「若測試條件成立，則執行條件成立的動作，否則執行條件不成立的動作」。許多問題的解決過程，都會遇到選擇結構，如登入系統時需要驗證帳號和密碼，正確則可登入系統，否則跳到登入畫面，重新輸入帳號與密碼。選擇結構分成單向選擇結構、雙向選擇結構與多向選擇結構，以下分別說明。

13-1-1 單向與雙向選擇結構

📄 ch13\ch13-1-1.html

單向選擇結構是最簡單的選擇結構，日常生活上經常用到。例如：「若週末天氣好的話，我們就去動物園」。單向選擇結構只做測試條件為真時，執行對應的動作，只有一個方向的選擇，因此稱作單向選擇結構。

單向選擇程式語法	程式範例
```if (條件判斷) { 條件成立的敘述 }```	```if (score >= 60) { result= "及格"; }```
說明	
若變數score大於等於60，則result為「及格」。	

　　雙向選擇結構比起單向選擇結構更複雜一些，日常生活上屬於雙向選擇的對話，例如：「若週末天氣好的話，我們就出去參觀動物園，否則去看電影」。雙向選擇結構為當測試條件為真時，執行測試條件為真的動作，否則做測試條件為假的動作，有兩個方向的選擇，因此稱作雙向選擇結構。

雙向選擇程式語法	程式範例

```if (條件判斷) {```
 ```   條件成立的敘述```
 ```}else{```
 ```   條件不成立的敘述```
 ```}```
	```if ((a%2)==1){```
	 ``` result="奇數";```
	 ```} else {```
	 ``` result="偶數";```
	 ```}```

說明	
若a除以2的餘數等於1，則result為「奇數」，否則result為「偶數」。	

　　雙向選擇的另一種寫法，如下：

雙向選擇程式語法	程式範例
```result=((條件判斷) ?條件成立的敘述:條件不成立的敘述)```	```result=(((a%2)==1)?'奇數':'偶數')```
說明	
若a除以2的餘數等於1，則result為「奇數」，否則result為「偶數」。	

　　單向與雙向選擇結構程式範例，操作步驟如下。

STEP01 新增三個區塊div，設定id為if1、if2與if3。

```
<div id="if1"></div>
<div id="if2"></div>
<div id="if3"></div>
```

STEP02 設定標籤div的CSS，設定寬度為200px，邊線寬度為1px、紅色與實線，margin為10px。

```
div {
    width:200px;
    border: 1px red solid;
    margin: 10px;
}
```

STEP03 新增以下JavaScript程式碼，宣告score、a、r1、r2與r3為變數，score 為60，a為13。使用單向選擇結構，若score大於等於60，設定r1為「及 格」，最後顯示r1到if1區塊。

```
var score=60,a=13,r1,r2,r3;
if (score>=60){
    r1="及格";
}
document.getElementById("if1").innerHTML = r1;
```

網頁預覽結果如下：

> 及格

STEP04 使用雙向選擇結構，若a除以2的餘數等於1，則設定r2為「奇數」，否則 設定r2為「偶數」，最後顯示r2到if2區塊。

```
if ((a%2)==1){
    r2="奇數";
} else {
    r2="偶數";
}
document.getElementById("if2").innerHTML = r2;
```

網頁預覽結果如下：

> 奇數

STEP05 使用雙向選擇結構，若a除以2的餘數等於1，則設定r3為「奇數」，否則 設定r3為「偶數」，最後顯示r3到if3區塊。

```
r3=(((a%2)==1)?'奇數':'偶數');
document.getElementById("if3").innerHTML = r3;
```

網頁預覽結果如下：

> 奇數

本單元完整網頁如下：

行號	網頁
1	`<!DOCTYPE html>`
2	`<html lang="zh-TW">`

行號	網頁
3	`<head>`
4	`<title>ch13-1-1 單向選擇與雙向選擇</title>`
5	`<meta charset="utf-8">`
6	`<style>`
7	`div {`
8	`    width:200px;`
9	`    border: 1px red solid;`
10	`    margin: 10px;`
11	`}`
12	`</style>`
13	`</head>`
14	`<body>`
15	`<div id="if1"></div>`
16	`<div id="if2"></div>`
17	`<div id="if3"></div>`
18	`<script>`
19	`var score=60,a=13,r1,r2,r3;`
20	`if (score>=60){`
21	`    r1="及格";`
22	`}`
23	`document.getElementById("if1").innerHTML = r1;`
24	`if ((a%2)==1){`
25	`    r2="奇數";`
26	`} else {`
27	`    r2="偶數";`
28	`}`
29	`document.getElementById("if2").innerHTML = r2;`
30	`r3=(((a%2)==1)?'奇數':'偶數');`
31	`document.getElementById("if3").innerHTML = r3;`
32	`</script>`
33	`</body>`
34	`</html>`

13-1-2　多向選擇結構

ch13\ch13-1-2.html

　　除了單向選擇與雙向選擇外,更廣義的選擇結構是多向選擇,意即選擇結構中還可以加入選擇結構。單向選擇與雙向選擇為多向選擇結構的特例,多向選擇結構讓程式有無限多可能執行的路徑與狀態。

➡ 多向選擇結構——使用多個if-else

　　我們可以使用多個if-else來達成多向選擇結構,以下以成績與評語對應關係為例,介紹多向選擇結構。例如:假設成績與評語有對應關係,若成績大於等於80

分，評語爲「非常好」；否則若成績大於等於60分，也就是小於80分且大於等於60分，評語爲「不錯喔」；否則評語爲「要加油」，也就是小於60分，這就是多向選擇結構。

多向選擇結構可以使用多個if-else串接起來，以下說明if-else的多向選擇語法。

多向選擇程式語法	程式範例（分數與評語）

<pre>if (條件判斷1) {
    條件判斷1成立的敘述
}else if (條件判斷2) {
    條件判斷2成立的敘述
}else {
    條件判斷2不成立的敘述
}</pre>
	<pre>if (score >= 80) {
	    result= "非常好";
	}else if (score >= 60) {
	    result= "不錯喔";
	}else {
	    result= "要加油";
	}</pre>

多向選擇結構除了使用if then else格式表達外，還可以使用switch case格式表示。switch case格式是針對某個變數測試，該變數若爲狀態1，則執行狀態1成立的動作；該變數若爲狀態2，則執行狀態2成立的動作，以此類推。

多向選擇程式語法	程式範例

<pre>switch (測試變數){
    case 狀況1:
        狀況1的動作
break;
    case 狀況2:
        狀況2的動作
break;
    case 狀況3:
        狀況3的動作
break;
    default:
        狀況1、2與3皆不符合的動作
}
註：switch中，測試變數需爲整數。</pre>
	<pre>switch(new Date().getDay()){
	    case 0:
	        r2="星期天";
	        break;
	    case 1:
	        r2="星期一";
	        break;
	    case 2:
	        r2="星期二";
	        break;
	    case 3:
	        r2="星期三";
	        break;
	    case 4:
	        r2="星期四";
	        break;
	    case 5:
	        r2="星期五";
	        break;
	    case 6:
	        r2="星期六";
	        break;
	}</pre>
	註：getDay函式回傳今天星期幾所對應的數字，0表示星期天、1表示星期一、2表示星期二、3表示星期三、4表示星期四、5表示星期五、6表示星期六。

多向選擇結構程式範例，操作步驟如下。

STEP01 新增兩個區塊div，設定id為if1與if2。

```
<div id="if1"></div>
<div id="if2"></div>
```

STEP02 設定標籤div的CSS，設定寬度為200px，邊線寬度為1px、紅色與實線，margin為10px。

```
div {
    width:200px;
    border: 1px red solid;
    margin: 10px;
}
```

STEP03 新增以下JavaScript程式碼，宣告score、r1與r2為變數，score為85。使用多向選擇結構，若score大於等於80，設定r1為「非常好」；否則若score大於等於60，設定r1為「不錯喔」；否則設定r1為「要加油」，最後顯示r1到if1區塊。

```
var score=85,r1,r2;
if  (score >= 80)  {
    r1= "非常好";
}else if (score >= 60) {
    r1= "不錯喔";
}else {
    r1= "要加油";
}
document.getElementById("if1").innerHTML = r1;
```

網頁預覽結果如下：

非常好

STEP04 使用系統Date物件的getDay函式會回傳今天星期幾的數字，0表示星期天、1表示星期一、2表示星期二、3表示星期三、4表示星期四、5表示星期五、6表示星期六。

使用多向選擇結構switch，若getDay函式等於0，則設定r2為「星期天」；若getDay函式等於1，則設定r2為「星期一」；若getDay函式等於2，則設定r2為「星期二」；若getDay函式等於3，則設定r2為「星期三」；若getDay函式等於4，則設定r2為「星期四」；若getDay函式等於5，則設定r2為「星期五」；若getDay函式等於6，則設定r2為「星期六」，最後顯示r2到if2區塊。

```
switch(new Date().getDay()){
    case 0:
        r2="星期天";
        break;
    case 1:
        r2="星期一";
        break;
    case 2:
        r2="星期二";
        break;
    case 3:
        r2="星期三";
        break;
    case 4:
        r2="星期四";
        break;
    case 5:
        r2="星期五";
        break;
    case 6:
        r2="星期六";
        break;
}
document.getElementById("if2").innerHTML = r2;
```

網頁預覽結果如下：

> 星期六

本單元完整網頁如下：

行號	網頁
1	`<!DOCTYPE html>`
2	`<html lang="zh-TW">`
3	`<head>`
4	`<title>ch13-1-2 多項選擇</title>`
5	`<meta charset="utf-8">`
6	`<style>`
7	`div {`
8	`    width:200px;`
9	`    border: 1px red solid;`
10	`    margin: 10px;`
11	`}`
12	`</style>`
13	`</head>`
14	`<body>`
15	`<div id="if1"></div>`
16	`<div id="if2"></div>`

行號	網頁
17	`<script>`
18	`var score=85,r1,r2;`
19	`if  (score >= 80)  {`
20	`    r1= "非常好";`
21	`}else if (score >= 60) {`
22	`    r1= "不錯喔";`
23	`}else {`
24	`    r1= "要加油";`
25	`}`
26	`document.getElementById("if1").innerHTML = r1;`
27	`switch(new Date().getDay()){`
28	`    case 0:`
29	`        r2="星期天";`
30	`        break;`
31	`    case 1:`
32	`        r2="星期一";`
33	`        break;`
34	`    case 2:`
35	`        r2="星期二";`
36	`        break;`
37	`    case 3:`
38	`        r2="星期三";`
39	`        break;`
40	`    case 4:`
41	`        r2="星期四";`
42	`        break;`
43	`    case 5:`
44	`        r2="星期五";`
45	`        break;`
46	`    case 6:`
47	`        r2="星期六";`
48	`        break;`
49	`}`
50	`document.getElementById("if2").innerHTML = r2;`
51	`</script>`
52	`</body>`
53	`</html>`

13-2　迴圈

電腦每秒鐘可執行幾億次的指令，擁有強大的計算能力，程式中迴圈結構可以重複執行某個程式區塊許多次，如此才能善用電腦的計算能力。迴圈結構利用指定迴圈變數的初始條件、迴圈變數的終止條件與迴圈變數的增減值來控制迴圈執行次數。許多問題的解決都涉及迴圈結構的使用，例如：加總、排序、找最大值等，善用迴圈結構才能有效利用電腦的運算能力與簡化程式碼。

JavaScript語言中，迴圈結構有for與while兩種。若以條件測試的先後區分，可分成前測試迴圈與後測試迴圈。迴圈當中可以包含迴圈，稱作巢狀迴圈。另外，迴圈當中可以設定跳出迴圈（使用break）；以及跳過正在執行的迴圈執行迴圈的下一輪（使用continue），以下我們就詳細介紹這些結構。

13-2-1　迴圈結構──使用for

🔘 ch13\ch13-2-1.html

for迴圈結構通常用於已知重複次數的程式，迴圈結構中指定迴圈變數的初始值、終止值與遞增（減）值，迴圈變數將由初始值變化到終止值，每次依照遞增（減）的值進行數值增加或減少。

for程式語法	程式範例（印出數字1到9）

`for(int 迴圈變數 = 起始值; 終止值; 遞增(減)值){`
　　`重複的程式`
`}`
	`for (i=1; i<10; i++) {`
	　　`r1=r1+i+" ";`
	`}`

說明	
for迴圈內迴圈變數由起始值變化到終止值，每重複執行程式一次，迴圈變數就會遞增（減）值，重複執行迴圈內程式，直到超過終止值後停止執行。	

使用迴圈加總1到9，加總使用sum=sum+i，原理如下表，在JavaScript語言中，等號右邊（sum+i）的算式會先計算，結果回存到等號左邊（sum）。

	i值	sum加總過程	sum加總後
	i=1	sum=0 + 1	sum=1
	i=2	sum=1 + 2	sum=3
	i=3	sum=3 + 3	sum=6

`var sum=0,i;`
`for (i=1; i<10; i++) {`
`    sum=sum+i;`
`}`
	i=4	sum=6 + 4	sum=10

	i=5	sum=10 + 5	sum=15
	i=6	sum=15 + 6	sum=21
	i=7	sum=21 + 7	sum=28
	i=8	sum=28 + 8	sum=36
	i=9	sum=36 + 9	sum=45

迴圈結構程式範例，操作步驟如下：

STEP01 新增兩個區塊div，設定id為loop1與loop2。

```
<div id="loop1"></div>
<div id="loop2"></div>
```

STEP02 設定標籤div的CSS，設定寬度為200px，邊線寬度為1px、紅色與實線，margin為10px。

```
div {
    width:200px;
    border: 1px red solid;
    margin: 10px;
}
```

STEP03 新增以下JavaScript程式碼，宣告i與r1為變數，r1為空字串。使用for迴圈，迴圈變數i由1到9，每次遞增1，將變數i與一個空白鍵串接到r1，最後顯示r1到loop1區塊。

```
var i,r1="";
for (i=1; i<10; i++) {
    r1=r1+i+" ";
}
document.getElementById("loop1").innerHTML = r1;
```

網頁預覽結果如下：

```
1 2 3 4 5 6 7 8 9
```

STEP04 新增以下JavaScript程式碼，宣告sum、i與r2為變數，sum為0，r2為
空字串。使用for迴圈，迴圈變數i由1到9，每次遞增1，將變數i累加到
sum，迴圈結束後，設定r2為sum，最後顯示r2到loop2區塊。

```javascript
var sum=0,i,r2="";
for (i=1; i<10; i++) {
    sum=sum+i;
}
r2=sum;
document.getElementById("loop2").innerHTML = r2;
```

網頁預覽結果如下：

```
45
```

本單元完整網頁如下：

行號	網頁
1	`<!DOCTYPE html>`
2	`<html lang="zh-TW">`
3	`<head>`
4	`<title>ch13-2-1 for迴圈</title>`
5	`<meta charset="utf-8">`
6	`<style>`
7	`div {`
8	`    width:200px;`
9	`    border: 1px red solid;`
10	`    margin: 10px;`
11	`}`
12	`</style>`
13	`</head>`
14	`<body>`
15	`<div id="loop1"></div>`
16	`<div id="loop2"></div>`
17	`<script>`
18	`var i,r1="";`
19	`for (i=1; i<10; i++) {`
20	`    r1=r1+i+" ";`
21	`}`

行號	網頁
22	`document.getElementById("loop1").innerHTML = r1;`
23	`var sum=0,i,r2="";`
24	`for (i=1; i<10; i++) {`
25	`    sum=sum+i;`
26	`}`
27	`r2=sum;`
28	`document.getElementById("loop2").innerHTML = r2;`
29	`</script>`
30	`</body>`
31	`</html>`

13-2-2 巢狀迴圈結構

🔵 ch13\ch13-2-2.html

　　巢狀迴圈並不是新的程式結構，只是迴圈範圍又有迴圈。巢狀迴圈可以有好幾層，巢狀迴圈與單層迴圈運作原理相同；從外層迴圈來看，內層迴圈只是外層迴圈內的動作，因此外層迴圈作用一次，內層迴圈運作到執行完畢。

　　以列印九九乘法表為例，當外層迴圈作用一次，內層迴圈要執行九次；當外層迴圈作用九次，內層迴圈總共執行八十一次。

　　巢狀迴圈印出九九乘法表原理，如下表。外層迴圈包含內層迴圈，外層迴圈執行一次，內層迴圈要執行完畢。九九乘法表外層迴圈執行九次，內層迴圈執行八十一次。

程式碼	i值	j值	輸出結果
`var i,j,r1="";` `for(i=1;i<10;i++){` `    for(j=1;j<10;j++){` `        r1+=i+"*"+j+"="+i*j+" ";` `    }` `    r1+=" ";` `}`	i=1	j=1,2,3,4,5,6,7,8,9	1*1=1 1*2=2 1*3=3 1*4=4 1*5=5 1*6=6 1*7=7 1*8=8 1*9=9
	i=2	j=1,2,3,4,5,6,7,8,9	2*1=2 2*2=4 2*3=6 2*4=8 2*5=10 2*6=12 2*7=14 2*8=16 2*9=18
	i=3	j=1,2,3,4,5,6,7,8,9	3*1=3 3*2=6 3*3=9 3*4=12 3*5=15 3*6=18 3*7=21 3*8=24 3*9=27
	...	...	...
	i=9	j=1,2,3,4,5,6,7,8,9	9*1=9 9*2=18 9*3=27 9*4=36 9*5=45 9*6=54 9*7=63 9*8=72 9*9=81

迴圈結構程式範例，操作步驟如下：

STEP01　新增一個區塊div，設定id為loop1。

```
<div id="loop1"></div>
```

STEP02　設定標籤div的CSS，寬度為500px，邊線寬度為1px、紅色與實線，margin為10px。

```
div {
    width:500px;
    border: 1px red solid;
    margin: 10px;
}
```

STEP03　新增以下JavaScript程式碼，宣告i、j與r1為變數，r1為空字串。使用巢狀for迴圈，外層迴圈變數i由1到9，每次遞增1；內層迴圈變數j由1到9，每次遞增1，將變數i串接「*」，串接變數j，串接「=」，串接變數i乘以變數j的結果，串接一個空白鍵，最後串接到r1。內層迴圈結束後串接一個標籤br（表示換行），最後顯示r1到loop1區塊。

```
var i,j,r1="";
for(i=1;i<10;i++){
    for(j=1;j<10;j++){
        r1+=i+"*"+j+"="+i*j+" ";
    }
    r1+="<br>";
}
document.getElementById("loop1").innerHTML = r1;
```

網頁預覽結果如下：

```
1*1=1 1*2=2 1*3=3 1*4=4 1*5=5 1*6=6 1*7=7 1*8=8 1*9=9
2*1=2 2*2=4 2*3=6 2*4=8 2*5=10 2*6=12 2*7=14 2*8=16 2*9=18
3*1=3 3*2=6 3*3=9 3*4=12 3*5=15 3*6=18 3*7=21 3*8=24 3*9=27
4*1=4 4*2=8 4*3=12 4*4=16 4*5=20 4*6=24 4*7=28 4*8=32 4*9=36
5*1=5 5*2=10 5*3=15 5*4=20 5*5=25 5*6=30 5*7=35 5*8=40 5*9=45
6*1=6 6*2=12 6*3=18 6*4=24 6*5=30 6*6=36 6*7=42 6*8=48 6*9=54
7*1=7 7*2=14 7*3=21 7*4=28 7*5=35 7*6=42 7*7=49 7*8=56 7*9=63
8*1=8 8*2=16 8*3=24 8*4=32 8*5=40 8*6=48 8*7=56 8*8=64 8*9=72
9*1=9 9*2=18 9*3=27 9*4=36 9*5=45 9*6=54 9*7=63 9*8=72 9*9=81
```

本單元完整網頁如下：

行號	網頁
1	`<!DOCTYPE html>`
2	`<html lang="zh-TW">`
3	`<head>`
4	`<title>ch13-2-2 for迴圈</title>`
5	`<meta charset="utf-8">`
6	`<style>`
7	`div {`
8	`    width:500px;`
9	`    border: 1px red solid;`
10	`    margin: 10px;`
11	`}`
12	`</style>`
13	`</head>`
14	`<body>`
15	`<div id="loop1"></div>`
16	`<script>`
17	`var i,j,r1="";`
18	`for(i=1;i<10;i++){`
19	`    for(j=1;j<10;j++){`
20	`        r1+=i+"*"+j+"="+i*j+" ";`
21	`    }`
22	`    r1+=" ";`
23	`}`
24	`document.getElementById("loop1").innerHTML = r1;`
25	`</script>`
26	`</body>`
27	`</html>`

13-2-3　while迴圈

ch13\ch13-2-3.html

　　while迴圈結構與for迴圈結構十分類似，while迴圈結構常用於不固定次數的迴圈，由迴圈中的測試條件決定是否跳出迴圈；測試條件為真時繼續迴圈，當測試條件為假時結束迴圈。

　　如猜數字遊戲，兩人（A與B）玩猜數字遊戲，一人（A）心中想一個數，另一人（B）去猜，A就B所猜數字回答「猜大一點」或「猜小一點」，直到B猜到A所想數字，這樣的猜測就屬於不固定次數的迴圈，適合使用while，但不適合使用for。

while指令後面所接條件測試，若為眞時會不斷做迴圈內動作，直到測試為假時跳出while迴圈。

while迴圈語法	程式範例

迴圈變數=初始值
while (迴圈變數 <= 終止值){
　　重複的程式
　　迴圈變數=迴圈變數+遞增(減)值
}
	```int j = 0;```
	```While (j < 10){```
	``` sum = sum + j;```
	``` j = j + 1;```
	```}```

說明	
while迴圈內迴圈變數由起始值變化到終止值，每重複執行一次，迴圈變數就會遞增（減）值，重複執行迴圈內程式，直到超過終止值後停止執行。	

可以將for迴圈結構轉換成while迴圈結構，for迴圈結構轉換成while迴圈結構的方法如下表。

for迴圈	將左側for迴圈轉成while迴圈

```int sum = 0;```
```for(i=1;i<=10;i++){```
```   sum = sum + i;```
```}```
	```int sum = 0;```
	```int i = 1;```
	```while (i <= 10){```
	``` sum = sum + i;```
	``` i++;```
	```}```

➡ 前測式迴圈與後測式迴圈結構

while迴圈結構有兩種，分成前測式迴圈與後測式迴圈。前測式迴圈是指先測試迴圈變數是否符合迴圈終止條件；後測式迴圈是指先執行迴圈一次，再測試迴圈變數是否符合迴圈終止條件。兩者的差異在於後測式迴圈至少執行一次。要使用哪一種結構是看程式功能需求，如帳號密碼登入功能至少要讓使用者輸入一次帳號密碼，再確認帳號密碼是否正確，就可以使用後測式迴圈結構。前測式與後測式迴圈結構比較如下。

前測式while迴圈	後測式while迴圈

```int sum = 0;```
```int i = 1;```
```while (i <= 10){```
```   sum = sum + i;```
```   i = i + 1;```
```}```
	```int sum = 0;```
	```int i = 1;```
	```do {```
	``` sum = sum + i;```
	``` i = i + 1;```
	```} while (i <= 10);```

先測試i是否小於等於10，再執行迴圈中動作。	先執行迴圈中的動作，再測試i是否小於等於10。

while迴圈結構程式範例，操作步驟如下：

STEP01 新增四個區塊div，設定id為loop1、loop2、loop3與loop4。

```
<div id="loop1"></div>
<div id="loop2"></div>
<div id="loop3"></div>
<div id="loop4"></div>
```

STEP02 設定標籤div的CSS，寬度為500px，邊線寬度為1px、紅色與實線，margin為10px。

```
div {
    width:500px;
    border: 1px red solid;
    margin: 10px;
}
```

STEP03 新增以下JavaScript程式碼，宣告i與r1為變數，i為1，r1為空字串。使用while迴圈，迴圈變數i由1到9，每次遞增1，將變數i與一個空白鍵串接到r1，最後顯示r1到loop1區塊。

```
var i=1,r1="";
while(i<10){
    r1=r1+i+" ";
    i++;
}
document.getElementById("loop1").innerHTML = r1;
```

網頁預覽結果如下：

```
1 2 3 4 5 6 7 8 9
```

STEP04 新增以下JavaScript程式碼，宣告sum、i與r2為變數，sum為0，i為1，r2為空字串。使用while迴圈，迴圈變數i由1到9，每次遞增1，將變數i累加到sum，迴圈結束後，設定r2為sum，最後顯示r2到loop2區塊。

```
var sum=0,i=1,r2="";
while(i<10){
    sum=sum+i;
    i++;
}
r2=sum;
document.getElementById("loop2").innerHTML = r2;
```

網頁預覽結果如下：

```
45
```

STEP05 新增以下JavaScript程式碼，宣告i、j與r3為變數，r3為空字串。使用巢狀for與while迴圈，外層for迴圈變數i由1到9，每次遞增1，內層while迴圈變數j由1到9，每次遞增1，將變數i串接「*」，串接變數j，串接「＝」，串接變數i乘以變數j的結果，串接一個空白鍵，最後串接到r3，內層while迴圈結束後串接一個標籤br（表示換行），最後顯示r3到loop3區塊。

```javascript
var i,j,r3="";
for(i=1;i<10;i++){
    j=1;
    while(j<10){
        r3+=i+"*"+j+"="+i*j+" ";
        j++;
    }
    r3+="<br>";
}
document.getElementById("loop3").innerHTML = r3;
```

網頁預覽結果如下：

```
1*1=1 1*2=2 1*3=3 1*4=4 1*5=5 1*6=6 1*7=7 1*8=8 1*9=9
2*1=2 2*2=4 2*3=6 2*4=8 2*5=10 2*6=12 2*7=14 2*8=16 2*9=18
3*1=3 3*2=6 3*3=9 3*4=12 3*5=15 3*6=18 3*7=21 3*8=24 3*9=27
4*1=4 4*2=8 4*3=12 4*4=16 4*5=20 4*6=24 4*7=28 4*8=32 4*9=36
5*1=5 5*2=10 5*3=15 5*4=20 5*5=25 5*6=30 5*7=35 5*8=40 5*9=45
6*1=6 6*2=12 6*3=18 6*4=24 6*5=30 6*6=36 6*7=42 6*8=48 6*9=54
7*1=7 7*2=14 7*3=21 7*4=28 7*5=35 7*6=42 7*7=49 7*8=56 7*9=63
8*1=8 8*2=16 8*3=24 8*4=32 8*5=40 8*6=48 8*7=56 8*8=64 8*9=72
9*1=9 9*2=18 9*3=27 9*4=36 9*5=45 9*6=54 9*7=63 9*8=72 9*9=81
```

STEP06 新增以下JavaScript程式碼，宣告i與r4為變數，i為10，r4為空字串。使用do-while迴圈，迴圈變數i由10到1，每次遞減1，將變數i與一個空白鍵串接到r4，最後顯示r4到loop4區塊。

```javascript
var i=10,r4="";
do {
    r4+=i+" ";
    i--;
}while(i>0)
document.getElementById("loop4").innerHTML = r4;
```

網頁預覽結果如下：

10 9 8 7 6 5 4 3 2 1

本單元完整網頁如下：

行號	網頁
1	`<!DOCTYPE html>`
2	`<html lang="zh-TW">`
3	`<head>`
4	`<title>ch13-2-3 while迴圈</title>`
5	`<meta charset="utf-8">`
6	`<style>`
7	`div {`
8	`    width:500px;`
9	`    border: 1px red solid;`
10	`    margin: 10px;`
11	`}`
12	`</style>`
13	`</head>`
14	`<body>`
15	`<div id="loop1"></div>`
16	`<div id="loop2"></div>`
17	`<div id="loop3"></div>`
18	`<div id="loop4"></div>`
19	`<script>`
20	`var i=1,r1="";`
21	`while(i<10){`
22	`    r1=r1+i+" ";`
23	`    i++;`
24	`}`
25	`document.getElementById("loop1").innerHTML = r1;`
26	`var sum=0,i=1,r2="";`
27	`while(i<10){`
28	`    sum=sum+i;`
29	`    i++;`
30	`}`
31	`r2=sum;`
32	`document.getElementById("loop2").innerHTML = r2;`
33	`var i,j,r3="";`
34	`for(i=1;i<10;i++){`
35	`    j=1;`
36	`    while(j<10){`

行號	網頁
37	`        r3+=i+"*"+j+"="+i*j+"  ";`
38	`        j++;`
39	`    }`
40	`    r3+=" ";`
41	`}`
42	`document.getElementById("loop3").innerHTML = r3;`
43	`var i=10,r4="";`
44	`do {`
45	`    r4+=i+"  ";`
46	`    i--;`
47	`}while(i>0)`
48	`document.getElementById("loop4").innerHTML = r4;`
49	`</script>`
50	`</body>`
51	`</html>`

13-2-4 迴圈中使用break與continue

🔘 ch13\ch13-2-4.html

迴圈於特殊需求下可以使用break與continue指令。當要跳出迴圈時，可以使用break跳出迴圈；當要跳過迴圈內之後的程式碼，迴圈變數值直接遞增（減），繼續迴圈的執行，使用continue，也就是跳過後繼續執行迴圈程式。

針對不同的迴圈結構進行break，如下表。

結構	範例	程式顯示r1的結果	說明

for	`var  i;`
	`for (i=1; i<=5; i++) {`
	`    r1=r1+i+"  ";`
	`    if (i == 3) break;`
	`}`
		1 2 3	當i等於3時中斷for迴圈執行，所以只印出「1 2 3」。

while	`var  i=1;`
	`while (i<=5){`
	`  r1=r1+i+"  ";`
	`  if (i == 3) {`
	`    break;`
	`  }`
	`  i=i+1;`
	`}`
		1 2 3	當i等於3時中斷while迴圈執行，所以只印出「1 2 3」。

針對不同的結構，continue後面接不同的敘述，如下表。

結構	範例	程式顯示r2的結果	說明

for	`var i,r2="";`
	`for (i=1; i<=5; i++) {`
	`    if (i == 3) continue;`
	`    r2=r2+i+" ";`
	`}`
		1 2 4 5	當i等於3時，跳到for迴圈的開頭繼續執行，且i值遞增1，所以印出「1 2 4 5」。

while	`var i=0;`
	`while (i<=5){`
	`    i=i+1;`
	`    if (i == 3)  continue;`
	`    r2=r2+i+" ";`
	`}`
		1 2 4 5	當i等於3時，跳到while迴圈的開頭繼續執行，且i值加1，所以印出「1、2、4、5」。

迴圈中使用break與continue程式範例，操作步驟如下。

STEP01 新增四個區塊div，設定id為loop1與loop2。

```
<div id="loop1"></div>
<div id="loop2"></div>
```

STEP02 設定標籤div的CSS，寬度為200px，邊線寬度為1px、紅色與實線，margin為10px。

```
div {
    width:200px;
    border: 1px red solid;
    margin: 10px;
}
```

STEP03 新增以下JavaScript程式碼，宣告i與r1為變數，r1為空字串。使用for迴圈，迴圈變數i由1到9，每次遞增1，將變數i與一個空白鍵串接到r1，當i等於3時，使用break中斷迴圈，最後顯示r1到loop1區塊。

```
var i,r1="";
for (i=1; i<10; i++) {
    r1=r1+i+" ";
    if (i == 3) break;
}
document.getElementById("loop1").innerHTML = r1;
```

網頁預覽結果如下：

```
1 2 3
```

STEP04 新增以下JavaScript程式碼，宣告i與r2為變數，r2為空字串。使用for迴圈，迴圈變數i由1到9，每次遞增1，當i等於3時，使用continue跳過迴圈繼續執行，將變數i與一個空白鍵串接到r2，最後顯示r2到loop2區塊。

```javascript
var i,r2="";
for (i=1; i<10; i++) {
    if (i == 3) continue;
    r2=r2+i+" ";
}
document.getElementById("loop2").innerHTML = r2;
```

網頁預覽結果如下：

```
1 2 4 5 6 7 8 9
```

本單元完整網頁如下：

行號	網頁
1	`<!DOCTYPE html>`
2	`<html lang="zh-TW">`
3	`<head>`
4	`<title>ch13-2-4迴圈中使用break與continue</title>`
5	`<meta charset="utf-8">`
6	`<style>`
7	`div {`
8	`    width:200px;`
9	`    border: 1px red solid;`
10	`    margin: 10px;`
11	`}`
12	`</style>`
13	`</head>`
14	`<body>`
15	`<div id="loop1"></div>`
16	`<div id="loop2"></div>`
17	`<script>`
18	`var i,r1="";`
19	`for (i=1; i<10; i++) {`
20	`    r1=r1+i+" ";`

行號	網頁
21	`    if (i == 3) break;`
22	`}`
23	`document.getElementById("loop1").innerHTML = r1;`
24	`var i,r2="";`
25	`for (i=1; i<10; i++) {`
26	`    if (i == 3) continue;`
27	`    r2=r2+i+" ";`
28	`}`
29	`document.getElementById("loop2").innerHTML = r2;`
30	`</script>`
31	`</body>`
32	`</html>`

自 我 評 量

1. 請說明何謂多向選擇判斷，並實作多向選擇判斷程式。

2. 請使用迴圈印出數字1到20。

3. 請使用迴圈累加數字1到20。

4. 請比較前測式迴圈與後測式迴圈的差異，並實作後測式迴圈程式。

5. 請使用巢狀迴圈印出九九乘法表。

6. 請分別說明迴圈中使用break與continue會造成什麼效果，並分別實作break
   與continue的程式。

HTML5
CSS3
JavaScript

14

JavaScript
陣列、函式與事件

陣列是將多個變數結合在一起，每個陣列元素皆可視為變數使用。陣列佔有連續的記憶體空間，陣列提供索引值（index）存取陣列中的個別元素，JavaScript語言規定，陣列第一個元素的索引值為0，第二個元素索引值為1，依此類推。一個陣列擁有n個元素，若要存取陣列最後一個元素，需設定索引值為n-1。由此可知，每個索引值對應一個陣列元素，因此，我們只要指定陣列與索引值，就可存取陣列中指定的元素。

14-1 陣列

⊘ ch14\ch14-1.html

最常見的陣列就是一維陣列，一維陣列表示，只要使用一個索引值就可以存取陣列的元素。一維陣列佔有連續的記憶體空間，相當於同一條路上的房子，只要指定這條路的門牌號碼，就可以將信寄到這條路上的收件者；一維陣列也一樣，只要指定陣列名稱相當於地址的路名，而陣列索引值相當於地址的門牌號碼，指定陣列名稱與索引值，就可以存取到一維陣列中的元素。

14-1-1　一維陣列的初始化

程式中使用的陣列可以事先初始化，初始化為指定陣列每個元素的值，以下就介紹初始化的語法。

陣列初始化語法	程式範例
資料型別　陣列名稱=[陣列第一個元素的值，陣列第二個元素的值，陣列第三個元素的值，…，陣列最後一個元素的值]	var A = [1,2,"three",4,5]; 以上程式碼宣告了陣列A，有五個元素，並初始化第一個元素為1，第二個元素為2，第三個元素為three，第四個元素為4，第五個元素為5。

我們來看看上述程式範例陣列A的記憶體狀態，如下圖。

A[0]	A[1]	A[2]	A[3]	A[4]
1	2	three	4	5

陣列A的記憶體狀態

14-1-2 陣列與迴圈

利用迴圈變數與陣列索引值結合，經由控制陣列索引值可以存取陣列中所有元素，以下為迴圈變數與陣列索引值結合範例。

程式範例	顯示r1的執行結果	說明	
`int` `A[5]={1,2,"three",4,5}` `for(int i=0;i<5;i++){` `    r1+==A[i]+" ";` `}`	1 2 three 4 5	i=0	A[i]此時值為1
		i=1	A[i]此時值為2
		i=2	A[i]此時值為three
		i=3	A[i]此時值為4
		i=4	A[i]此時值為5

範例中使用A[i]存取陣列中的元素，使用迴圈控制i的變化。當i等於0，A[i]就會存取陣列A的第一個元素；當i等於1，A[i]就會存取陣列A的第二個元素；當i等於2，A[i]就會存取陣列A的第三個元素，依此類推，就可以存取到陣列所有元素，這就是陣列與迴圈結合，可以存取到陣列中所有元素的概念。

14-1-3 陣列的操作函式

使用push函式，可以將元素加到陣列最後；使用pop函式，可以將陣列最後一個元素刪除；屬性length可以回傳陣列的長度。

屬性或函式	說明	範例	r1的結果
length屬性	回傳陣列的長度	`var  a = [1,2,"three",4];` `r1= a.length;`	4

push函式	將元素加到陣列最後	`var  a = [1,2,"three",4];`
		`a.push(5);`
		`r1= a;`
			1,2,three,4,5

pop函式	將陣列最後一個元素刪除	`var  a = [1,2,"three",4];`
		`a.pop();`
		`r1= a;`
			1,2,three

陣列的程式範例，操作步驟如下。

STEP01 新增三個區塊div，設定id為ar1、ar2與ar3。

```
<div id="ar1"></div>
<div id="ar2"></div>
<div id="ar3"></div>
```

STEP02 設定標籤div的CSS，設定寬度為200px，邊線寬度為1px、紅色與實線，margin為10px。

```
div {
    width:200px;
    border: 1px red solid;
    margin: 10px;
}
```

STEP03 新增以下JavaScript程式碼，宣告a為四個元素的陣列，陣列元素為「1,2,"three",4」。宣告i與r1為變數，設定r1為空字串。使用迴圈依序取出陣列中的每一個元素串接在r1，串接陣列a的長度到r1，最後顯示r1到區塊ar1。

```
var a = [1,2,"three",4];
var i,r1="";
for(i=0; i<4; i++) {
    r1+=a[i]+"<br>";
}
r1+="陣列a的長度為"+a.length+"<br>";
document.getElementById("ar1").innerHTML = r1;
```

網頁預覽結果如下：

```
1
2
three
4
陣列a的長度為4
```

STEP04 陣列a加入元素five到陣列a的最後，宣告i與r2為變數，設定r2為空字串。使用迴圈依序取出陣列中每一個元素串接在r2，串接陣列a的長度到r2，最後顯示r2到區塊ar2。

```
a.push("five");
var i,r2="";
```

```
for(i=0; i<a.length; i++) {
    r2+=a[i]+"<br>";
}
r2+="陣列a的長度為"+a.length+"<br>";
document.getElementById("ar2").innerHTML = r2;
```

網頁預覽結果如下：

```
1
2
three
4
five
陣列a的長度為5
```

STEP05　刪除陣列a的最後一個元素，宣告i與r3為變數，設定r3為空字串。使用迴圈依序取出陣列中的每一個元素串接在r3，串接陣列a的長度到r3，最後顯示r3到區塊ar3。

```
a.pop();
var i,r3="";
for(i=0; i<a.length; i++) {
    r3+=a[i]+"<br>";
}
r3+="陣列a的長度為"+a.length+"<br>";
document.getElementById("ar3").innerHTML = r3;
```

網頁預覽結果如下：

```
1
2
three
4
陣列a的長度為4
```

本單元完整網頁如下：

行號	網頁
1	`<!DOCTYPE html>`
2	`<html lang="zh-TW">`
3	`<head>`
4	`<title>ch14-1陣列</title>`
5	`<meta charset="utf-8">`

行號	網頁
6	```<style>```
7	``` div {```
8	``` width:200px;```
9	``` border: 1px red solid;```
10	``` margin: 10px;```
11	``` }```
12	```</style>```
13	```</head>```
14	```<body>```
15	```<div id="ar1"></div>```
16	```<div id="ar2"></div>```
17	```<div id="ar3"></div>```
18	```<script>```
19	```var a = [1,2,"three",4];```
20	```var i,r1="";```
21	```for(i=0; i<4; i++) {```
22	``` r1+=a[i]+" ";```
23	```}```
24	```r1+="陣列a的長度為"+a.length+" ";```
25	```document.getElementById("ar1").innerHTML = r1;```
26	```a.push("five");```
27	```var i,r2="";```
28	```for(i=0; i<a.length; i++) {```
29	``` r2+=a[i]+" ";```
30	```}```
31	```r2+="陣列a的長度為"+a.length+" ";```
32	```document.getElementById("ar2").innerHTML = r2;```
33	```a.pop();```
34	```var i,r3="";```
35	```for(i=0; i<a.length; i++) {```
36	``` r3+=a[i]+" ";```
37	```}```
38	```r3+="陣列a的長度為"+a.length+" ";```
39	```document.getElementById("ar3").innerHTML = r3;```
40	```</script>```
41	```</body>```
42	```</html>```

14-2 函式

ch14\ch14-2.html

　　函式用於結構化程式,將相同功能的程式獨立出來,經由函式的呼叫,傳入資料與回傳處理後的結果。程式設計師只要將函式寫好,就可以不斷利用此函式做相同動作,達成程式碼不重複。要修改此功能,只要更改此函式。再者,其他程式設計師要使用此函式,只要知道此函式的功能,什麼輸入會有怎樣對應的輸出,不需知道函式實作的細節。函式可幫助多位程式設計師共同開發系統,事先規劃好函式名稱與功能,再各自開發函式與整合所有程式,最後達成系統所需的功能。

14-2-1 函式的定義與呼叫

　　自訂函式需要包含兩個部分,分別是函式的定義與函式的呼叫。函式的定義是實作函式的功能,輸入參數與回傳處理後的結果,利用函式的呼叫讓函式真正執行,以下分開敘述。

➡ **函式的定義**

　　以下為函式的定義,函式名稱後接著一對小括號,小括號可以填入要傳入函式的參數,當參數有多個的時候以逗號隔開。函式的範圍為函式名稱後使用一對大括號所包夾起來的範圍,當函式需要傳回值時,使用指令return,表示程式執行的控制權由函式轉換為原呼叫函式,函式的定義與傳回值格式,如下表。

函式的定義語法	範例

function 函式名稱(參數1, 參數2 , …){
　　函式的敘述區塊
　　return 要傳回的變數或值;
}
	function　computeArea(long , wide){
	　　var　area=long*wide;
	　　return　area;
	}

➡ **函式的呼叫**

　　程式經由函式呼叫,將資料傳入函式,函式處理後傳回結果給原呼叫程式,程式中如何呼叫函式?

➋ **方法一:** 無傳回值的呼叫語法

　　函式名稱(參數值1,參數值2,…)

　　說明:利用函式名稱與參數來呼叫函式。

⊘ **方法二：有傳回值的呼叫語法**

變數=函式名稱(參數值1,參數值2,…)

說明：等號右邊要先做完，利用函式名稱與參數來呼叫函式，最後函式回傳值給變數，變數就記錄函式呼叫後的回傳值。

以下範例為自訂函式add將三個數字相加，呼叫函式add回傳計算結果。

行數	函式範例程式	解說

1
2
3
4
	`function add(x,y,z){`
	`    return x+y+z;`
	`}`
	`var c = add(1,2,3);`
		第1到3行：自訂add函式，輸入的參數為x、y與z，回傳x+y+z。
		第4行：呼叫add函式，傳入數字1、2與3，將結果儲存到變數c。

函式程式範例，操作步驟如下。

STEP01 新增兩個區塊div，設定id為func1與func2。

```
<div id="func1"></div>
<div id="func2"></div>
```

STEP02 設定標籤div的CSS，區塊寬度為200px，邊線寬度為1px、紅色與實線，margin為10px。

```
div {
    width:200px;
    border: 1px red solid;
    margin: 10px;
}
```

STEP03 新增以下JavaScript程式碼，定義函式add，輸入三個參數x、y與z，回傳x加上y再加上z的結果，呼叫函式add輸入1、2與3，回傳結果到區塊func1。

```
function add(x,y,z){
    return x+y+z;
}
document.getElementById("func1").innerHTML = add(1,2,3);
```

網頁預覽結果如下：

```
6
```

STEP04　新增以下JavaScript程式碼，定義函式bmi，輸入兩個參數w與h，w表示體重，h表示身高，回傳w除以h的平方，呼叫函式bmi輸入80與1.68，回傳結果到區塊func2。

```
function bmi(w,h){
    return (w/(h*h));
}
document.getElementById("func2").innerHTML = bmi(80,1.68);
```

　　　　網頁預覽結果如下：

28.344671201814062

　　　　本單元完整網頁如下：

行號	網頁
1	`<!DOCTYPE html>`
2	`<html lang="zh-TW">`
3	`<head>`
4	`<title>ch14-2函式</title>`
5	`<meta charset="utf-8">`
6	`<style>`
7	`    div {`
8	`        width:200px;`
9	`        border: 1px red solid;`
10	`        margin: 10px;`
11	`    }`
12	`</style>`
13	`</head>`
14	`<body>`
15	`<div id="func1"></div>`
16	`<div id="func2"></div>`
17	`<script>`
18	`function add(x,y,z){`
19	`    return x+y+z;`
20	`}`
21	`document.getElementById("func1").innerHTML = add(1,2,3);`
22	`function bmi(w,h){`
23	`    return (w/(h*h));`
24	`}`
25	`document.getElementById("func2").innerHTML = bmi(80,1.68);`
26	`</script>`
27	`</body>`
28	`</html>`

14-3 事件

事件是使用者與程式互動介面,例如:按下按鈕、點選滑鼠、按下按鍵等都會驅動事件;當發生此事件,就會呼叫對應的事件進行處理。該事件內可允許使用者撰寫對應的事件處理程式,經由執行對應的事件處理程式達成所需的功能。

14-3-1 事件處理函式

ch14\ch14-3-1.html

撰寫事件處理函式的三種方式如下,以按鈕點選為範例。

⊙ **方法一**:若程式不長,可以使用行內(inline)方式撰寫事件函式。

```
<div>
    <button type="button" onclick="alert('Hello')">Hello</button>
</div>
```

⊙ **方法二**:建立函式,再註冊此函式給事件onclick。

```
function Hello(){
    alert("Hello");
}
```

將函式Hello註冊給按鈕的onclick事件。

```
<div>
    <button type="button" onclick="Hello()">Hello</button>
</div>
```

⊙ **方法三**:經由改寫windows.onload函式,建立與註冊函式給事件onclick。

```
window.onload = function(){
    var btn1 = document.getElementById("btn1");
    btn1.onclick = function(){
        alert("Hello");
    }
}
```

以此方式所撰寫事件,HTML的按鈕部分不須改寫。

```
<div>
    <button type="button" id="btn1">Hello</button>
</div>
```

撰寫事件處理函式的程式範例，操作步驟如下。

STEP01　設定標籤div的CSS，區塊寬度為200px，邊線寬度為1px、紅色與實線，margin為10px。

```
div {
    width:200px;
    border: 1px red solid;
    margin: 10px;
}
```

STEP02　新增以下HTML與JavaScript程式碼，新增標籤p的文字為「按下按鈕在此顯示時間」，設定該標籤p的id為js1。新增「點選顯示時間」按鈕，當按下按鈕時，呼叫函式Date獲得目前時間，顯示目前時間到js1。

```
<div>
    <p id="js1">按下按鈕在此顯示時間</p>
    <button type="button" onclick="document.getElementById('js1').innerHTML
= Date()">點選顯示時間</button>
</div>
```

網頁預覽結果如下，點選「點選顯示時間」，將目前時間取代「按下按鈕在此顯示時間」。

STEP03　新增以下HTML程式碼，新增標籤p的文字為「按下按鈕在此顯示時間」，設定該標籤p的id為js2。新增「點選顯示時間」按鈕，當按下按鈕時，呼叫函式showDate。

```
<div>
    <p id="js2">按下按鈕在此顯示時間</p>
    <button type="button" onclick="showDate()">點選顯示時間</button>
</div>
```

新增JavaScript的函式showDate如下，呼叫函式Date獲得目前時間，顯示目前時間到js2。

```
function showDate(){
    document.getElementById('js2').innerHTML = Date();
}
```

網頁預覽結果如下，點選「點選顯示時間」，將目前時間取代「按下按鈕在此顯示時間」。

> 按下按鈕在此顯示時間
> 點選顯示時間

> Sat Oct 13 2018 19:46:02
> GMT+0800 (台北標準時間)
> 點選顯示時間

STEP04 改寫window.onload事件，取出id為btn1的按鈕，設定給物件btn1。改寫物件btn1的onclick函式，呼叫函式Date獲得目前時間，顯示目前時間到js3。

```
window.onload = function(){
    var btn1 = document.getElementById("btn1");
    btn1.onclick = function(){
        document.getElementById('js3').innerHTML = Date();
    }
}
```

新增以下HTML程式碼，新增標籤p的文字為「按下按鈕在此顯示時間」，設定該標籤p的id為js3。新增「點選顯示時間」按鈕，在載入網頁時會驅動windows.onload事件，windows.onload事件設定好此按鈕的onclick事件處理函式，當按下按鈕時，執行onclick事件處理函式顯示時間到js3。

```
<div>
    <p id="js3">按下按鈕在此顯示時間</p>
    <button type="button" id="btn1">點選顯示時間</button>
</div>
```

網頁預覽結果如下，點選「點選顯示時間」，將目前時間取代「按下按鈕在此顯示時間」。

> 按下按鈕在此顯示時間
> 點選顯示時間

> Sat Oct 13 2018 19:46:27
> GMT+0800 (台北標準時間)
> 點選顯示時間

本單元完整網頁如下：

行號	網頁
1	`<!DOCTYPE html>`
2	`<html lang="zh-TW">`
3	`<head>`
4	`<title>ch14-3-1事件</title>`
5	`<meta charset="utf-8">`
6	`<style>`
7	`    div {`
8	`        width:200px;`
9	`        border: 1px red solid;`
10	`        margin: 10px;`
11	`    }`
12	`</style>`
13	`<script>`
14	`function showDate(){`
15	`    document.getElementById('js2').innerHTML = Date();`
16	`}`
17	`window.onload = function(){`
18	`    var btn1 = document.getElementById("btn1");`
19	`    btn1.onclick = function(){`
20	`        document.getElementById('js3').innerHTML = Date();`
21	`    }`
22	`}`
23	`</script>`
24	`</head>`
25	`<body>`
26	`<div>`
27	`    <p id="js1">按下按鈕在此顯示時間</p>`
28	`    <button type="button" onclick="document.` `getElementById('js1').innerHTML = Date()">點選顯示時間</button>`
29	`</div>`
30	`<div>`
31	`    <p id="js2">按下按鈕在此顯示時間</p>`
32	`    <button type="button" onclick="showDate()">點選顯示時間</button>`
33	`</div>`
34	`<div>`
35	`    <p id="js3">按下按鈕在此顯示時間</p>`
36	`    <button type="button" id="btn1">點選顯示時間</button>`
37	`</div>`
38	`</body>`
39	`</html>`

14-3-2　滑鼠與鍵盤事件

 ch14\ch14-3-2.html

　　使用者互動中，最常用的事件就是滑鼠與鍵盤事件，以下分別敘述滑鼠與鍵盤事件。

滑鼠事件	說明
onclick	當點按滑鼠左鍵一下時，驅動此事件。
ondblclick	當連續點按滑鼠左鍵兩下時，驅動此事件。
onmousedown	當滑鼠按下任一鍵時，驅動此事件。
onmouseup	當滑鼠任一鍵彈起來時，驅動此事件。
onmouseover	當滑鼠移動到元件上時，驅動此事件。
onmouseout	當滑鼠在某個元件上，移動到該元件外時，驅動此事件。
onmousemove	當滑鼠在某個元件上移動時，連續驅動此事件。

鍵盤事件	說明
onkeydown	當按下鍵盤某個按鍵時，驅動此事件。
onkeyup	當按下按鍵後彈起來時，驅動此事件。
onkeypress	當按下鍵盤某個按鍵時，驅動此事件，但不是所有按鍵都會驅動，Alt、Ctrl、Shift與Esc按下時不會驅動此事件。

　　滑鼠與鍵盤事件的程式範例，操作步驟如下。

STEP01 設定標籤div的CSS，區塊寬度為200px，邊線寬度為1px、紅色與實線，margin為上下為10px，左右為0。

```
div {
    width:200px;
    border: 1px red solid;
    margin: 10px 0;
}
```

STEP02 新增一個按鈕，按鈕文字為「按鈕」，id命名為myBtn。新增一個textarea，id命名為myText。新增一個按鈕，按鈕文字為「清空結果」，onclick事件設定為函式clearResult。新增一個div區塊，區塊文字為「顯示結果」，id命名為result。

```
<button type="button"  id="myBtn">按鈕</button><br>
<textarea id="myText"></textarea><br>
<button type="button" onclick="clearResult()">清空結果</button><br>
<div id="result">顯示結果</div>
```

網頁預覽結果如下：

按鈕

清空結果

顯示結果

STEP03 新增以下JavaScript程式碼，建立函式myEvent，輸入參數為E，Internet Explorer瀏覽器使用window.event為事件物件，先測試window.event是否存在，若存在，則設定E為window.event。這樣做是為了相容於Internet Explorer瀏覽器，其他瀏覽器會以參數E為事件物件。找出id為result的元件設定給myDiv，顯示E.type到myDiv。

```
function myEvent(E){
    if (window.event) E=window.event;
    var myDiv = document.getElementById("result");
    myDiv.innerHTML += "<br>"+E.type;
}
```

STEP04 新增以下JavaScript程式碼，在window.onload事件中，新增找出id為myBtn的元件到myBtn，找出id為myText的元件到myText。註冊myBtn的onclick事件為函式myEvent，註冊myBtn的ondblclick事件為函式myEvent，註冊myBtn的onmousedown事件為函式myEvent，註冊myBtn的onmouseup事件為函式myEvent，註冊myBtn的onmouseover事件為函式myEvent，註冊myBtn的onmouseout事件為函式myEvent，註冊myBtn的onmousemove事件為函式myEvent，在onmousemove事件前加上「//」，表示該行暫時成為註解沒有作用，因為onmousemove事件會連續觸發，會顯示太多的mousemove，可以去除「//」測試看看。註冊myText的onkeydown事件為函式myEvent，註冊myText的onkeyup事件為函式myEvent，註冊myText的onkeypress事件為函式myEvent。

```
window.onload = function(){
    var myBtn = document.getElementById("myBtn");
    var myText = document.getElementById("myText");
    myBtn.onclick = myEvent;
    myBtn.ondblclick = myEvent;
    myBtn.onmousedown = myEvent;
    myBtn.onmouseup = myEvent;
    myBtn.onmouseover = myEvent;
    myBtn.onmouseout = myEvent;
    //myBtn.onmousemove = myEvent;
    myText.onkeydown = myEvent;
    myText.onkeyup = myEvent;
    myText.onkeypress = myEvent;
}
```

網頁預覽結果如下，當滑鼠點選「按鈕」時，因為先移動到「按鈕」上，所以先驅動mouseover，接著點選「按鈕」，依序驅動mousedown、mouseup與click事件，本範例使用Chrome瀏覽器，不同瀏覽器結果可能不同。

按鈕

清空結果

顯示結果
mouseover
mousedown
mouseup
click

當在文字方框輸入a時，先驅動keydown、接著keypress，最後keyup。

按鈕
a

清空結果

顯示結果
keydown
keypress
keyup

STEP05　新增以下JavaScript程式碼，建立函式clearResult，找出id為result的元件設定給myDiv，清空myDiv的內容，並設定為「顯示結果」。

```
function clearResult(){
    var myDiv = document.getElementById("result");
    myDiv.innerHTML = "顯示結果";
}
```

網頁預覽結果如下，當滑鼠點選「清空結果」時，清空結果並改成「顯示結果」到螢幕上。

本單元完整網頁如下：

行號	網頁
1	`<!DOCTYPE html>`
2	`<html lang="zh-TW">`
3	`<head>`
4	`<title>ch14-3-2滑鼠與鍵盤事件</title>`
5	`<meta charset="utf-8">`
6	`<style>`
7	`    div {`
8	`        width:200px;`
9	`        border: 1px red solid;`
10	`        margin: 10px 0;`
11	`    }`
12	`</style>`
13	`<script>`
14	`function myEvent(E){`
15	`    if (window.event) E=window.event;`
16	`    var myDiv = document.getElementById("result");`
17	`    myDiv.innerHTML += " "+E.type;`
18	`}`
19	`window.onload = function(){`
20	`    var myBtn = document.getElementById("myBtn");`
21	`    var myText = document.getElementById("myText");`
22	`    myBtn.onclick = myEvent;`
23	`    myBtn.ondblclick = myEvent;`

行號	網頁
24	`    myBtn.onmousedown = myEvent;`
25	`    myBtn.onmouseup = myEvent;`
26	`    myBtn.onmouseover = myEvent;`
27	`    myBtn.onmouseout = myEvent;`
28	`    //myBtn.onmousemove = myEvent;`
29	`    myText.onkeydown = myEvent;`
30	`    myText.onkeyup = myEvent;`
31	`    myText.onkeypress = myEvent;`
32	`}`
33	`function clearResult(){`
34	`    var myDiv = document.getElementById("result");`
35	`    myDiv.innerHTML = "顯示結果";`
36	`}`
37	`</script>`
38	`</head>`
39	`<body>`
40	`<button type="button"  id="myBtn">按鈕</button> `
41	`<textarea id="myText"></textarea> `
42	`<button type="button" onclick="clearResult()">清空結果</button> `
43	`<div id="result">顯示結果</div>`
44	`</body>`
45	`</html>`

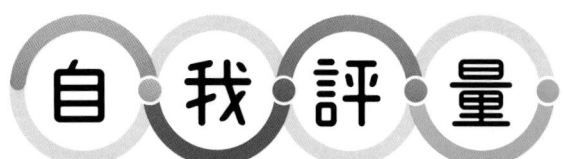

1. 請說明陣列的意義與用途，陣列如何宣告與初始化？

2. 請說明如何使用迴圈存取陣列中所有元素？

3. 請說明如何使用push與pop新增與刪除陣列元素？

4. 如何定義與呼叫函式，並實作輸入體重與身高回傳BMI的函式？

5. 請問什麼是事件？如何撰寫與實作事件處理函式。

6. 請說明onclick、ondblclick、onmousedown、onmouseup、onmouseover、onmouseout、onmousemove等滑鼠事件的定義，並實作滑鼠事件處理函式。

7. 請說明onkeydown、onkeypress與onkeyup等鍵盤事件的定義，並實作鍵盤事件處理函式。

HTML5
CSS3
JavaScript

15

文件物件模型

使用文件物件模型（Document Object Model，縮寫為DOM）可以讓JavaScript存取網頁內所有元素，當瀏覽器載入網頁時，會自動建立網頁的DOM。如下圖，左側是網頁，右側是對應的DOM，可以發現DOM具有階層的概念，將網頁中的元件轉換成樹狀結構，這樣的概念用於JavaScript對DOM的存取。透過JavaScript與DOM，可以搜尋、新增、刪除網頁中元素。設計者找到元素後，可以修改元素的CSS，增加JavaScript動態修改網頁的能力。

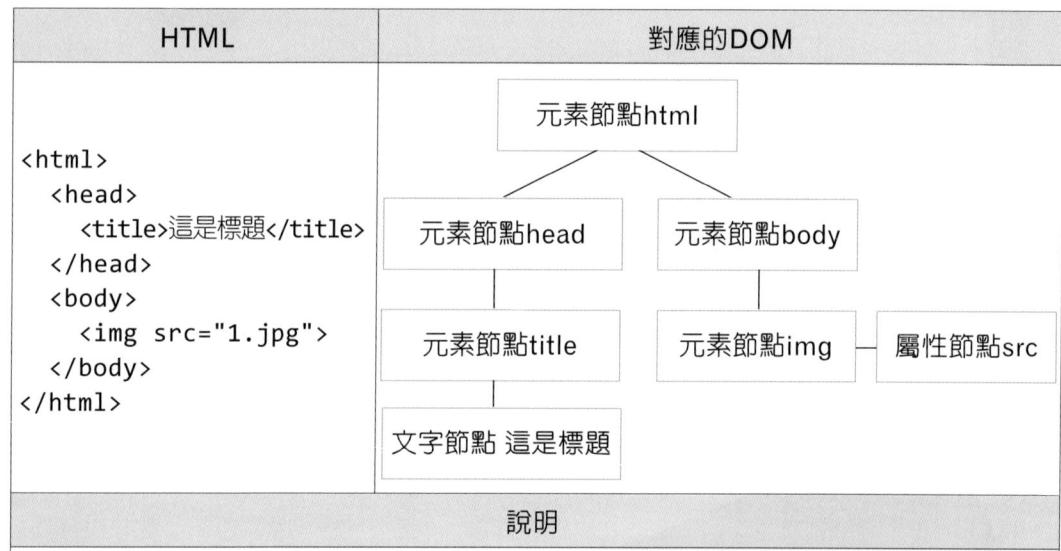

HTML	對應的DOM

`<html>`
　`<head>`
　　`<title>`這是標題`</title>`
　`</head>`
　`<body>`
　　`<img src="1.jpg">`
　`</body>`
`</html>`
	元素節點html → 元素節點head、元素節點body；元素節點head → 元素節點title → 文字節點 這是標題；元素節點body → 元素節點img — 屬性節點src

說明
1. 最上層root（根元素）為元素節點標籤html，下方兩個元素節點是標籤head與標籤body。 2. 標籤head下面有元素節點標籤title，標籤title相對於標籤html是孫元素。 3. 標籤title有文字節點「這是標題」，文字節點「這是標題」是標籤title的子元素。 4. 標籤body下方有元素節點標籤img；標籤img內含屬性節點src。注意，屬性src不是標籤img的子元素，而是標籤img包含屬性src，所以以橫線表示標籤img與屬性src的關係。

15-1 DOM元素的常用屬性與方法

　　DOM模型中，元素的節點分成元素節點、文字節點與屬性節點；各種標籤都是元素節點，可以顯示在瀏覽器上的文字稱作文字節點，設定元素節點的屬性稱作屬性節點。例如：`<p id="result">`在此顯示結果`</p>`，p為元素節點，「在此顯示結果」為文字節點，id="result"為屬性節點。依據規定，元素節點的nodeType為1，屬性節點的nodeType為2，文字節點的nodeType為3。

　　DOM提供可以操作元素的屬性與方法，以下介紹常用的功能。

屬性	資料類型	說明
nodeType	數字	節點類型，元素節點的nodeType為1，屬性節點的nodeType為2，文字節點的nodeType為3。
nodeName	字串	節點名稱，元素節點回傳標籤名稱，屬性節點回傳屬性名稱，文字節點回傳#text。
nodeValue	字串	節點值，元素節點回傳null，屬性節點回傳屬性值，文字節點回傳文字節點的文字。
childNodes	節點陣列	回傳節點陣列，此陣列包含所有子節點。
firstChild	節點	指向childNodes的第一個節點。
lastChild	節點	指向childNodes的最後一個節點。
previousSibling	節點	指向前一個兄弟節點，若已經是第一個節點，沒有前一個兄弟節點回傳null。
nextSibling	節點	指向後一個兄弟節點，若已經是最後一個節點，沒有後一個兄弟節點回傳null。
parentNode	節點	指向父節點，若已經是根節點，則回傳null。
attributes	NamedNodeMap	節點的屬性與屬性值的集合。
className	字串	設定節點的CSS類別名稱。

方法	回傳值的資料類型	說明
hasChildNodes()	布林值	若childNodes有一個以上的元素，則回傳true。
appendChild(node)	節點物件，表示加入的節點。	將node加到末尾。
removeChild(node)	節點物件，表示刪除的物件。若node不存在，回傳null。	將node移除。
insertBefore(node,insNode)	節點物件，表示插入的節點。	將node插入到insNode的前面。
replaceChild(node,oldNode)	節點物件，表示取代的節點。	使用node取代oldNode。
createElement(nodename)	元素物件，表示建立的節點。	建立節點名稱為nodename的節點。
createTextNode(text)	文字節點物件，表示建立的文字節點。	建立文字節點，其文字為輸入的text。

方法	回傳值的資料類型	說明
setAttribute(attributename, attributevalue)	沒有回傳資料	設定attributename為attributevalue。
getAttribute(attributename)	字串，表示屬性值。若attributename不存在，則回傳null或空字串（""）。	取出屬性attributename的屬性值。

以下範例介紹如何使用DOM的屬性與方法讀取網頁的內容。

15-1-1 元素節點、文字節點與屬性節點範例

ch15\ch15-1-1.html

以下範例讀取網頁的元素節點、文字節點與屬性節點，讀取節點的nodeType、nodeName與nodeValue進行驗證。

STEP01 新增條列式清單，並將id命名為menu。點選「找出所有li」按鈕後呼叫函式showLi，將結果顯示在標籤p內，該標籤p的id命名為result。

```
<ul id="menu" title="旅遊景點">
    <li>台北市景點
       <ul>
           <li>台北101</li>
           <li>迪化街</li>
           <li>士林夜市</li>

       </ul>
    </li>
    <li>台南景點
       <ul>
           <li>赤崁樓</li>
           <li>台南孔廟</li>
       </ul>
    </li>
</ul>
<div>
<input type="submit" value="找出所有li" onclick="showLi()">
<p id="result">在此顯示結果</p>
</div>
```

顯示結果如下：

STEP02　新增JavaScript函式showLi，找到id為result的元素到變數result，找到
　　　　標籤li的所有元素到變數li，找到id為menu的元素到變數menu。使用迴
　　　　圈依序列出變數li的所有元素，輸出每個li元素的nodeType與nodeName
　　　　到變數result，接著輸出每個li的第一個小孩的nodeType與nodeValue到
　　　　變數result。最後找出變數menu的屬性title的nodeType與屬性值。

行號	程式碼
1	`function showLi(){`
2	`    var result = document.getElementById("result");`
3	`    var li = document.getElementsByTagName("li");`
4	`    var menu = document.getElementById("menu");`
5	`    for(var i=0;i<li.length;i++){`
6	`        result.innerHTML += " "+li[i].nodeType+" "+li[i].nodeName+" ";`
7	`        result.innerHTML += li[i].childNodes[0].nodeType+" "+li[i].childNodes[0].nodeValue;`
8	`    }`
9	`    result.innerHTML += " "+menu.attributes["title"].nodeType+" "+menu.getAttribute("title");`
10	`}`

STEP03　網頁預覽結果如下，menu下有七個li，第一個li的HTML為\<li>台北
　　　　市景點…\</li>，所以li[0].nodeType為「1」，表示為元素節點，對
　　　　應的li[0].nodeName為「LI」，接著找出該元素節點的第一個小孩的
　　　　nodeType(li[0].childNodes[0].nodeType)結果顯示為「3」，表示為文字
　　　　節點。

接著顯示該文字節點的文字(li[0].childNodes[0].nodeValue)結果顯示為「台北市景點」,這就是為什麼顯示結果的第一行是「1 LI 3 台北市景點」,第二個li的HTML為<li>台北101</li>,所以li[1].nodeType為「1」,表示為元素節點,對應的li[1].nodeName為「LI」,接著找出該元素節點的第一個小孩的nodeType(li[1].childNodes[0].nodeType)結果顯示為「3」,表示為文字節點,接著顯示該文字節點的文字(li[1].childNodes[0].nodeValue)結果顯示為「台北101」,這就是為什麼顯示結果的第二行是「1 LI 3 台北101」,依此類推其他五個標籤li的結果。

最後,變數menu的屬性title的nodeType(menu.attributes["title"].nodeType)結果顯示為「2」,表示為屬性節點,接著顯示變數menu的屬性title的屬性值(menu.getAttribute("title"))結果顯示為「旅遊景點」,這就是為什麼顯示結果的最後一行是「2 旅遊景點」。

本單元完整網頁如下：

行號	網頁
1	`<!DOCTYPE html>`
2	`<html lang="zh-TW">`
3	`<head>`
4	`<title>15-1-1標籤節點、文字節點與屬性節點</title>`
5	`<meta charset="utf-8">`
6	`<script>`
7	`function showLi(){`
8	`    var result = document.getElementById("result");`
9	`    var li = document.getElementsByTagName("li");`
10	`    var menu = document.getElementById("menu");`
11	`    for(var i=0;i<li.length;i++){`
12	`        result.innerHTML += " "+li[i].nodeType+" "+li[i].nodeName+" ";`
13	`        result.innerHTML += li[i].childNodes[0].nodeType+" "+li[i].` `childNodes[0].nodeValue;`
14	`    }`
15	`    result.innerHTML += " "+menu.attributes["title"].` `nodeType+" "+menu.getAttribute("title");`
16	`}`
17	`</script>`
18	`</head>`
19	`<body>`
20	`<ul id="menu" title="旅遊景點">`
21	`    <li>台北市景點`
22	`        <ul>`
23	`            <li>台北101</li>`
24	`            <li>迪化街</li>`
25	`            <li>士林夜市</li>`
26	
27	`        </ul>`
28	`    </li>`
29	`    <li>台南景點`
30	`        <ul>`
31	`            <li>赤崁樓</li>`
32	`            <li>台南孔廟</li>`
33	`        </ul>`
34	`    </li>`
35	`</ul>`
36	`<div>`
37	`<input type="submit" value="找出所有li" onclick="showLi()">`
38	`<p id="result">在此顯示結果</p>`
39	`</div>`
40	`</body>`
41	`</html>`

15-1-2　找出父、子與手足節點

 ch15\ch15-1-2.html

　　以下範例讀取網頁，找出父、子與手足節點，讀取節點值或屬性值進行驗證。

STEP01 新增條列式清單，並將id命名為menu。點選「找出menu的子節點」按鈕後呼叫函式findChildNode，將結果顯示在標籤p內，該標籤p的id命名為result1。點選「找出tp的父節點」按鈕後呼叫函式findParentNode，將結果顯示在標籤p內，該標籤p的id命名為result2。點選「找出dh的手足節點」按鈕後呼叫函式findSiblingNode，將結果顯示在標籤p內，該標籤p的id命名為result3。

```
<ul id="menu" title="旅遊景點">
    <li id="tp">台北市景點(tp)
        <ul><li>台北101</li>
        <li id="dh">迪化街(dh)</li>
        <li>士林夜市</li></ul>
    </li>
    <li>台南景點
        <ul><li>赤崁樓</li>
        <li>台南孔廟</li></ul>
    </li>
</ul>
<div>
<input type="submit" value="找出menu的子節點" onclick="findChildNode()">
<p id="result1">在此顯示結果</p>
</div>
<div>
<input type="submit" value="找出tp的父節點" onclick="findParentNode()">
<p id="result2">在此顯示結果</p>
</div>
<div>
<input type="submit" value="找出dh的手足節點" onclick="findSiblingNode()">
<p id="result3">在此顯示結果</p>
</div>
```

顯示結果如下：

- 台北市景點(tp)
  - 台北101
  - 迪化街(dh)
  - 士林夜市
- 台南景點
  - 赤崁樓
  - 台南孔廟

[找出menu的子節點]

在此顯示結果

[找出tp的父節點]

在此顯示結果

[找出dh的手足節點]

在此顯示結果

STEP02 新增JavaScript函式findChildNode，找到id為result1的元素到變數result，找到id為menu的元素到變數menu。若變數menu有子元素，則使用迴圈依序找出所有子元素。若子元素的nodeType（程式碼為menu.childNodes[i].nodeType）等於1，則串接該子元素的第一個小孩的nodeValue（程式碼為menu.childNdes[i].firstChild.nodeValue）到result。點選「找出menu的子節點」按鈕將驅動此findChildNode函式。

行號	程式碼
1	`function findChildNode(){`
2	`    var result = document.getElementById("result1");`
3	`    var menu = document.getElementById("menu");`
4	`  if (menu.hasChildNodes()){`
5	`        for(var i=0;i<menu.childNodes.length;i++){`
6	`            if (menu.childNodes[i].nodeType == 1){`
7	`                result.innerHTML += " "+menu.childNodes[i].firstChild.nodeValue;`
8	`            }`
9	`        }`
10	`    }`
11	`}`

點選「找出menu的子節點」按鈕後，結果如下。menu下有兩個子元素（標籤li）為元素節點，顯示兩個子元素第一個小孩的節點值，分別是「台北市景點(tp)」與「台南景點」，請參考本範例的清單，如下。

```html
<ul id="menu" title="旅遊景點">
    <li id="tp">台北市景點(tp)
        <ul><li>台北101</li><li id="dh">迪化街(dh)</li><li>士林夜市</li></ul>
    </li>
    <li>台南景點
        <ul><li>赤崁樓</li><li>台南孔廟</li></ul>
    </li>
</ul>
```

```
找出menu的子節點

在此顯示結果
台北市景點(tp)
台南景點
```

STEP03　新增JavaScript函式findParentNode，找到id為result2的元素到變數result，找到id為tp的元素到變數tp。找出變數tp的父節點的屬性title的值（程式碼為tp.parentNode.getAttribute("title")）串接到result。點選「找出tp的父節點」按鈕將驅動此findParentNode函式。

行號	程式碼
1	`function findParentNode(){`
2	`    var result = document.getElementById("result2");`
3	`    var tp = document.getElementById("tp");`
4	`    result.innerHTML += " "+tp.parentNode.getAttribute("title");`
5	`}`

以下為本範例的部分HTML，因為tp的父節點為標籤ul，所設定的屬性title為「旅遊景點」，所以顯示結果為「旅遊景點」。請參考本範例的清單，如下。

```html
<ul id="menu" title="旅遊景點">
    <li id="tp">台北市景點(tp)
...
```

點選「找出tp的父節點」按鈕後，結果如下：

```
┌─────────────────────┐
│  找出tp的父節點      │
└─────────────────────┘

在此顯示結果
旅遊景點
```

STEP04 新增JavaScript函式findSiblingNode，找到id為result3的元素到變數result，找到id為dh的元素到變數dh。找出變數dh的前一個手足節點的第一個元素的節點值（程式碼為dh.previousSibling.firstChild.nodeValue）串接到result，接著找出變數dh的後一個手足節點的第一個元素的節點值（程式碼為dh.nextSibling.firstChild.nodeValue）串接到result。點選「找出dh的手足節點」按鈕將驅動此findSiblingNode函式。

行號	程式碼
1	`function findSiblingNode(){`
2	`    var result = document.getElementById("result3");`
3	`    var dh = document.getElementById("dh");`
4	`    result.innerHTML += " "+dh.previousSibling.firstChild.nodeValue;`
5	`    result.innerHTML += " "+dh.nextSibling.firstChild.nodeValue;`
6	`}`

以下為本範例的部分HTML，因為dh的前一個手足節點為<li>台北101</li>，dh的後一個手足節點為<li>士林夜市</li>，所以dh.previousSibling.firstChild.nodeValue的結果為「台北101」，dh.nextSibling.firstChild.nodeValue的結果為「士林夜市」。請參考本範例的清單，如下。

```
...
<ul><li>台北101</li>
    <li id="dh">迪化街(dh)</li>
    <li>士林夜市</li></ul>
...
```

點選「找出dh的手足節點」按鈕後，結果如下。

```
┌─────────────────────┐
│  找出dh的手足節點    │
└─────────────────────┘

在此顯示結果
台北101
士林夜市
```

本單元完整網頁如下：

行號	網頁
1	`<!DOCTYPE html>`
2	`<html lang="zh-TW">`
3	`<head>`
4	`<title>15-1-2找出父、子與手足節點</title>`
5	`<meta charset="utf-8">`
6	`<script>`
7	`function findChildNode(){`
8	`    var result = document.getElementById("result1");`
9	`    var menu = document.getElementById("menu");`
10	`    if (menu.hasChildNodes()){`
11	`        for(var i=0;i<menu.childNodes.length;i++){`
12	`            if (menu.childNodes[i].nodeType == 1){`
13	`                result.innerHTML += " "+menu.childNodes[i].firstChild.nodeValue;`
14	`            }`
15	`        }`
16	`    }`
17	`}`
18	`function findParentNode(){`
19	`    var result = document.getElementById("result2");`
20	`    var tp = document.getElementById("tp");`
21	`    result.innerHTML += " "+tp.parentNode.getAttribute("title");`
22	`}`
23	`function findSiblingNode(){`
24	`    var result = document.getElementById("result3");`
25	`    var dh = document.getElementById("dh");`
26	`    result.innerHTML += " "+dh.previousSibling.firstChild.nodeValue;`
27	`    result.innerHTML += " "+dh.nextSibling.firstChild.nodeValue;`
28	`}`
29	`</script>`
30	`</head>`
31	`<body>`
32	`<ul id="menu" title="旅遊景點">`
33	`    <li id="tp">台北市景點(tp)`
34	`        <ul><li>台北101</li><li id="dh">迪化街(dh)</li><li>士林夜市</li></ul>`
35	`    </li>`
36	`    <li>台南景點`
37	`        <ul><li>赤崁樓</li><li>台南孔廟</li></ul>`
38	`    </li>`
39	`</ul>`
40	`<div>`
41	`<input type="submit" value="找出menu的子節點" onclick="findChildNode()">`
42	`<p id="result1">在此顯示結果</p>`

行號	網頁
43	`</div>`
44	`<div>`
45	`<input type="submit" value="找出tp的父節點" onclick="findParentNode()">`
46	`<p id="result2">在此顯示結果</p>`
47	`</div>`
48	`<div>`
49	`<input type="submit" value="找出dh的手足節點" onclick="findSiblingNode()">`
50	`<p id="result3">在此顯示結果</p>`
51	`</div>`
52	`</body>`
53	`</html>`

15-2 ○ DOM 的應用範例

可以使用DOM動態更改網頁的元素屬性值、更改元素所套用的CSS、新增元素、刪除元素、取代元素與插入元素，以下介紹這些功能應用的範例。

15-2-1　更改屬性節點

🔍 ch15\ch15-2-1.html

以下範例經由更改屬性節點，按下按鈕後會更換圖片。

STEP01 新增一張圖片，圖片來自資料夾img下的檔案1.jpg，寬度為300px，高度為200px。點選「更改圖片」按鈕後呼叫函式changeImg。

```
<img src="img/1.jpg" width="300" height="200">
<div>
<input type="submit" value="更改圖片" onclick="changeImg()">
</div>
```

顯示結果如下：

更改圖片

STEP02 新增函式changeImg，找到標籤為img的第一個元素指定給變數img，使用setAttribute函式，設定變數img的屬性src為img/2.jpg，如此就可以更換圖片為資料夾img下的檔案2.jpg。

```javascript
function changeImg(){
    var img = document.getElementsByTagName("img")[0];
    img.setAttribute("src","img/2.jpg");
}
```

點選「更改圖片」按鈕後，結果如下：

更改圖片

本單元完整網頁如下：

行號	網頁
1	`<!DOCTYPE html>`
2	`<html lang="zh-TW">`
3	`<head>`
4	`<title>15-2-1更改屬性節點</title>`
5	`<meta charset="utf-8">`
6	`<script>`
7	`function changeImg(){`
8	`    var img = document.getElementsByTagName("img")[0];`
9	`    img.setAttribute("src","img/2.jpg");`
10	`}`
11	`</script>`
12	`</head>`
13	`<body>`
14	`<img src="img/1.jpg" width="300" height="200">`
15	`<div>`
16	`<input type="submit" value="更改圖片" onclick="changeImg()">`
17	`</div>`
18	`</body>`
19	`</html>`

15-2-2 更改元素的CSS類別

📀 ch15\ch15-2-2.html

以下範例經由更改元素的CSS類別，按下按鈕後會更改圖片的外框形狀。

STEP01 新增一張圖片，圖片來自資料夾img下的檔案1.jpg，寬度為300px，高度為200px，CSS類別為img1。點選「更改圖片外框形狀」按鈕後呼叫函式changeCSS。

```html
<img src="img/1.jpg" width="300" height="200" class="img1">
<div>
<input type="submit" value="更改圖片外框形狀" onclick="changeCSS()">
</div>
```

顯示結果如下：

STEP02 新增CSS如下，新增類別img1與img2。

```css
.img1{
    border-radius: 0px;
}
.img2 {
    border-radius: 100px;
}
```

STEP03 新增函式changeCSS，找到標籤為img的第一個元素指定給變數img，設定變數img的className為img2，如此就可以更換圖片的外框形狀。

```javascript
function changeCSS(){
    var img = document.getElementsByTagName("img")[0];
    img.className="img2";
}
```

點選「更改圖片外框形狀」按鈕後，結果如下。

更改圖片外框形狀

本單元完整網頁如下。

行號	網頁
1	`<!DOCTYPE html>`
2	`<html lang="zh-TW">`
3	`<head>`
4	`<title>15-2-2更改元素的CSS類別</title>`
5	`<meta charset="utf-8">`
6	`<style>`
7	`.img1{`
8	`    border-radius: 0px;`
9	`}`
10	`.img2 {`
11	`    border-radius: 100px;`
12	`}`
13	`</style>`
14	`<script>`
15	`function changeCSS(){`
16	`    var img = document.getElementsByTagName("img")[0];`
17	`    img.className="img2";`
18	`}`
19	`</script>`
20	`</head>`
21	`<body>`
22	`<img src="img/1.jpg" width="300" height="200" class="img1">`
23	`<div>`
24	`<input type="submit" value="更改圖片外框形狀" onclick="changeCSS()">`
25	`</div>`
26	`</body>`
27	`</html>`

15-2-3 新增圖片

ch15\ch15-2-3.html

　　以下範例使用createElement新增圖片，使用setAttribute設定圖片的屬性，最後使用appendChild將圖片加入網頁。

STEP01 新增一張圖片，圖片來自資料夾img下的檔案1.jpg，寬度為300px，高度為200px。點選「新增圖片」按鈕後呼叫函式createImg。

```
<img src="img/1.jpg" width="300" height="200">
<div>
<input type="submit" value="新增圖片" onclick="createImg()">
</div>
```

　　　　顯示結果如下：

新增圖片

STEP02 新增函式createImg，使用creatElement("img")新增標籤img的元素指定給變數img，設定變數img的屬性src為「img/2.jpg」，屬性width為300，屬性height為200，最後使用appendChild將變數img加入到網頁中標籤body的最後。

```
function createImg(){
    var img = document.createElement("img");
    img.setAttribute("src","img/2.jpg");
    img.setAttribute("width","300");
    img.setAttribute("height","200");
    document.body.appendChild(img);
}
```

點選「新增圖片」按鈕後，結果如下。

本單元完整網頁如下：

行號	網頁
1	`<!DOCTYPE html>`
2	`<html lang="zh-TW">`
3	`<head>`
4	`<title>15-2-3新增圖片</title>`
5	`<meta charset="utf-8">`
6	`<script>`
7	`function createImg(){`
8	`    var img = document.createElement("img");`
9	`    img.setAttribute("src","img/2.jpg");`
10	`    img.setAttribute("width","300");`
11	`    img.setAttribute("height","200");`
12	`    document.body.appendChild(img);`
13	`}`
14	`</script>`
15	`</head>`
16	`<body>`

行號	網頁
17	`<img src="img/1.jpg" width="300" height="200">`
18	`<div>`
19	`<input type="submit" value="新增圖片" onclick="createImg()">`
20	`</div>`
21	`</body>`
22	`</html>`

15-2-4　刪除圖片

🔧 ch15\ch15-2-4.html

以下範例使用removeElement刪除圖片。

STEP01 新增兩張圖片，第一張圖片來自資料夾img下的檔案1.jpg，寬度為300px，高度為200px；第二張圖片來自資料夾img下的檔案2.jpg，寬度為300px，高度為200px。點選「刪除第二張圖片」按鈕後呼叫函式removeImg。

```
<img src="img/1.jpg" width="300" height="200"><br>
<img src="img/2.jpg" width="300" height="200">
<div>
<input type="submit" value="刪除第二張圖片" onclick="removeImg()">
</div>
```

顯示結果如下：

刪除第二張圖片

STEP02 新增函式removeImg，找到標籤為img的第二個元素指定給變數img，在
變數img的父節點使用removeChild刪除變數img所指定的圖片。

```
function removeImg(){
    var img = document.getElementsByTagName("img")[1];
    img.parentElement.removeChild(img);
}
```

點選「刪除第二張圖片」按鈕後，結果如下。

刪除第二張圖片

本單元完整網頁如下：

行號	網頁
1	`<!DOCTYPE html>`
2	`<html lang="zh-TW">`
3	`<head>`
4	`<title>15-2-4刪除圖片</title>`
5	`<meta charset="utf-8">`
6	`<script>`
7	`function removeImg(){`
8	`    var img = document.getElementsByTagName("img")[1];`
9	`    img.parentElement.removeChild(img);`
10	`}`
11	`</script>`
12	`</head>`
13	`<body>`
14	`<img src="img/1.jpg" width="300" height="200"> `
15	`<img src="img/2.jpg" width="300" height="200">`
16	`<div>`
17	`<input type="submit" value="刪除第二張圖片" onclick="removeImg()">`
18	`</div>`
19	`</body>`
20	`</html>`

15-2-5 取代圖片

ch15\ch15-2-5.html

以下範例使用createElement新增圖片，使用setAttribute設定圖片的屬性，最後使用replaceChild取代網頁中圖片。

STEP01 新增一張圖片，圖片來自資料夾img下的檔案1.jpg，寬度為300px，高度為200px。點選「取代圖片」按鈕後呼叫函式replaceImg。

```html
<img src="img/1.jpg" width="300" height="200">
<div>
<input type="submit" value="取代圖片" onclick="replaceImg()">
</div>
```

顯示結果如下：

取代圖片

STEP02 新增函式replaceImg，找到標籤為img的第一個元素指定給變數imgOld，使用creatElement("img")新增標籤img的元素，並指定給變數imgNew，設定變數imgNew的屬性src為img/2.jpg，屬性width為300，屬性height為200，最後使用replaceChild將變數imgNew取代變數imgOld。

```javascript
function replaceImg(){
    var imgOld = document.getElementsByTagName("img")[0];
    var imgNew = document.createElement("img");
    imgNew.setAttribute("src","img/2.jpg");
    imgNew.setAttribute("width","300");
    imgNew.setAttribute("height","200");
    imgOld.parentElement.replaceChild(imgNew,imgOld);
}
```

點選「取代圖片」按鈕後，結果如下。

取代圖片

本單元完整網頁如下：

行號	網頁
1	`<!DOCTYPE html>`
2	`<html lang="zh-TW">`
3	`<head>`
4	`<title>15-2-5取代圖片</title>`
5	`<meta charset="utf-8">`
6	`<script>`
7	`function replaceImg(){`
8	`    var imgOld = document.getElementsByTagName("img")[0];`
9	`    var imgNew = document.createElement("img");`
10	`    imgNew.setAttribute("src","img/2.jpg");`
11	`    imgNew.setAttribute("width","300");`
12	`    imgNew.setAttribute("height","200");`
13	`    imgOld.parentElement.replaceChild(imgNew,imgOld);`
14	`}`
15	`</script>`
16	`</head>`
17	`<body>`
18	`<img src="img/1.jpg" width="300" height="200">`
19	`<div>`
20	`<input type="submit" value="取代圖片" onclick="replaceImg()">`
21	`</div>`
22	`</body>`
23	`</html>`

15-2-6　插入圖片

ch15\ch15-2-6.html

　　以下範例使用createElement新增圖片，使用setAttribute設定圖片的屬性，最後使用insertBefore插入圖片。

STEP01 新增一張圖片，圖片來自資料夾img下的檔案1.jpg，寬度為300px，高度為200px。點選「插入圖片」按鈕後呼叫函式insertImg。

```html
<img src="img/1.jpg" width="300" height="200">
<div>
<input type="submit" value="插入圖片" onclick="insertImg()">
</div>
```

　　　　顯示結果如下：

插入圖片

STEP02 新增函式insertImg，找到標籤為img的第一個元素指定給變數imgOld，使用createElement("img")新增標籤img的元素，並指定給變數imgNew，設定變數imgNew的屬性src為img/2.jpg，屬性width為300，屬性height為200，最後使用insertBefore將變數imgNew插入在變數imgOld之前。

```javascript
function insertImg(){
    var imgOld = document.getElementsByTagName("img")[0];
    var imgNew = document.createElement("img");
    imgNew.setAttribute("src","img/2.jpg");
    imgNew.setAttribute("width","300");
    imgNew.setAttribute("height","200");
    imgOld.parentElement.insertBefore(imgNew,imgOld);
}
```

點選「插入圖片」按鈕後，結果如下，標籤img為行內（inline）元素，所以不會自動換行。

插入圖片

本單元完整網頁如下：

行號	網頁
1	`<!DOCTYPE html>`
2	`<html lang="zh-TW">`
3	`<head>`
4	`<title>15-2-6插入圖片</title>`
5	`<meta charset="utf-8">`
6	`<script>`
7	`function insertImg(){`
8	`    var imgOld = document.getElementsByTagName("img")[0];`
9	`    var imgNew = document.createElement("img");`
10	`    imgNew.setAttribute("src","img/2.jpg");`
11	`    imgNew.setAttribute("width","300");`
12	`    imgNew.setAttribute("height","200");`
13	`    imgOld.parentElement.insertBefore(imgNew,imgOld);`
14	`}`
15	`</script>`
16	`</head>`
17	`<body>`
18	`<img src="img/1.jpg" width="300" height="200">`
19	`<div>`
20	`<input type="submit" value="插入圖片" onclick="insertImg()">`
21	`</div>`
22	`</body>`
23	`</html>`

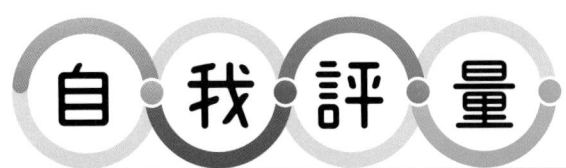

自 我 評 量

1. 請問什麼是文件物件模型（DOM）？

2. 請說明如何分辨元素節點、文字節點與屬性節點？

3. 請說明使用DOM操作元素的屬性有哪些？用途為何？

4. 請說明setAttribute與getAttribute的用途？並以本章範例進行練習。

5. 請說明appendChild、removeChild、replaceChild與insertBefore的用途？並以本章範例進行練習。

6. 請說明createElement的用途？並以本章範例進行練習。

HTML5
CSS3
JavaScript

16

HTML5與JavaScript結合的常用功能

以下介紹HTML5與JavaScript結合的常用功能，例如：Canvas、SVG、localStorage、sessionStorage、navigator.geolocation、Web Workers與Server-Sent Events等。

16-1 Canvas 畫布功能

HTML5提供標籤canvas支援畫布功能，可以在畫布上繪製幾何輪廓、填充顏色、繪製文字、建立與填入漸層顏色、匯入圖片等功能。

16-1-1 新增畫布

🔧 ch16\ch16-1.html

使用標籤canvas設定畫布，設定id為Canvas1，寬度為400，高度為300，邊界使用寬度2px的實心藍色線。

```
<canvas id="Canvas1" width="400" height="300" style="border:2px solid #0000ff;">
瀏覽器不支援HTML5 Canvas
</canvas>
```

結果如下：

16-1-2 描繪線段並封閉成區域

🔧 ch16\ch16-1-2.html

本單元介紹函式beginPath開始繪製路徑，函式stroke進行描邊，函式closePath封閉成區域。

STEP01 使用標籤canvas設定畫布，設定id為Canvas1，寬度為400，高度為200，邊界使用寬度2px的實心藍色線。

```
<canvas id="Canvas1" width="400" height="200" style="border:2px solid #0000ff;">
瀏覽器不支援HTML5 Canvas
</canvas>
```

STEP02 使用「document.getElementById("Canvas1")」指定使用id為Canvas1的畫布，使用「ca.getContext("2d")」指定繪製2d的圖形。

在Canvas1繪製兩條直線，使用函式beginPath開始繪製路徑，函式stroke進行描邊，第一條直線座標為(50,50)到(150,150)，第二條直線座標為(50,150)到(150,50)。

```
<script>
    var ca=document.getElementById("Canvas1");
    var ct=ca.getContext("2d");
    //描繪線段
    ct.beginPath();
    ct.moveTo(50,50);
    ct.lineTo(150,150);
    ct.stroke();  //描邊
    ct.moveTo(50,150);
    ct.lineTo(150,50);
    ct.stroke();  //描邊
</script>
```

STEP03 在Canvas1繪製三角形，使用函式beginPath開始繪製路徑，使用函式closePath封閉路徑形成區域，函式stroke進行描邊，第一條直線座標為(250,50)到(350,50)，第二條直線座標為(350,50)到(350,150)，接著使用closePath封閉成區域形成三角形。

```
<script>
    //描繪線段並封閉成區域
    ct.beginPath();
    ct.moveTo(250, 50);
    ct.lineTo(350, 50);  //描繪兩條線
    ct.lineTo(350, 150);
    ct.closePath();  //使用closePath會讓此兩條線形成封閉區域的三角形
    ct.stroke();  //描邊
</script>
```

結果如下：

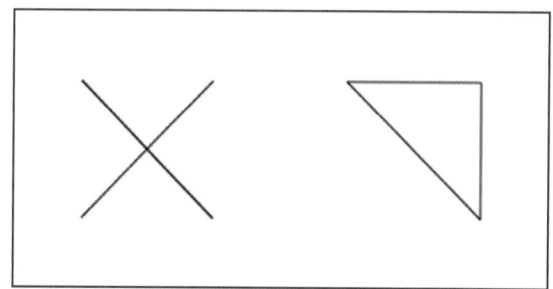

本單元完整網頁如下：

行號	網頁
1	`<!DOCTYPE html>`
2	`<html>`
3	`<head>`
4	`<meta charset="utf-8">`
5	`<title>HTML Canvas功能-描繪線段並封閉成區域</title>`
6	`</head>`
7	`<body>`
8	`<canvas id="Canvas1" width="400" height="200" style="border:2px solid #0000ff;">`
9	`瀏覽器不支援HTML5 Canvas`
10	`</canvas>`
11	`<script>`
12	`    var ca=document.getElementById("Canvas1");`
13	`    var ct=ca.getContext("2d");`
14	`    //描繪線段`
15	`    ct.beginPath();`
16	`    ct.moveTo(50,50);`
17	`    ct.lineTo(150,150);`
18	`    ct.stroke(); //描邊`
19	`    ct.moveTo(50,150);`
20	`    ct.lineTo(150,50);`
21	`    ct.stroke(); //描邊`
22	`    //描繪線段並封閉成區域`
23	`    ct.beginPath();`
24	`    ct.moveTo(250, 50);`
25	`    ct.lineTo(350, 50); //描繪兩條線`
26	`    ct.lineTo(350, 150);`
27	`    ct.closePath(); //使用closePath會讓此兩條線形成封閉區域的三角形`
28	`    ct.stroke(); //描邊`
29	`</script>`
30	`</body>`
31	`</html>`

16-1-3　填充封閉區域

ch16\ch16-1-3.html

本單元介紹函式fill填充封閉區域，如果為開放區域，會自動形成封閉區域，再進行填充。

STEP01 使用標籤canvas設定畫布，設定id為Canvas1，寬度為400，高度為200，邊界使用寬度2px的實心藍色線。

```
<canvas id="Canvas1" width="400" height="200" style="border:2px solid #0000ff;">
瀏覽器不支援HTML5 Canvas
</canvas>
```

STEP02 使用「document.getElementById("Canvas1")」指定使用id為Canvas1的畫布，使用「ca.getContext("2d")」指定繪製2d的圖形。

在Canvas1繪製兩條直線，使用函式beginPath開始繪製路徑，第一條直線座標為(50,50)到(225,50)，第二條直線座標為(225,50)到(350,150)，使用函式fill填充封閉區域。

```
<script>
    var ca=document.getElementById("Canvas1");
    var ct=ca.getContext("2d");
    ct.beginPath();
    ct.moveTo(50, 50);
    ct.lineTo(225, 50);
    ct.lineTo(350, 150);
    ct.fill(); //填充封閉區域，如果為開放區域，會自動形成封閉區域
</script>
```

結果如下：

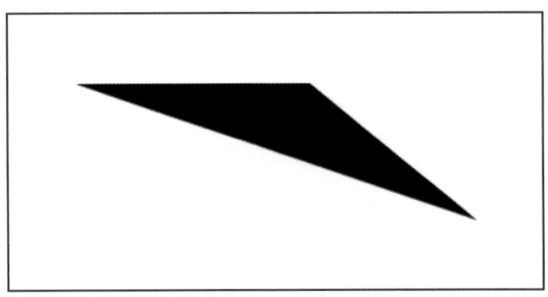

本單元完整網頁如下：

行號	網頁
1	`<!DOCTYPE html>`
2	`<html>`
3	`<head>`
4	`<meta charset="utf-8">`
5	`<title>HTML Canvas功能-填充封閉區域</title>`
6	`</head>`
7	`<body>`
8	`<canvas id="Canvas1" width="400" height="200" style="border:2px solid #0000ff;">`
9	`瀏覽器不支援HTML5 Canvas`
10	`</canvas>`
11	`<script>`
12	`    var ca=document.getElementById("Canvas1");`
13	`    var ct=ca.getContext("2d");`
14	`    ct.beginPath();`
15	`    ct.moveTo(50, 50);`
16	`    ct.lineTo(225, 50);`
17	`    ct.lineTo(350, 150);`
18	`    ct.fill(); //填充封閉區域，如果為開放區域，會自動形成封閉區域`
19	`</script>`
20	`</body>`
21	`</html>`

16-1-4　填充顏色與線段顏色

ch16\ch16-1-4.html

本單元介紹屬性fillStyle設定填充顏色，屬性strokeStyle設定線段顏色，屬性linewidth設定線的寬度。使用函式fillRect繪製長方形區域，函式strokeRect繪製長方形線段，函式clearRect清空長方形區域。

STEP01　使用標籤canvas設定畫布，設定id為Canvas1，寬度為400，高度為200，邊界使用寬度2px的實心藍色線。

```
<canvas id="Canvas1" width="400" height="200" style="border:2px solid #0000ff;">
瀏覽器不支援HTML5 Canvas
</canvas>
```

STEP02 使用「document.getElementById("Canvas1")」指定使用id為Canvas1的
畫布，「ca.getContext("2d")」指定繪製2d的圖形。

使用「ct.fillStyle="#0000FF"」指定填充藍色，「ct.
fillRect(100,50,200,100)」繪製長方形區域以(100,50)為左上角座標，寬
度200高度100的藍色長方形。使用「ct.strokeStyle = "#FF0000"」
指定線段為紅色，「ct.lineWidth = 5」設定線寬度為5px，「ct.
strokeRect(60, 40, 100, 80)」繪製以(60,40)為左上角座標，寬度100高
度80紅色外框的長方形，使用「ct.clearRect(200, 70, 40, 60)」清空以
(200,70)為左上角座標，寬度40高度60的長方形區域。

```html
<script>
    var ca=document.getElementById("Canvas1");
    var ct=ca.getContext("2d");
    ct.fillStyle="#0000FF";
    ct.fillRect(100,50,200,100);
    ct.strokeStyle = "#FF0000";
    ct.lineWidth = 5;
    ct.strokeRect(60, 40, 100, 80);
    ct.clearRect(200, 70, 40, 60);
</script>
```

結果如下：

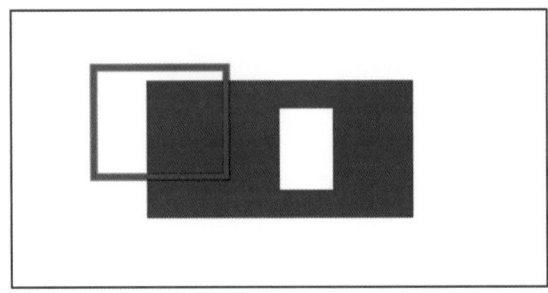

本單元完整網頁如下：

行號	網頁
1	`<!DOCTYPE html>`
2	`<html>`
3	`<head>`
4	`<meta charset="utf-8">`
5	`<title>HTML Canvas功能-填充顏色與線段顏色</title>`
6	`</head>`
7	`<body>`
8	`<canvas id="Canvas1" width="400" height="200" style="border:2px solid #0000ff;">`
9	`瀏覽器不支援HTML5 Canvas`
10	`</canvas>`
11	`<script>`
12	`    var ca=document.getElementById("Canvas1");`
13	`    var ct=ca.getContext("2d");`
14	`    ct.fillStyle="#0000FF";`
15	`    ct.fillRect(100,50,200,100);`
16	`    ct.strokeStyle = "#FF0000";`
17	`    ct.lineWidth = 5;`
18	`    ct.strokeRect(60, 40, 100, 80);`
19	`    ct.clearRect(200, 70, 40, 60);`
20	`</script>`
21	`</body>`
22	`</html>`

16-1-5 繪製圓弧

🔵 ch16\ch16-1-5.html

本單元介紹函式arc繪製圓弧，圓弧使用徑度量，180度為 π（Math.PI），360度為2 π（2* Math.PI），90度為 π / 2（Math.PI/2）。

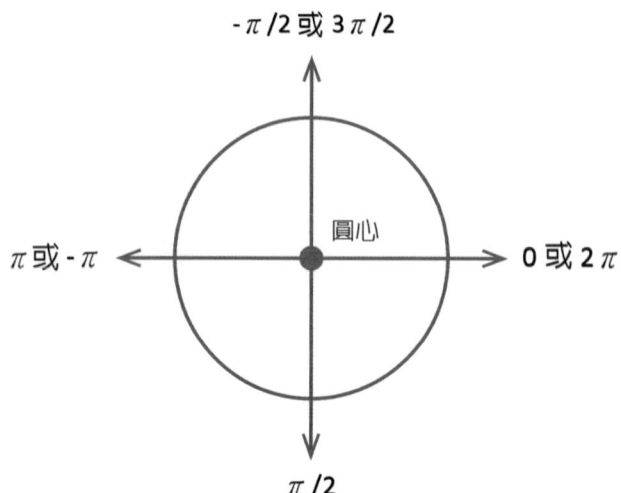

STEP01　使用標籤canvas設定畫布，設定id為Canvas1，寬度為400，高度為
400，邊界使用寬度2px的實心藍色線。

```
<canvas id="Canvas1" width="400" height="400" style="border:2px solid #0000ff;">
瀏覽器不支援HTML5 Canvas
</canvas>
```

STEP02　使用「document.getElementById("Canvas1")」指定使用id為Canvas1的
畫布，「ca.getContext("2d")」指定繪製2d的圖形。
使用函式beginPath開始繪製路徑，「ct.arc(100, 100, 50, 0, Math.
PI/2)」繪製圓心為(100,100)，半徑為50，徑度為0到π／2的圓，最後使
用函式stroke繪圖。使用函式beginPath開始繪製路徑，「ct.arc(300,
100, 50, Math.PI, 0)」繪製圓心為(300,100)，半徑為50，徑度為π到0的
圓，使用函式closePath封閉路徑，最後使用函式stroke繪圖。

```
<script>
    var ca=document.getElementById("Canvas1");
    var ct=ca.getContext("2d");
    ct.beginPath();
    ct.arc(100, 100, 50, 0, Math.PI/2);
    ct.stroke();
    ct.beginPath();
    ct.arc(300, 100, 50, Math.PI, 0);
    ct.closePath(); //封閉路徑
    ct.stroke();
</script>
```

結果如下：

STEP03　使用函式beginPath開始繪製路徑，「ct.arc(100, 250, 50, 0, Math.PI／2,
false)」繪製圓心為(100,250)，半徑為50，徑度為0到π／2的圓，false表
示順時針繪製，函式fill封閉區域填入藍色。使用函式beginPath開始繪製
路徑，「ct.arc(300, 250, 50, -Math.PI／2, Math.PI／2, true)」繪製圓心
為(300,250)，半徑為50，徑度為 -π／2到π／2的圓，true表示逆時針繪
製。

```
<script>
    ct.beginPath();
    ct.arc(100, 250, 50, 0, Math.PI/2, false);
    ct.fillStyle = "blue";
    ct.fill();
    ct.beginPath();
    ct.arc(300, 250, 50, -Math.PI / 2, Math.PI / 2, true);
    ct.fill();
</script>
```

結果如下：

本單元完整網頁如下：

行號	網頁
1	`<!DOCTYPE html>`
2	`<html>`
3	`<head>`
4	`<meta charset="utf-8">`
5	`<title>HTML Canvas功能-使用arc繪製圓弧</title>`
6	`</head>`
7	`<body>`
8	`<canvas id="Canvas1" width="400" height="400" style="border:2px solid #0000ff;">`
9	瀏覽器不支援HTML5 Canvas
10	`</canvas>`
11	`<script>`
12	`    var ca=document.getElementById("Canvas1");`
13	`    var ct=ca.getContext("2d");`
14	`    ct.beginPath();`
15	`    ct.arc(100, 100, 50, 0, Math.PI/2);`
16	`    ct.stroke();`
17	`    ct.beginPath();`
18	`    ct.arc(300, 100, 50, Math.PI, 0);`
19	`    ct.closePath(); //封閉路徑`
20	`    ct.stroke();`
21	`    ct.beginPath();`
22	`    ct.arc(100, 250, 50, 0, Math.PI/2, false);`
23	`    ct.fillStyle = "blue";`
24	`    ct.fill();`
25	`    ct.beginPath();`

行號	網頁
26	`    ct.arc(300, 250, 50, -Math.PI / 2, Math.PI / 2, true);`
27	`    ct.fill();`
28	`</script>`
29	`</body>`
30	`</html>`

16-1-6　漸層顏色

ch16\ch16-1-6.html

本單元介紹函式createLinearGradient建立漸層顏色，使用函式addColorStop新增漸層的端點顏色。

STEP01 使用標籤canvas設定畫布，設定id為Canvas1，寬度為400，高度為200，邊界使用寬度2px的實心藍色線。

```
canvas id="Canvas1" width="400" height="200" style="border:2px solid #0000ff;">
瀏覽器不支援HTML5 Canvas
</canvas>
```

STEP02 使用「document.getElementById("Canvas1")」指定使用id為Canvas1的畫布，「ca.getContext("2d")」指定繪製2d的圖形。

使用「ct.createLinearGradient(0, 0, 400, 200)」建立從(0,0)到(400,200)方向的漸層，「gradient.addColorStop("0", "red")」設定左上角為紅色，「gradient.addColorStop("1.0", "blue")」設定右下角為藍色，「ct.fillStyle = gradient」表示使用此漸層填色，「ct.fillRect(0,0,400,200)」建立長方形色塊，左上角為(0,0)寬度為400px，高度為200px，填入該漸層顏色。

```
<script>
    var ca = document.getElementById("Canvas1");
    var ct = ca.getContext("2d");
    var gradient = ct.createLinearGradient(0, 0, 400, 200); //建立漸層
    gradient.addColorStop("0", "red");
    gradient.addColorStop("1.0", "blue");
    ct.fillStyle = gradient;
    ct.fillRect(0,0,400,200);
</script>
```

結果如下：

本單元完整網頁如下：

行號	網頁
1	`<!DOCTYPE html>`
2	`<html>`
3	`<head>`
4	`<meta charset="utf-8">`
5	`<title>HTML Canvas功能-填充漸層顏色</title>`
6	`</head>`
7	`<body>`
8	`<canvas id="Canvas1" width="400" height="200" style="border:2px solid #0000ff;">`
9	瀏覽器不支援HTML5 Canvas
10	`</canvas>`
11	`<script>`
12	`    var ca = document.getElementById("Canvas1");`
13	`    var ct = ca.getContext("2d");`
14	`    var gradient = ct.createLinearGradient(0, 0, 400, 200); //建立漸層`
15	`    gradient.addColorStop("0", "red");`
16	`    gradient.addColorStop("1.0", "blue");`
17	`    ct.fillStyle = gradient;`
18	`    ct.fillRect(0,0,400,200);`
19	`</script>`
20	`</body>`
21	`</html>`

16-1-7　繪製文字

🔍 ch16\ch16-1-7.html

本單元介紹函式fillText繪製文字，函式strokeText繪製文字的輪廓。

STEP01 使用標籤canvas設定畫布，設定id為Canvas1，寬度為400，高度為400，邊界使用寬度2px的實心藍色線。

```
<canvas id="Canvas1" width="400" height="400" style="border:2px solid #0000ff;">
瀏覽器不支援HTML5 Canvas
</canvas>
```

STEP02 使用「document.getElementById("Canvas1")」指定使用id為Canvas1的畫布，「ca.getContext("2d")」指定繪製2d的圖形。

使用「ct.font = "50px 標楷體"」設定字形為標楷體，字形大小為50px，「ct.fillText("HTML5網頁",100,100)」在座標(100,100)填入文字「HTML5網頁」。「ct.strokeText("HTML5網頁",100,200)」在座標(100,200)繪製文字「HTML5網頁」的輪廓。使用「ct.createLinearGradient(0, 0, 400, 200)」建立從(0,0)到(400,200)方向的漸層，使用「gradient.addColorStop("0", "red")」設定左上角為紅色，「gradient.addColorStop("1.0", "green")」設定右下角為綠色，「ct.strokeStyle = gradient」表示使用此漸層填入文字的輪廓。「ct.strokeText("HTML5網頁",100,300)」在座標(100,300)繪製文字「HTML5網頁」漸層顏色的輪廓。

```
<script>
    var ca = document.getElementById("Canvas1");
    var ct = ca.getContext("2d");
    ct.font = "50px 標楷體";
    ct.fillText("HTML5網頁",100,100);
    ct.strokeText("HTML5網頁",100,200);
    var gradient = ct.createLinearGradient(0, 0, 400, 200); //建立漸層
    gradient.addColorStop("0", "red");
    gradient.addColorStop("1.0", "green");
    ct.strokeStyle = gradient;
    ct.strokeText("HTML5網頁", 100, 300);
</script>
```

結果如下：

HTML5網頁

HTML5網頁

HTML5網頁

本單元完整網頁如下：

行號	網頁
1	`<!DOCTYPE html>`
2	`<html>`
3	`<head>`
4	`<meta charset="utf-8">`
5	`<title>HTML Canvas功能-繪製文字</title>`
6	`</head>`
7	`<body>`
8	`<canvas id="Canvas1" width="400" height="400" style="border:2px solid #0000ff;">`
9	`瀏覽器不支援HTML5 Canvas`
10	`</canvas>`
11	`<script>`
12	`    var ca = document.getElementById("Canvas1");`
13	`    var ct = ca.getContext("2d");`
14	`    ct.font = "50px　標楷體";`
15	`    ct.fillText("HTML5網頁",100,100);`
16	`    ct.strokeText("HTML5網頁",100,200);`
17	`    var gradient = ct.createLinearGradient(0, 0, 400, 200); //建立漸層`
18	`    gradient.addColorStop("0", "red");`
19	`    gradient.addColorStop("1.0", "green");`
20	`    ct.strokeStyle = gradient;`
21	`    ct.strokeText("HTML5網頁", 100, 300);`
22	`</script>`
23	`</body>`
24	`</html>`

16-1-8 載入圖片

ch16\ch16-1-8.html

本單元介紹函式drawImage匯入圖片。

STEP01 使用標籤img顯示圖片img.jpg，設定圖片寬度200，高度300。標籤canvas設定畫布，設定id為Canvas1，寬度為300，高度為400，邊界使用寬度2px的實心藍色線。

```
<img id="img" src="img.jpg"  width="200" height="300"><br>
<canvas id="Canvas1" width="300" height="400" style="border:2px solid #0000ff;">
瀏覽器不支援HTML5 Canvas
</canvas>
```

STEP02 使用「document.getElementById("Canvas1")」指定使用id為Canvas1的畫布，「ca.getContext("2d")」指定繪製2d的圖形。
使用「document.getElementById("img")」指定使用id為img的圖片，「ct.drawImage(pic, 10, 10, 280, 380)」，表示照片的左上角座標為(10,10)，寬度為280，高度為380。

```
<script>
window.onload = function() {
    var ca = document.getElementById("Canvas1");
    var ct = ca.getContext("2d");
    var pic = document.getElementById("img");
    ct.drawImage(pic, 10, 10, 280, 380);
}
</script>
```

結果如下：

本單元完整網頁如下：

行號	網頁
1	`<!DOCTYPE html>`
2	`<html>`
3	`<head>`
4	`<meta charset="utf-8">`
5	`<title>HTML Canvas功能-載入圖片</title>`
6	`</head>`
7	`<body>`
8	`<img id="img" src="img.jpg"  width="200" height="300"> `
9	`<canvas id="Canvas1" width="300" height="400" style="border:2px solid #0000ff;">`
10	瀏覽器不支援HTML5 Canvas
11	`</canvas>`
12	`<script>`
13	`window.onload = function() {`
14	`    var ca = document.getElementById("Canvas1");`
15	`    var ct = ca.getContext("2d");`
16	`    var pic = document.getElementById("img");`
17	`    ct.drawImage(pic, 10, 10, 280, 380);`
18	`}`
19	`</script>`
20	`</body>`
21	`</html>`

16-2 SVG 功能

可縮放向量圖形（Scalable Vector Graphics, SVG），用於描述二維向量圖形的圖形格式。

16-2-1 繪製圓形

⊘ ch16\ch16-2-1.html

使用標籤svg新增SVG功能，在座標(200,100)使用半徑50px，繪製寬度為5px黃色邊線的圓形，填入綠色。

```
<svg  width="400" height="200">
   <circle cx="200" cy="100" r="50" stroke="yellow" stroke-width="5" fill="green" />
</svg>
```

結果如下：

本單元完整網頁如下：

行號	網頁
1	`<!DOCTYPE html>`
2	`<html>`
3	`<head>`
4	`<meta charset="utf-8">`
5	`<title>SVG功能-繪製圓形</title>`
6	`</head>`
7	`<body>`
8	`<svg  width="400" height="200">`
9	`    <circle cx="200" cy="100" r="50" stroke="yellow" stroke-width="5" fill="green" />`
10	`</svg>`
11	`</body>`
12	`</html>`

16-2-2　繪製長方形與文字

🔘 ch16\ch16-2-2.html

使用標籤svg新增SVG功能，保留寬度200，高度150的區域，使用「`<rect width="100%" height="100%" fill="yellow" />`」整個區塊填入黃色，「`<rect width="160" height="110" x="20" y="20" fill="blue" />`」在座標(20,20)繪製寬度160高度110的藍色長方形區域。「`<text x="100" y="85" font-size="40" text-anchor="middle" fill="black">HTML5</text>`」在座標(100,85)繪製字型大小為40，文字置中，填入黑色的文字「HTML5」。

```
<svg width="200" height="150">
    <rect width="100%" height="100%" fill="yellow" />
    <rect width="160" height="110" x="20" y="20" fill="blue" />
    <text x="100" y="85" font-size="40" text-anchor="middle" fill="black">HTML5</text>
</svg>
```

結果如下：

本單元完整網頁如下：

行號	網頁
1	`<!DOCTYPE html>`
2	`<html>`
3	`<head>`
4	`<meta charset="utf-8">`
5	`<title>SVG功能-繪製長方形與文字</title>`
6	`</head>`
7	`<body>`
8	`<svg width="200" height="150">`
9	`  <rect width="100%" height="100%" fill="yellow" />`
10	`  <rect width="160" height="110" x="20" y="20" fill="blue" />`
11	`  <text x="100" y="85" font-size="40" text-anchor="middle" fill="black">HTML5</text>`
12	`</svg>`
13	`</body>`
14	`</html>`

16-2-3　載入SVG圖片

ch16\ch16-2-3.html

　　使用標籤svg新增SVG功能，保留寬度200，高度80的區域，使用「<image href="html5.svg" width="200" height="80"/>」載入圖片html5.svg，設定寬度200，高度80。

```
<svg width="200" height="80">
  <image href="html5.svg" width="200" height="80"/>
</svg>
```

結果如下：

HTML5

本單元完整網頁如下：

行號	網頁
1	`<!DOCTYPE html>`
2	`<html>`
3	`<head>`
4	`<meta charset="utf-8">`
5	`<title>SVG功能-載入SVG圖片</title>`
6	`</head>`
7	`<body>`
8	`    <svg width="200" height="80">`
9	`        <image href="html5.svg" width="200" height="80"/>`
10	`    </svg>`
11	`</body>`
12	`</html>`

16-3 儲存功能

HTML5可以使用localStorage與sessionStorage儲存資料在用戶端，localStorage會永久儲存，不會自動刪除；而sessionStorage在關閉分頁或關閉瀏覽器時，會自動移除。

16-3-1 使用localStorage儲存資料

ch16\ch16-3-1.html

首先判斷瀏覽器是否支援localStorage儲存功能，如果Storage的格式不等於「undefined」，表示支援localStorage儲存功能，則使用函式setItem設定「section」為「HTML5 localStorage功能」，使用函式getItem讀取「section」對應的值；否則Storage未定義，表示不支援localStorage儲存功能，則顯示「瀏覽器不支援localStorage」。

```
<script>
    if(typeof(Storage)!=="undefined"){
      localStorage.setItem("section", "HTML5 localStorage功能");
      document.getElementById("txt").innerHTML = "本單元為" +
localStorage.getItem("section");
    }else{
      document.getElementById("txt").innerHTML="瀏覽器不支援localStorage";
    }
</script>
```

執行結果如下：

本單元為localStorage功能

本單元完整網頁如下：

行號	網頁
1	`<!DOCTYPE html>`
2	`<html>`
3	`<head>`
4	`<meta charset="utf-8">`
5	`<title>localStorage功能</title>`
6	`</head>`
7	`<body>`
8	`<div id="txt"></div>`
9	`<script>`
10	`    if(typeof(Storage)!=="undefined"){`
11	`      localStorage.setItem("section", "localStorage功能");`
12	`      document.getElementById("txt").innerHTML = "本單元為" +` `localStorage.getItem("section");`
13	`    }else{`
14	`      document.getElementById("txt").innerHTML="瀏覽器不支援` `localStorage";`
15	`    }`
16	`</script>`
17	`</body>`
18	`</html>`

16-3-2 使用sessionStorage儲存資料

📀 ch16\ch16-3-2.html

首先判斷瀏覽器是否支援sessionStorage儲存功能，如果Storage的格式不等於「undefined」，表示支援sessionStorage儲存功能，則如果sessionStorage.cnt大於0，則sessionStorage.cnt遞增1，否則sessionStorage.cnt設定為1。最後顯示點擊次數到id為「txt」的區塊；否則Storage未定義，表示不支援sessionStorage儲存功能，則顯示「瀏覽器不支援sessionStorage」。

```html
<p><button onclick="count()" type="button">點擊</button></p>
<div id="txt"></div>
<script>
  function count(){
    if(typeof(Storage)!=="undefined"){
      if (sessionStorage.cnt>0){
        sessionStorage.cnt = Number(sessionStorage.cnt) + 1;
      }else{
        sessionStorage.cnt = 1;
      }
      document.getElementById("txt").innerHTML="點擊" +
sessionStorage.cnt + "次";
    }else{
      document.getElementById("txt").innerHTML="瀏覽器不支援
sessionStorage";
    }
  }
</script>
```

點選「點擊」按鈕兩次後，結果如下：

點擊

點擊2次

本單元完整網頁如下：

行號	網頁
1	`<!DOCTYPE html>`
2	`<html>`
3	`<head>`
4	`<meta charset="utf-8">`
5	`<title>sessionStorage功能</title>`
6	`</head>`
7	`<body>`
8	`<p><button onclick="count()" type="button">點擊</button></p>`
9	`<div id="txt"></div>`
10	`<script>`
11	`  function count(){`
12	`    if(typeof(Storage)!=="undefined"){`
13	`      if (sessionStorage.cnt>0){`
14	`        sessionStorage.cnt = Number(sessionStorage.cnt) + 1;`
15	`      }else{`
16	`        sessionStorage.cnt = 1;`
17	`      }`
18	`      document.getElementById("txt").innerHTML="點擊" + sessionStorage.cnt + "次";`
19	`    }else{`
20	`      document.getElementById("txt").innerHTML="瀏覽器不支援 sessionStorage";`
21	`    }`
22	`  }`
23	`</script>`
24	`</body>`
25	`</html>`

16-4 查詢經緯度

ch16\ch16-4.html

使用navigator.geolocation.getCurrentPosition可以查詢用戶端所在地點的經緯度。

STEP01 使用標籤p顯示「目前地理位置座標」，標籤p顯示「GPS顯示於此」，並將id設定為「gps」，用於顯示經緯度。標籤button建立一個按鈕，命名為「查詢地理位置座標」，點選此按鈕呼叫函式getGPS。

```
<p>目前地理位置座標</p><p id="gps">GPS顯示於此</p>
<button onclick="getGPS()">查詢地理位置座標</button>
```

STEP02 使用「document.getElementById("gps")」指定使用id為「gps」的文字
方塊。

自訂函式getGPS，若瀏覽器支援navigator.geolocation，則使用
「navigator.geolocation.getCurrentPosition(showGPS)」查詢用戶端所
在GPS位置，並呼叫函式showGPS顯示經緯度，否則顯示「瀏覽器不支
援查詢地理位置座標」。

自訂函式showGPS使用「t.innerHTML="緯度：" + x.coords.latitude
+ "
經度：" + x.coords.longitude」顯示經緯度到變數t（id為
「gps」）的文字方塊。

```
<script>
    var t=document.getElementById("gps");
    function getGPS(){
        if (navigator.geolocation){
            navigator.geolocation.getCurrentPosition(showGPS);
        }else{
            t.innerHTML="瀏覽器不支援查詢地理位置座標";
        }
    }
    function showGPS(x){
        t.innerHTML="緯度：" + x.coords.latitude + "<br>經度：
" + x.coords.longitude;
        }
</script>
```

執行結果如下：

目前地理位置座標

緯度：25.0407411
經度：121.5484069

查詢地理位置座標

本單元完整網頁如下：

行號	網頁
1	`<!DOCTYPE html>`
2	`<html>`
3	`<head>`
4	`<meta charset="utf-8">`
5	`<title>查詢地理位置座標</title>`
6	`</head>`
7	`<body>`
8	`    <p>目前地理位置座標</p><p id="gps">GPS顯示於此</p>`
9	`    <button onclick="getGPS()">查詢地理位置座標</button>`
10	`    <script>`
11	`        var t=document.getElementById("gps");`
12	`        function getGPS(){`
13	`            if (navigator.geolocation){`
14	`                navigator.geolocation.getCurrentPosition(showGPS);`
15	`            }else{`
16	`                t.innerHTML="瀏覽器不支援查詢地理位置座標";`
17	`            }`
18	`        }`
19	`        function showGPS(x){`
20	`            t.innerHTML="緯度：" + x.coords.latitude + " 經度：" + x.coords.longitude;`
21	`        }`
22	`    </script>`
23	`</body>`
24	`</html>`

16-5 Web Workers

ch16\ch16-5.html

　　Web Workers可以讓背景執行JavaScript程式，不影響正在瀏覽網頁的效能，使用函式Worker指定要執行的JavaScript程式，可以將該JavaScript程式與網頁放在同一個資料夾。

STEP01 使用標籤div，並將id設定為「worker」。使用標籤button建立一個按鈕，命名為「開始計時」，點選此按鈕呼叫函式start；使用標籤button建立一個按鈕，命名為「停止計時」，點選此按鈕呼叫函式stop。

```
<div id="worker"></div>
<button onclick="start()">開始計時</button>
<button onclick="stop()">停止計時</button>
```

STEP02 「var w」宣告變數w，自訂函式stop，「w.terminate()」讓worker停止執行，「w = undefined」變數w設定為undefined。

自訂函式start，若Worker的資料型別不等於undefined表示瀏覽器支援Worker，若w的資料型別為undefined，使用「w = new Worker("workers.js")」，讓Worker載入worker.js。「w.onmessage = function(e) {」當worker回傳資料時，呼叫onmessage事件，「document.getElementById("worker").innerHTML = e.data+"秒"」指定使用id為「worker」的文字方塊顯示秒數。否則Worker的資料型別等於undefined表示瀏覽器不支援Worker，指定使用id為「worker」的文字方塊顯示「瀏覽器不支援Web Workers」。

```
<script>
var w;
function stop() {
    w.terminate();
    w = undefined;
}
function start() {
    if(typeof(Worker) !== "undefined") {
        if(typeof(w) == "undefined") {
            w = new Worker("workers.js");
        }
        w.onmessage = function(e) {
            document.getElementById("worker").innerHTML = e.data+"秒";
        };
    } else {
        document.getElementById("worker").innerHTML = "瀏覽器不支
援Web Workers";
    }
}
</script>
```

執行結果如下：

2.7秒

開始計時　停止計時

本單元完整網頁如下：

行號	網頁
1	`<!DOCTYPE html>`
2	`<html>`
3	`<head>`
4	`<meta charset="utf-8">`
5	`<title>Web Workers</title>`
6	`</head>`
7	`<body>`
8	`    <div id="worker"></div>`
9	`    <button onclick="start()">開始計時</button>`
10	`    <button onclick="stop()">停止計時</button>`
11	`    <script>`
12	`    var w;`
13	`    function stop() {`
14	`        w.terminate();`
15	`        w = undefined;`
16	`    }`
17	`    function start() {`
18	`        if(typeof(Worker) !== "undefined") {`
19	`            if(typeof(w) == "undefined") {`
20	`                w = new Worker("workers.js");`
21	`            }`
22	`            w.onmessage = function(e) {`
23	`                document.getElementById("worker").innerHTML = e.data+"秒";`
24	`            };`
25	`        } else {`
26	`            document.getElementById("worker").innerHTML = "你的瀏覽器不支援Web Workers";`
27	`        }`
28	`    }`
29	`    </script>`
30	`</body>`
31	`</html>`

16-6 ○ Server-Sent Events

ch16\ch16-6.html

　　讓伺服器透過HTTP更新瀏覽器的資料，讓伺服器主動傳資料給瀏覽器，本單元程式ch16-6.html與time.php需要放在網頁伺服器（例如：apache）上執行。

STEP01 建立標籤div，並將id設定為「sse」。

```
<div id="sse"></div>
```

STEP02 若EventSource的資訊型別不等於undefined表示瀏覽器支援EventSource功能，使用「var s=new EventSource("http://127.0.0.1/time.php")」，遠端伺服器透過http://127.0.0.1/time.php傳送資料給瀏覽器。「s.onmessage = function(e) {」表示當伺服器回傳資料後，呼叫onmessage事件，「document.getElementById("sse").innerHTML+=e.data + "<br>"」指定使用id為「sse」的文字方塊顯示伺服器回傳的資料；否則EventSource的資訊型別等於undefined，表示瀏覽器不支援EventSource功能，指定使用id為「sse」的文字方塊顯示「瀏覽器未支援Server-Send Events」。

```
<script>
if(typeof(EventSource)!=="undefined"){
    var s=new EventSource("http://127.0.0.1/time.php");
    s.onmessage=function(e){
        document.getElementById("sse").innerHTML+=e.data + "<br>";
    };
}else{
    document.getElementById("sse").innerHTML="瀏覽器未支援Server-Send Events";
}
</script>
```

　　執行結果如下：

　　　← → C ⓘ 127.0.0.1/sse.html

　　　伺服器時間: 2022-12-19 12:32:13
　　　伺服器時間: 2022-12-19 12:32:16
　　　伺服器時間: 2022-12-19 12:32:19
　　　伺服器時間: 2022-12-19 12:32:22

本單元完整網頁如下：

行號	網頁
1	`<!DOCTYPE html>`
2	`<html>`
3	`<head>`
4	`<meta charset="utf-8">`
5	`<title>Server-Sent Events</title>`
6	`</head>`
7	`<body>`
8	`<div id="sse"></div>`
9	`<script>`
10	`if(typeof(EventSource)!=="undefined"){`
11	`    var s=new EventSource("http://127.0.0.1/time.php");`
12	`    s.onmessage=function(e){`
13	`        document.getElementById("sse").innerHTML+=e.data + " ";`
14	`    };`
15	`}else{`
16	`    document.getElementById("sse").innerHTML="瀏覽器未支援Server-Send Events";`
17	`}`
18	`</script>`
19	`</body>`
20	`</html>`

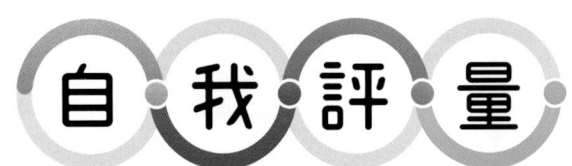

1. 請說明如何在Canvas繪製線段與區域？請說明如何在Canvas繪製長方形？

2. 請說明如何在Canvas繪製漸層顏色？

3. 請說明如何在Canvas繪製圓弧？

4. 請說明如何在Canvas繪製文字？請說明如何在Canvas匯入圖片？

5. 請說明如何使用SVG繪製圓形與長方形？

6. 請說明如何使用SVG繪製文字與匯入圖片？

7. 請說明如何使用localStorage儲存資料？

8. 請說明如何使用sessionStorage儲存資料？

9. 請說明如何使用navigator.geolocation查詢用戶端經緯度？

10. 請說明如何使用Web Workers背景執行JavaScript？

11. 請說明如何使用Server-Sent Events讓伺服器更新瀏覽器的資料？

HTML5
CSS3
JavaScript

17

HTML、CSS與JavaScript 的應用範例

本章整合HTML、CSS與JavaScript的概念進行範例實作，以三階層選單與圖片播放器為範例。希望讀者能消化吸收這些概念，實作出心中想要的功能。

17-1 ● 製作三階層選單範例

🔗 ch17\ch17-1.html

整合前面的所有單元，使用HTML、CSS與JavaScript製作三階層選單。

STEP01 設定ul的margin為0，padding為0，寬度為150px。設定li的邊線為寬度為1px、淡藍色與虛線。設定類別hide的屬性display為none，表示設定為類別hide的元素會消失不見。設定類別show的屬性display為block，表示設定為類別show的元素，會以區塊方式呈現。

```css
ul {
    margin: 0;
    padding: 0;
    width : 150px;
}
li {
    border: lightblue 1px dashed;
}
.hide{
    display:none;
}
.show{
    display:block;
}
```

STEP02 設定類別menu使用標楷體。設定類別menu的標籤a的padding上下為5px，左右為20px，以區塊方式顯示，所以整個區塊都是超連結的感應區，不設定裝飾線，背景顏色為黃色。

第一層選單的超連結文字（.menu > li >a）的文字大小為18px，使用文字使用紅色。

第二層選單的超連結文字（.menu > li >ul >li >a）的文字大小為16px，使用文字使用藍色。

第三層選單的超連結文字（.menu > li >ul >li >ul >li >a）的文字大小為14px，使用文字使用綠色。

```css
.menu {
    font-family: '標楷體';
```

```
}
.menu a {
    padding: 5px 20px;
    display: block;
    text-decoration: none;
    background-color: yellow;
}
.menu > li >a{/*第一層選單*/
    font-size: 18px;
    color:red;
}
.menu > li >ul >li >a{/*第二層選單*/
    font-size: 16px;
    color:blue;
}
.menu > li >ul >li >ul >li >a{/*第三層選單*/
    font-size: 14px;
    color:green;
}
```

STEP03 新增條列式清單，並將class命名為menu，id命名為myMenu，將此條列
式清單製作成三階層的選單，預設第二層與第三層選單標籤ul的class設
定為hide，表示隱藏第二層以後的選單。

```
<ul class="menu" id="myMenu">
    <li><a href="#">台北景點>></a>
        <ul class="hide">
            <li><a href="#">台北101</a></li>
            <li><a href="#">迪化街</a></li>
            <li><a href="#">士林夜市</a></li>
        </ul>
    </li>
    <li><a href="#">台南景點>></a>
        <ul class="hide">
            <li><a href="#">赤崁樓</a></li>
            <li><a href="#">台南孔廟</a></li>
            <li><a href="#">台南小吃>></a>
                <ul class="hide">
                    <li><a href="#">八寶冰</a></li>
                    <li><a href="#">蚵仔煎</a></li>
                    <li><a href="#">米糕</a></li>
                    <li><a href="#">牛肉湯</a></li>
                    <li><a href="#">肉燥飯</a></li>
                </ul>
            </li>
```

```
            </ul>
        </li>
        <li><a href="#">澎湖景點>></a>
            <ul  class="hide">
                <li><a href="#">跨海大橋</a></li>
                <li><a href="#">沙灘</a></li>
                <li><a href="#">觀音亭</a></li>
            </ul>
        </li>
</ul>
```

到此瀏覽本範例結果如下：

STEP04 新增JavaScript函式changeState，找到函式changeState所運作元素的父元素的標籤為ul的第一個元素指定給變數ul，若變數ul的className等於hide，則設定className為show，否則設定className為hide。

接著改寫window.onload事件，找到id為myMenu的元素指定給變數menu，找出變數menu下所有標籤ul的元素指定給變數subMenu，使用迴圈依序找出變數subMenu的所有元素，註冊每個元素的父元素的第一個子元素的事件onclick為函式changeState。

到此點選第二層與第三層元素就會呼叫函式changeState，隱藏的元素會顯示出來，顯示出來的元素會隱藏。

行號	程式碼
1	`function changeState(){`
2	`    var ul=this.parentNode.getElementsByTagName("ul")[0];`
3	`    if (ul.className == "hide"){`
4	`        ul.className = "show";`
5	`    }else{`
6	`        ul.className = "hide";`
7	`    }`
8	`}`
9	`window.onload = function(){`
10	`    var menu=document.getElementById("myMenu");`
11	`    var subMenu=menu.getElementsByTagName("ul");`

行號	程式碼
12	`    for(i=0;i<subMenu.length;i++){`
13	`        subMenu[i].parentElement.firstChild.onclick = changeState;`
14	`    }`
15	`}`

到此點選「台南景點」就會展開第二層選單。

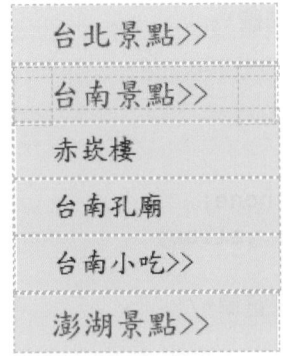

再點選一次「台南景點」就會隱藏第二層選單。

本單元完整網頁如下：

行號	網頁
1	`<!DOCTYPE html>`
2	`<html lang="zh-TW">`
3	`<head>`
4	`<title>17-1多層級選單</title>`
5	`<meta charset="utf-8">`
6	`<style>`
7	`ul {`
8	`    margin: 0;`
9	`    padding: 0;`
10	`    width : 150px;`
11	`}`
12	`li {`
13	`    border: lightblue 1px dashed;`
14	`}`

行號	網頁
15	`.hide{`
16	`    display:none;`
17	`}`
18	`.show{`
19	`    display:block;`
20	`}`
21	`.menu {`
22	`    font-family: '標楷體';`
23	`}`
24	`.menu a {`
25	`    padding: 5px 20px;`
26	`    display: block;`
27	`    text-decoration: none;`
28	`    background-color: yellow;`
29	`}`
30	`.menu > li >a{/*第一層選單*/`
31	`    font-size: 18px;`
32	`    color:red;`
33	`}`
34	`.menu > li >ul >li >a{/*第二層選單*/`
35	`    font-size: 16px;`
36	`    color:blue;`
37	`}`
38	`.menu > li >ul >li >ul >li >a{/*第三層選單*/`
39	`    font-size: 14px;`
40	`    color:green;`
41	`}`
42	`</style>`
43	`<script>`
44	`function changeState(){`
45	`    var ul=this.parentNode.getElementsByTagName("ul")[0];`
46	`    if (ul.className == "hide"){`
47	`        ul.className = "show";`
48	`    }else{`
49	`        ul.className = "hide";`
50	`    }`
51	`}`
52	`window.onload = function(){`
53	`    var menu=document.getElementById("myMenu");`
54	`    var subMenu=menu.getElementsByTagName("ul");`
55	`    for(i=0;i<subMenu.length;i++){`

行號	網頁
56	`        subMenu[i].parentElement.firstChild.onclick = changeState;`
57	`    }`
58	`}`
59	`</script>`
60	`</head>`
61	`<body>`
62	`<ul class="menu" id="myMenu">`
63	`    <li><a href="#">台北景點>></a>`
64	`        <ul class="hide">`
65	`            <li><a href="#">台北101</a></li>`
66	`            <li><a href="#">迪化街</a></li>`
67	`            <li><a href="#">士林夜市</a></li>`
68	`        </ul>`
69	`    </li>`
70	`    <li><a href="#">台南景點>></a>`
71	`        <ul class="hide">`
72	`            <li><a href="#">赤崁樓</a></li>`
73	`            <li><a href="#">台南孔廟</a></li>`
74	`            <li><a href="#">台南小吃>></a>`
75	`                <ul class="hide">`
76	`                    <li><a href="#">八寶冰</a></li>`
77	`                    <li><a href="#">蚵仔煎</a></li>`
78	`                    <li><a href="#">米糕</a></li>`
79	`                    <li><a href="#">牛肉湯</a></li>`
80	`                    <li><a href="#">肉燥飯</a></li>`
81	`                </ul>`
82	`            </li>`
83	`        </ul>`
84	`    </li>`
85	`    <li><a href="#">澎湖景點>></a>`
86	`        <ul  class="hide">`
87	`            <li><a href="#">跨海大橋</a></li>`
88	`            <li><a href="#">沙灘</a></li>`
89	`            <li><a href="#">觀音亭</a></li>`
90	`        </ul>`
91	`    </li>`
92	`</ul>`
93	`</body>`
94	`</html>`

17-2 製作圖片播放器

整合HTML、CSS與JavaScript，可以製作出圖片播放器。本單元分成三節，第一節爲圖片播放器的初步架構，第二節爲增加播放圖片功能，第三節爲增加跳往某張圖片功能，最後完成圖片播放器的製作。

17-2-1 圖片播放器的初步架構

🔗 ch17\ch17-2-1.html

整合前面的所有單元，使用HTML、CSS與JavaScript製作圖片播放器。

STEP01 設定類別outside的position爲relative，當作子元素的基準元素，設定寬度爲400px。設定類別img的寬度爲400px。設定類別serial的position爲absolute，相對於類別outside，距離頂部爲10px，距離左側邊線爲10px，背景顏色爲淡藍色。

```
.outside{
    position: relative;
    width: 400px;
}
.img{
    width: 400px;
}
.serial{
    position: absolute;
    top:10px;
    left:10px;
    background-color: lightblue;
}
```

STEP02 設定類別caption，寬度爲150px，position爲absolute，距離底部爲10px，爲了讓caption置中對齊，設定caption距離左側邊線爲50%與margin-left爲-75px（因爲caption的寬度爲150px，取一半爲75px），詳細說明如下方。背景顏色爲淡藍色，文字置中對齊。

設定距離底部爲10px，距離左側邊線爲50%，下方藍色方框爲照片的位置，紅色方框爲caption的位置。

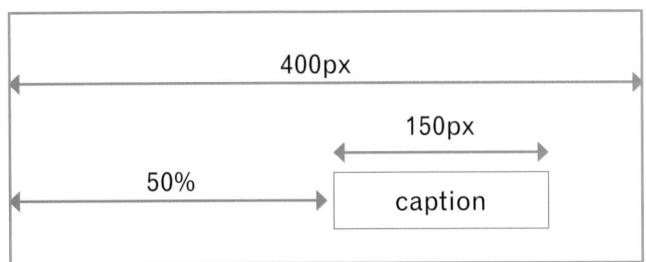

設定margin-left為-75px，因為caption的寬度為150px，取一半為75px，紅色方框為caption的位置向左移動75px，這樣caption就會在圖片的中間。

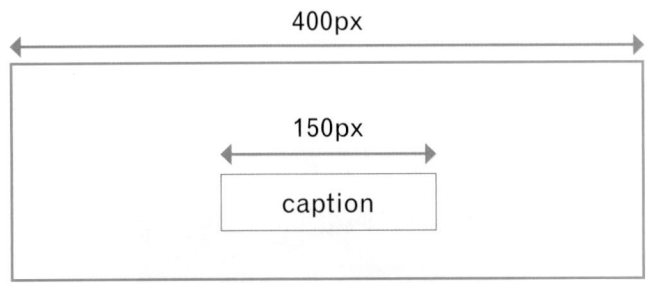

```css
.caption{
    width: 150px;
    position: absolute;
    bottom:10px;
    left:50%;
    margin-left: -75px;
    background-color: lightblue;
    text-align: center;
}
```

STEP03 新增巢狀式區塊div的圖片播放器架構。最外層的區塊div設定類別為outside；內含四個區塊div，每個區塊div播放一張圖片，每張圖片需要一個區塊div設定類別為serial，顯示圖片的順序，內容分別為1/4、2/4、3/4、4/4，需要標籤img顯示圖片，設定類別為img，屬性src設定圖片的檔案位置，需要一個區塊div設定類別為caption，表示圖片的標題。

```html
<div class="outside">
    <div>
        <div class="serial">1/4</div>
        <img class="img" src="img/1.jpg">
        <div class="caption">四草綠色隧道</div>
    </div>
    <div>
```

```
        <div class="serial">2/4</div>
        <img class="img" src="img/2.jpg">
        <div class="caption">鹽田</div>
    </div>
    <div>
        <div class="serial">3/4</div>
        <img class="img" src="img/3.jpg">
        <div class="caption">田園風光</div>
    </div>
    <div>
        <div class="serial">4/4</div>
        <img class="img" src="img/4.jpg">
        <div class="caption">檳榔樹</div>
    </div>
</div>
```

到此瀏覽本範例結果如下，由上到下顯示四張圖片，第一張圖片左上角顯示圖片序號，第四張圖片下方顯示圖片說明文字。

本單元完整網頁如下：

行號	網頁
1	`<!DOCTYPE html>`
2	`<html lang="zh-TW">`
3	`<head>`
4	`<title>ch17-2-1圖片播放器的初步架構</title>`
5	`<meta charset="utf-8">`
6	`<style>`
7	`.outside{`
8	`    position: relative;`
9	`    width: 400px;`
10	`}`
11	`.img{`
12	`    width: 400px;`
13	`}`
14	`.serial{`
15	`    position: absolute;`
16	`    top:10px;`
17	`    left:10px;`
18	`    background-color: lightblue;`
19	`}`
20	`.caption{`
21	`    width: 150px;`
22	`    position: absolute;`
23	`    bottom:10px;`
24	`    left:50%;`
25	`    margin-left: -75px;`
26	`    background-color: lightblue;`
27	`    text-align: center;`
28	`}`
29	`</style>`
30	`</head>`
31	`<body>`
32	`<div class="outside">`
33	`    <div>`
34	`        <div class="serial">1/4</div>`
35	`        <img class="img" src="img/1.jpg">`
36	`        <div class="caption">四草綠色隧道</div>`
37	`    </div>`
38	`    <div>`
39	`        <div class="serial">2/4</div>`
40	`        <img class="img" src="img/2.jpg">`
41	`        <div class="caption">鹽田</div>`
42	`    </div>`

行號	網頁
43	`    <div>`
44	`        <div class="serial">3/4</div>`
45	`        <img class="img" src="img/3.jpg">`
46	`        <div class="caption">田園風光</div>`
47	`    </div>`
48	`    <div>`
49	`        <div class="serial">4/4</div>`
50	`        <img class="img" src="img/4.jpg">`
51	`        <div class="caption">檳榔樹</div>`
52	`    </div>`
53	`</div>`
54	`</body>`
55	`</html>`

17-2-2　圖片播放器加上播放功能

📌 ch17\ch17-2-2.html

修改前一節的圖片播放器，增加播放功能，只顯示一張照片，可以選擇播放上一張與下一張圖片。

STEP01 下方紅色部分為新增加的部分，新增在瀏覽器置中顯示圖片與產生圖片邊框。僅就新增部分進行說明，其餘參考前一節。設定margin上下為0，左右為auto，圖片會相對於瀏覽器置中對齊，設定邊線寬度10px、實線與藍色，成為圖片播放器的外框。

```css
.outside{
    position: relative;
    width: 400px;
    margin:0 auto;
    border:10px solid blue;
}
.img{
    width: 400px;
}
.serial{
    position: absolute;
    top:10px;
    left:10px;
    background-color: lightblue;
}
.caption{
```

```
    width: 150px;
    position: absolute;
    bottom:10px;
    left:50%;
    margin-left: -75px;
    background-color: lightblue;
    text-align: center;
}
```

STEP02　設定類別prev的cursor為pointer，position為absolute，距離圖片左側
　　　　邊線為5px，距離上方邊線為50%，設定margin-top為-20px，往上移動
　　　　20px，設定背景顏色為rgba(0,0,0,0.1)，表示黑色且透明度為0.1，文字
　　　　顏色為黃色，使用transition設定0.5秒完成背景顏色更換。設定類別next
　　　　的cursor為pointer，position為absolute，距離圖片右側邊線為5px，距
　　　　離上方邊線為50%，設定margin-top為-20px，往上移動20px，設定背景
　　　　顏色為rgba(0,0,0,0.1)，表示黑色且透明度為0.1，文字顏色為黃色，使
　　　　用transition設定0.5秒完成背景顏色更換。當滑鼠移動到類別prev與類別
　　　　next的元素時（hover），更換背景顏色為藍色。

```
.prev{
    cursor: pointer;
    position:absolute;
    left:5px;
    top:50%;
    margin-top:-20px;
    background-color: rgba(0,0,0,0.1);
    color:yellow;
    transition: background-color 0.5s;
}
.next{
    cursor: pointer;
    position:absolute;
    right:5px;
    top:50%;
    margin-top:-20px;
    background-color: rgba(0,0,0,0.1);
    color:yellow;
    transition: background-color 0.5s;
}
.prev:hover, .next:hover{
    background-color: blue;
}
```

STEP03　新增巢狀式區塊div的圖片播放器架構如下，紅色文字為新增加的部分，僅就新增部分進行說明，其餘參考前一節。最外層的區塊div設定類別為outside，內含四個區塊div，每個區塊div設定類別為pic。新增區塊div的類別為prev，按下此區塊呼叫函式prev，用於顯示上一張圖片，區塊內文字為&lt，&lt就是「<」。新增區塊div的類別為next，按下此區塊呼叫函式next，用於顯示下一張圖片，區塊內文字為&gt，&gt就是「>」。

```html
<div class="outside">
    <div class="pic">
        <div class="serial">1/4</div>
        <img class="img" src="img/1.jpg">
        <div class="caption">四草綠色隧道</div>
    </div>
    <div class="pic">
        <div class="serial">2/4</div>
        <img class="img" src="img/2.jpg">
        <div class="caption">鹽田</div>
    </div>
    <div class="pic">
        <div class="serial">3/4</div>
        <img class="img" src="img/3.jpg">
        <div class="caption">田園風光</div>
    </div>
    <div class="pic">
        <div class="serial">4/4</div>
        <img class="img" src="img/4.jpg">
        <div class="caption">檳榔樹</div>
    </div>
    <div class="prev" onclick="prev()">&lt</div>
    <div class="next" onclick="next()">&gt</div>
</div>
```

STEP04　宣告pics、now與num為變數，初始化now為0，表示目前顯示第一張圖片，初始化num為4，表示圖片張數。

修改window.onload事件，取出類別為pic的所有元素指定給變數pics，呼叫函式show輸入參數now。

定義函式show，輸入參數i，設定now為i，使用迴圈依序取出變數pics的每一個元素pics[k]，設定元素的display為none，隱藏該元素。設定now所指定的圖片pics[now]的display為block，表示顯示now所指定的圖片。

```
var pics,now=0,num=4;
window.onload=function(){
    pics=document.getElementsByClassName("pic");
    show(now);
}
function show(i){
    now=i;
    for(var k=0;k<pics.length;k++){
        pics[k].style.display="none";
    }
    pics[now].style.display="block";
}
```

STEP05 定義函式next，顯示下一張圖片，將now遞增1，若now大於3，則設定 now為0，呼叫函式show以參數now為輸入。定義函式prev，顯示上一 張圖片，將now遞減1，若now小於0，則設定now為num減1，呼叫函式 show以參數now為輸入。

```
function next(){
    now+=1;
    if (now>3) now=0;
    show(now);
}
function prev(){
    now-=1;
    if (now<0) now=num-1;
    show(now);
}
```

到此瀏覽本範例結果如下，點選「>」可以切換到下一張圖片。

本單元完整網頁如下：

行號	網頁
1	`<!DOCTYPE html>`
2	`<html lang="zh-TW">`
3	`<head>`
4	`<title>ch17-2-2圖片播放器加上播放功能</title>`
5	`<meta charset="utf-8">`
6	`<style>`
7	`.outside{`
8	`    position: relative;`
9	`    width: 400px;`
10	`    margin:0 auto;`
11	`    border:10px solid blue;`
12	`}`
13	`.img{`
14	`    width: 400px;`
15	`}`
16	`.serial{`
17	`    position: absolute;`
18	`    top:10px;`
19	`    left:10px;`
20	`    background-color: lightblue;`
21	`}`
22	`.caption{`
23	`    width: 150px;`
24	`    position: absolute;`
25	`    bottom:10px;`
26	`    left:50%;`
27	`    margin-left: -75px;`
28	`    background-color: lightblue;`
29	`    text-align: center;`
30	`}`
31	`.prev{`
32	`    cursor: pointer;`
33	`    position:absolute;`
34	`    left:5px;`
35	`    top:50%;`
36	`    margin-top:-20px;`
37	`    background-color: rgba(0,0,0,0.1);`
38	`    color:yellow;`
39	`    transition: background-color 0.5s;`
40	`}`
41	`.next{`
42	`    cursor: pointer;`

行號	網頁
43	`    position:absolute;`
44	`    right:5px;`
45	`    top:50%;`
46	`    margin-top:-20px;`
47	`    background-color: rgba(0,0,0,0.1);`
48	`    color:yellow;`
49	`    transition: background-color 0.5s;`
50	`}`
51	`.prev:hover, .next:hover{`
52	`    background-color: blue;`
53	`}`
54	`</style>`
55	`<script>`
56	`var pics,now=0,num=4;`
57	`window.onload=function(){`
58	`    pics=document.getElementsByClassName("pic");`
59	`    show(now);`
60	`}`
61	`function show(i){`
62	`    now=i;`
63	`    for(var k=0;k<pics.length;k++){`
64	`        pics[k].style.display="none";`
65	`    }`
66	`    pics[now].style.display="block";`
67	`}`
68	`function next(){`
69	`    now+=1;`
70	`    if (now>3) now=0;`
71	`    show(now);`
72	`}`
73	`function prev(){`
74	`    now-=1;`
75	`    if (now<0) now=num-1;`
76	`    show(now);`
77	`}`
78	`</script>`
79	`</head>`
80	`<body>`
81	`<div class="outside">`
82	`    <div class="pic">`
83	`        <div class="serial">1/4</div>`
84	`        <img class="img" src="img/1.jpg">`
85	`        <div class="caption">四草綠色隧道</div>`

行號	網頁
86	`    </div>`
87	`    <div class="pic">`
88	`        <div class="serial">2/4</div>`
89	`        <img class="img" src="img/2.jpg">`
90	`        <div class="caption">鹽田</div>`
91	`    </div>`
92	`    <div class="pic">`
93	`        <div class="serial">3/4</div>`
94	`        <img class="img" src="img/3.jpg">`
95	`        <div class="caption">田園風光</div>`
96	`    </div>`
97	`    <div class="pic">`
98	`        <div class="serial">4/4</div>`
99	`        <img class="img" src="img/4.jpg">`
100	`    <div class="caption">檳榔樹</div>`
101	`    </div>`
102	`    <div class="prev" onclick="prev()">&lt</div>`
103	`    <div class="next" onclick="next()">&gt</div>`
104	`</div>`
105	`</body>`
106	`</html>`

17-2-3　圖片播放器增加跳往某張圖片功能

🔧 ch17\ch17-2-3.html

　　修改前一節的圖片播放器,增加跳往某張圖片的功能。

STEP01 只解釋新增加的CSS,設定類別dot,寬度為9px,高度為9px,margin 上下為0,左右為5px,邊界半徑為50%,邊線為實線、黑色與寬度為 1px,display為inline-block,cursor為pointer,背景顏色為淡灰色。當 滑鼠移動到類別dot上方時,背景顏色改成深藍色。

```
.dot {
    width: 9px;
    height: 9px;
    margin: 0 5px;
    border-radius: 50%;
    border: solid black 1px;
    display: inline-block;
    cursor: pointer;
    background-color: lightgrey;
}
```

```
.dot:hover {
    background-color: darkblue;
}
```

STEP02　在最下面新增區塊div，將區塊內容置中顯示，內含四個區塊div，設定類別為dot，點選時驅動函式show，分別輸入參數值0、1、2、3，各自顯示對應的圖片。

```
<div class="outside">
    ...
    <div style="text-align:center">
        <div class="dot" onclick="show(0)"></div>
        <div class="dot" onclick="show(1)"></div>
        <div class="dot" onclick="show(2)"></div>
        <div class="dot" onclick="show(3)"></div>
    </div>
</div>
```

STEP03　本範例不用修改前一節的JavaScript，所以就不解說JavaScript。到此瀏覽本範例結果如下，點選下方任一個圓圈，可以切換到任何一張圖片。

本單元完整網頁如下：

行號	網頁
1	`<!DOCTYPE html>`
2	`<html lang="zh-TW">`
3	`<head>`
4	`<title>ch17-2-3圖片播放器增加跳往某張圖片功能</title>`
5	`<meta charset="utf-8">`
6	`<style>`
7	`.outside{`
8	`    position: relative;`

行號	網頁
9	width:400px;
10	margin:0 auto;
11	border:10px solid blue;
12	}
13	.img{
14	width: 400px;
15	}
16	.serial{
17	position: absolute;
18	top:10px;
19	left:10px;
20	background-color: lightblue;
21	}
22	.caption{
23	width: 150px;
24	position: absolute;
25	bottom:25px;
26	left:50%;
27	margin-left: -75px;
28	background-color: lightblue;
29	text-align: center;
30	}
31	.prev{
32	cursor: pointer;
33	position:absolute;
34	left:5px;
35	top:50%;
36	margin-top:-20px;
37	background-color: rgba(0,0,0,0.1);
38	color:yellow;
39	transition: background-color 0.5s;
40	}
41	.next{
42	cursor: pointer;
43	position:absolute;
44	right:5px;
45	top:50%;
46	margin-top:-20px;
47	background-color: rgba(0,0,0,0.1);
48	color:yellow;
49	transition: background-color 0.5s;
50	}
51	.prev:hover, .next:hover{

行號	網頁
52	`        background-color: blue;`
53	`}`
54	`.dot {`
55	`    width: 9px;`
56	`    height: 9px;`
57	`    margin: 0 5px;`
58	`    border-radius: 50%;`
59	`    border: solid black 1px;`
60	`    display: inline-block;`
61	`    cursor: pointer;`
62	`    background-color: lightgrey;`
63	`}`
64	`.dot:hover {`
65	`    background-color: darkblue;`
66	`}`
67	`</style>`
68	`<script>`
69	`var pics,now=0,num=4;`
70	`window.onload=function(){`
71	`    pics=document.getElementsByClassName("pic");`
72	`    show(now);`
73	`}`
74	`function show(i){`
75	`    now=i;`
76	`    for(var k=0;k<pics.length;k++){`
77	`        pics[k].style.display="none";`
78	`    }`
79	`    pics[now].style.display="block";`
80	`}`
81	`function next(){`
82	`    now+=1;`
83	`    if (now>3) now=0;`
84	`    show(now);`
85	`}`
86	`function prev(){`
87	`    now-=1;`
88	`    if (now<0) now=num-1;`
89	`    show(now);`
90	`}`
91	`</script>`
92	`</head>`
93	`<body>`
94	`<div class="outside">`

行號	網頁
95	`    <div class="pic">`
96	`        <div class="serial">1/4</div>`
97	`        <img class="img" src="img/1.jpg">`
98	`        <div class="caption">四草綠色隧道</div>`
99	`    </div>`
100	`    <div class="pic">`
101	`        <div class="serial">2/4</div>`
102	`        <img class="img" src="img/2.jpg">`
103	`        <div class="caption">鹽田</div>`
104	`    </div>`
105	`    <div class="pic">`
106	`        <div class="serial">3/4</div>`
107	`        <img class="img" src="img/3.jpg">`
108	`        <div class="caption">田園風光</div>`
109	`    </div>`
110	`    <div class="pic">`
111	`        <div class="serial">4/4</div>`
112	`        <img class="img" src="img/4.jpg">`
113	`        <div class="caption">檳榔樹</div>`
114	`    </div>`
115	`    <div class="prev" onclick="prev()"></div>`
116	`    <div class="next" onclick="next()">></div>`
117	`    <div style="text-align:center">`
118	`        <div class="dot" onclick="show(0)"></div>`
119	`        <div class="dot" onclick="show(1)"></div>`
120	`        <div class="dot" onclick="show(2)"></div>`
121	`        <div class="dot" onclick="show(3)"></div>`
122	`    </div>`
123	`</div>`
124	`</body>`
125	`</html>`

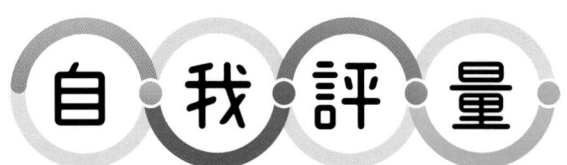

1. 請實作多階層選單，可以更換選單內容。

2. 請實作圖片播放器，可以更換圖片與增加圖片張數。

HTML5
CSS3
JavaScript

18

網站製作規劃

　　假設要製作一個旅遊景點網站，網站在製作之前需要進行規劃。規畫的項目包括：想要的版型、第一層網頁與第二層網頁的配置、CSS選擇器的id與class規劃、版面尺寸與配色、檔案與資料夾命名規則等，規劃完成後再開始實作。

18-1 網站規劃

　　網站製作前要先進行網站規劃，內容包括大概想要完成的功能，版面配置、CSS設定、資料夾與檔案名稱，是否需要使用JavaScript功能，需要哪些功能等，以下說明網站規劃步驟。

18-1-1　版面配置

　　首先要先規畫整個網站的版面配置，是否需要頁首、頁尾、選單、左欄、主要區域與右欄等。網站的各層級網頁如何配置，以下分別介紹。

➡ 整體版面配置

➡ 各層級網頁規劃

　　假設各層級只有右下角的主要區域（main）不相同，其餘皆相同，第一層級的主要區域列出所有景點的標題與圖片，第一層級網頁規劃如下。

標題與圖片

第二層的主要區域為單一景點介紹，需要「景點名稱」、「景點圖片」與「景點資訊」等。

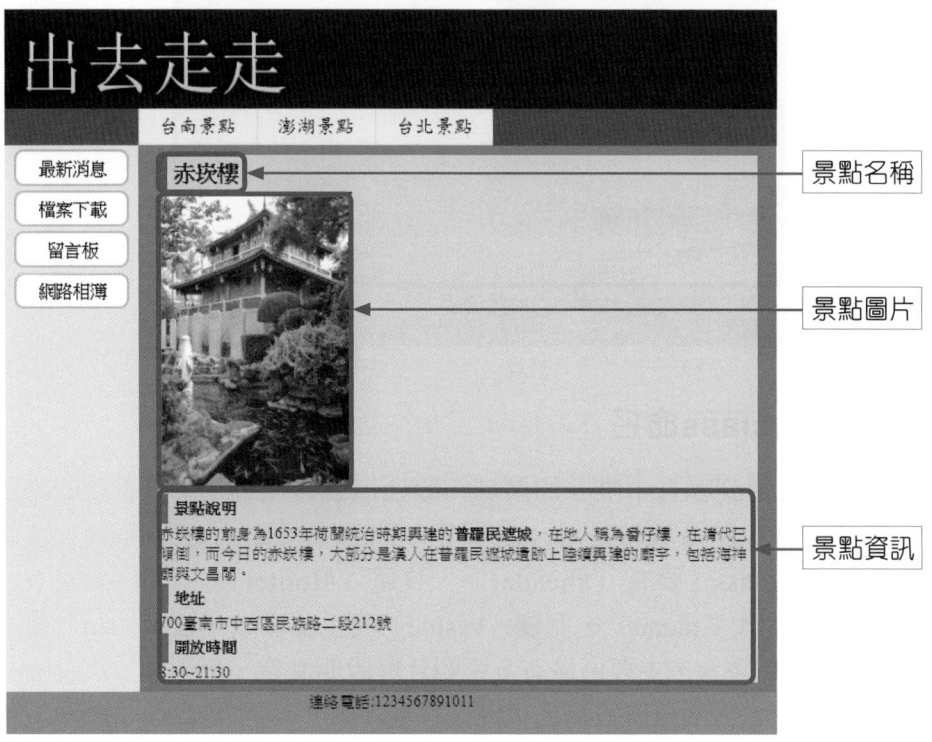

景點名稱

景點圖片

景點資訊

18-1-2　CSS相關設定

　　CSS可以獨立成檔案，也可以寫在網頁內，可以規劃與命名每個區域的id與class，區域與文字的尺寸與配色，這些都可以事先規劃好，更快完成網站的開發。

➡ 判斷屬於整體網站或個別網頁的CSS

　　若是整體網站的CSS就獨立成檔案，讓需要的網頁直接匯入，許多網頁可以共用一個CSS檔案。例如：本範例網站的版面配置（site.css）、選單（menu.css）、按鈕（btn1.css）、整體網站的圖片與文字設定（fig.css）等；若是個別網頁所擁有的CSS，就直接寫入網頁中，以下為本網站預計要獨立出來的CSS檔。

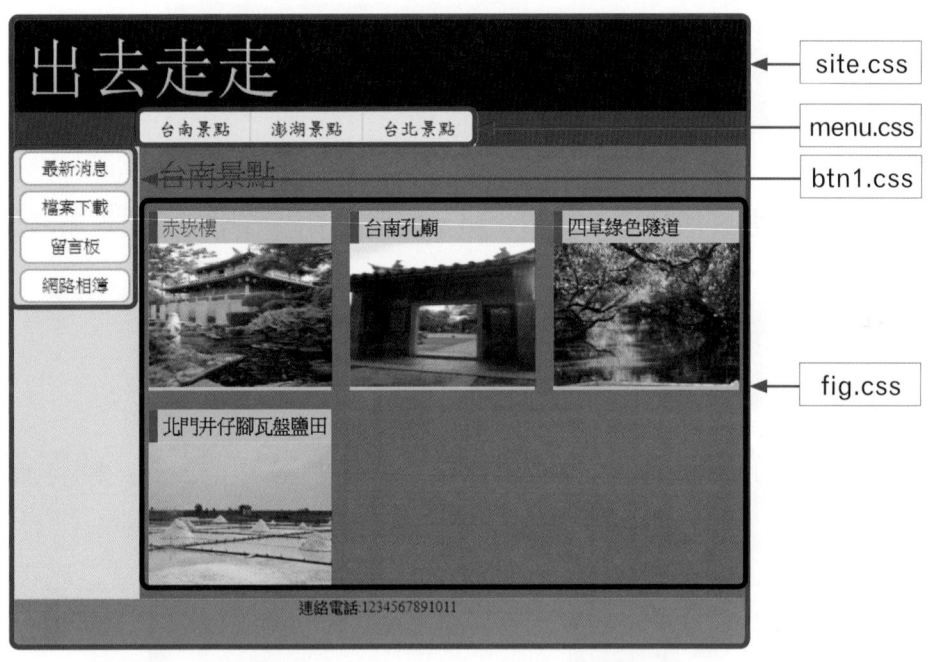

➡ 網頁的id與class命名

　　若該CSS套用到網頁中唯一的區域，該區域就是用id設定；若該CSS套用到網頁中多個區域，該區域就是用class設定，可以事先命名id與class。以下範例列出外層的id與class，頁首（#header）、頁尾（#footer）、選單外框（#menu-wrapper）包含選單（.menu），側欄（#aside）與主要區域（標籤main）由外層區塊（#wrapper）所包含，主要區域有多張圖片與說明文字，每張圖片與說明文字使用（.fig）進行設定。其他層級網頁也可以事先規劃。

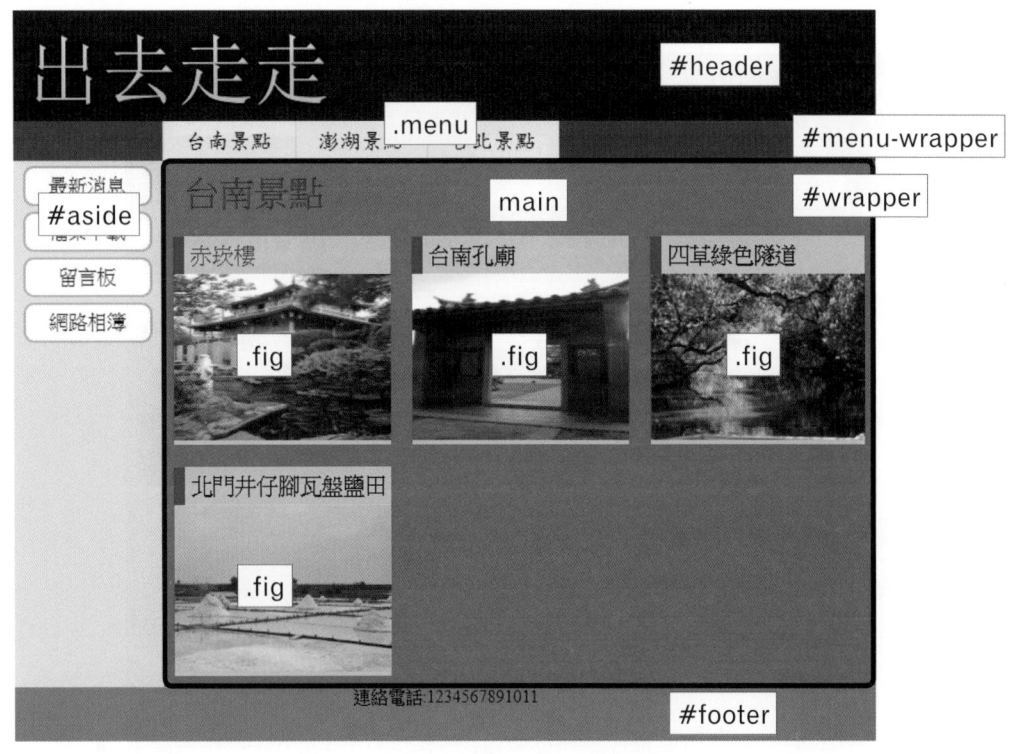

➡ 網頁的尺寸與配色

　　先規劃整個網站元素的尺寸與配色，可以進行預估，實作時可以再調整，寬度為800px，頁首高度為100px，選單寬度為120px，左欄寬度為140px，主要區域為660px，合計800px。左欄按鈕寬度為120px，主要區域圖片寬度為200px，頁尾高度為50px，也可以標記各區塊配色。其他層級網頁也可以事先規畫。

18-1-3　檔案與資料夾命名

　　與CSS相關的檔案可以放在資料夾css，與圖片相關的檔案放在資料夾img，與JavaScript相關的檔案放在資料夾js，可以自行定義資料夾名稱。檔案名稱可以以檔案的屬性來命名，網站需要用到的圖片命名為img，按鈕有關的元素命名為btn，選單有關的元素命名為menu，選單驅動hover狀態的元素命名為hover，網站商標圖片命名為logo，與台南有關的元素命名為tn，與澎湖有關的元素命名為ph，若有多張相同屬性的圖片，就加上編號等。

　　可以將多個屬性使用橫線「-」或底線「_」串接起來，所以台南第一張圖片的檔案名稱就命名為img-tn-001或img_tn_001，選單在hover狀態的背景圖片檔案名稱命名為menu-hover-001或menu_hover_001，檔案與資料夾名稱並沒有統一的規定，可以自行定義，只要能夠清楚辨別即可。

18-2 實作出網站

ch18\tn.html、ch18\ph.html、ch18\tn-1.html、ch18\css\site.css
ch18\css\menu.css、ch18\css\btn1.css、ch18\css\fig.css、ch18\css\sec.css

　　本範例實作旅遊景點網站，使用第6章介紹的兩欄式版面（fixed-fixed）網站架構，只是左欄與主要區域放在新增的標籤div內，解決左欄與主要區域高度不相同時出現白色區域的問題，將版面的CSS轉換成檔案site.css。

◉ 選單來自於「第9章　使用CSS製作多層級選單」，將選單的CSS轉換成檔案 menu.css。

◉ 左欄按鈕來自於「第10章　製作按鈕變色特效」，將按鈕的CSS轉換成檔案 btn1.css。

◉ 圖片與說明文字參考「第4章　使用CSS設定圖片與圖說文字」再進行修改，圖片與說明文字的CSS轉換成檔案fig.css。第二層網頁的圖片與說明文字的CSS使用檔案sec.css進行設定。

　　以下僅說明有修改的部分，其餘請參考之前相關章節。

STEP01　修改第6章兩欄式版面（fixed-fixed）的網站架構，左欄與主要區域因高度不同時，會出現空白區域，如下圖。為了解決此問題，可以新增一個區域div來包含左欄與主要區域，並設定該區域div的背景顏色，通常主要區域會放較多內容，左欄高度會不夠產生空白區域，這時左欄可以不設背景顏色，改用外層區域div的背景顏色，就可以解決空白區域問題。

　　左欄（#aside）與主要區域（main）外層增加區塊div，命名為 wrapper，紅色字為新增的區域wrapper。

```
...
<div id="wrapper">
        <aside id="aside">
            <button class="btn1">最新消息</button>
            <button class="btn1">檔案下載</button>
            <button class="btn1">留言板</button>
            <button class="btn1">網路相簿</button>
        </aside>
        <main>
            ...
        </main>
</div>
...
```

以下為site.css，設定wrapper的背景顏色為bisque，若要清除左欄與
主要區域的屬性float設定，需要在其父元素（wrapper）的最後增加
clear:both。所以設定wrapper的虛擬元素after，使用content: ""; display:
block; clear: both;清除左欄與主要區域的屬性float設定，其餘CSS設定
有些調整。

```css
* {
    margin:0;
}
a{
    text-decoration: none;
}
#all{
    max-width:800px;
    margin:0 auto;
}
#header{
    height: 100px;
    background-color: #1d160b;
}
#logo1{
    background-image: url(../img/logo-001.png);
    background-repeat: no-repeat;
}
#menu-wrapper{
    padding-left:100px;
    background-color: #3f4b38;
}
#wrapper{
    background-color: bisque;
}
```

```
#wrapper:after{
    content: "";
    display: block;
    clear: both;
}
#aside{
    float:left;
    width:130px;
    padding: 0 5px;
}
main{
    float:right;
    width:660px;
    background-color: #a7c479;
}
main .title{
    font: 32px bold;
    margin: 10px 20px;
    color: #283a03;
}
#footer{
    height: 50px;
    background-color: #7b8998;
    text-align: center;
}
```

STEP02　以下為menu.css，修改「第9章　使用CSS製作多層級選單」，因為選單使用float:left進行製作，需要在選單最後增加clear:both才不會影響後方元素；若不增加clear:both，結果如下，左欄按鈕會接在選單後面。

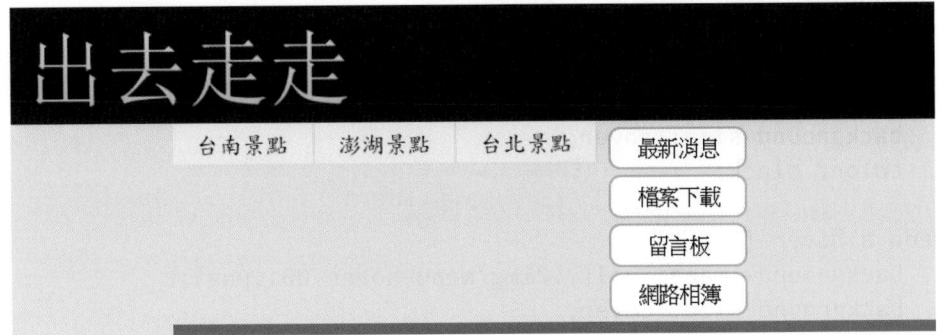

設定選單的個別元素為標籤li，標籤li的父元素（.menu）的虛擬元素after，增加content:"";　display: block;　clear:both;，其餘部分有些調整。

```css
.menu {
    font-family: '標楷體';
    font-size: 20px;
}
.menu > li { /*子選擇器，只有第一層*/
    float: left;
}
.menu li {
    position: relative;
    padding: 0px;
    border: yellow 1px solid;
    width: 120px;
    list-style-type: none;
}
.menu ul {
    margin: 0;
    padding: 0;
    list-style-type: none;
    position: absolute;
    z-index: 10;
    top: 100%;
    display:none;  /*預設ul不顯示*/
}
.menu ul li> ul {/*定義上一層ul li與下一層ul的距離*/
    z-index: 20;
    top: 5%;
    left: 95%;
}
.menu a {
    display: block;
    padding: 5px;
    text-decoration: none;
    text-align: center;
    background-color: lightcyan;
    background-size: cover;
    color: black;
}
.menu a:hover {
    background-image: url(../img/menu-hover-001.png);
    background-size: cover;
    color: white;
}
.menu li:hover > ul {
    display: block; /*移動到li，li下一層的ul才顯示*/
}
.menu:after{
```

```
    content:"";
    display: block;
    clear:both;
}
```

增加「content:"";　 display: block;　 clear:both;」後，瀏覽結果如下。

STEP03　以下為btn1.css，修改「第10章　製作按鈕變色特效」，進行顏色與大小調整。

```
.btn1{
    display:block;
    width:120px;
    padding: 5px 0;
    margin:5px;
    font-size: 18px;
    background-color: white;
    color:black;
    border: 2px orange solid;
    border-radius: 10px;
    -webkit-transition: 0.5s;
    transition: 0.5s;
}
.btn1:hover{
    background-color: darkorange;
    color:blue;
    cursor: pointer;
}
```

STEP04 以下為fig.css，修改「第4章 使用CSS設定圖片與圖說文字」，類別fig
為主要區域中每張圖片的CSS，設定屬性float為left，所以設定類別fig
的父元素fig-wrapper的虛擬元素after為content: ""; display: block; clear:
both;。

```css
.fig{
    float: left;
    width: 200px;
    background-color: rgba(255,220,0,1);
    margin:10px;
}
.fig-title{
    font-size:20px;
    padding: 5px;
    border-left: 10px blue solid;
}
.fig-img{
    margin: 0;
    height: 150px;
    width: 200px;
}
#fig-wrapper:after{
    content: "";
    display: block;
    clear: both;
}
```

STEP05 在第一層網頁台南景點（tn.html）與澎湖景點（ph.html）的標籤head
內匯入剛剛所製作的site.css、menu.css、btn1.css與fig.css，想要設定
台南景點與澎湖景點的主要區域（main）背景顏色為不相同顏色，屬於
個別網頁的設定，就直接設定在該網頁內，以下設定台南景點的主要區
域背景顏色為#f0483c。

```html
<head>
<title>台南景點</title>
<meta charset="utf-8">
<link href="css/site.css" rel="stylesheet" type="text/css">
<link href="css/menu.css" rel="stylesheet" type="text/css">
<link href="css/fig.css" rel="stylesheet" type="text/css">
<link href="css/btn1.css" rel="stylesheet" type="text/css">
<style>
    main{
        background-color: #f0483c;
    }
```

```
</style>
</head>
```

設定澎湖景點（ph.html）的主要區域背景顏色為#7d74e6。

```
<head>
<title>澎湖景點</title>
<meta charset="utf-8">
<link href="css/site.css" rel="stylesheet" type="text/css">
<link href="css/menu.css" rel="stylesheet" type="text/css">
<link href="css/fig.css" rel="stylesheet" type="text/css">
<link href="css/btn1.css" rel="stylesheet" type="text/css">
<style>
    main{
        background-color: #7d74e6;
    }
</style>
</head>
```

STEP06 台南景點（tn.html）網頁預覽結果如下。

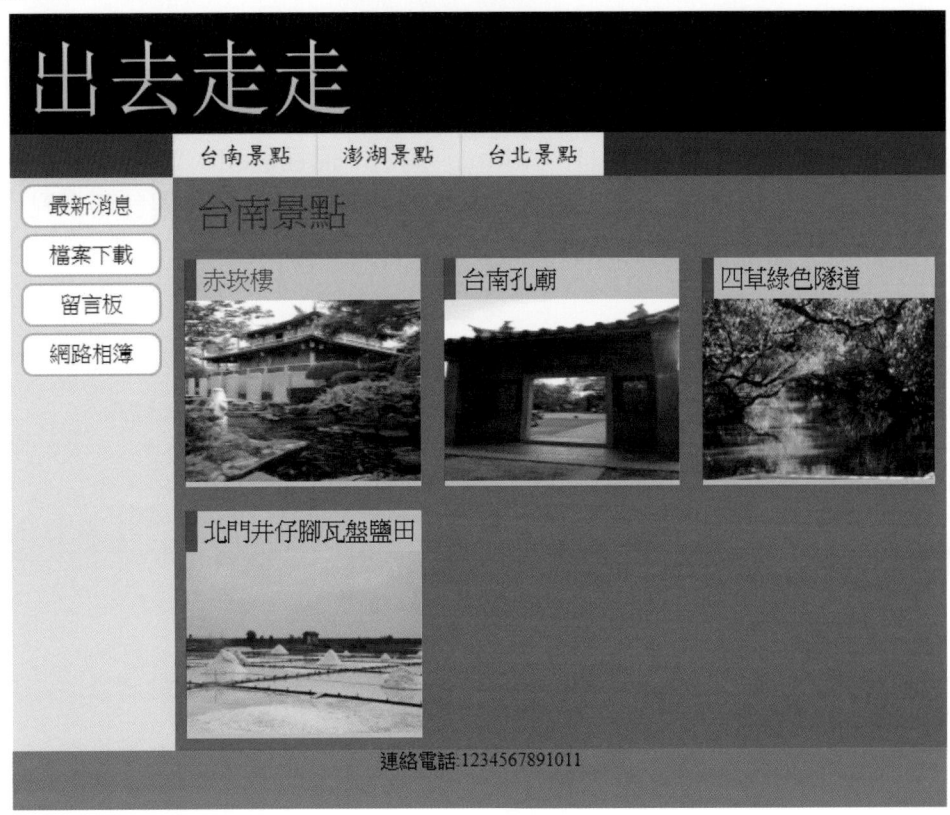

STEP07 以下為sec.css，在第二層網頁（tn-1.html）中使用，設定第二層網頁主
要區域的景點介紹。

```css
.sec{
    background-color: rgba(255,220,0,1);
    margin:10px 20px;
}
.sec-title{
    font-size:22px;
    padding: 5px;
    border-left: 10px blue solid;
}
.sec-title2{
    font-size:16px;
    padding: 5px;
    border-left: 10px red solid;
}
.sec-img{
    margin: 0;
    width: 200px;
}
.sec-text {
    padding: 5px;
}
```

　　第二層網頁以赤崁樓（tn-1.html）為例，需包含site.css、menu.css、
btn1.css與sec.css，如下，背景顏色為#f0483c，與台南景點（tn.
html）使用相同背景顏色。

```html
<head>
<title>赤崁樓</title>
<meta charset="utf-8">
<link href="css/site.css" rel="stylesheet" type="text/css">
<link href="css/menu.css" rel="stylesheet" type="text/css">
<link href="css/btn1.css" rel="stylesheet" type="text/css">
<link href="css/sec.css" rel="stylesheet" type="text/css">
<style>
    main{
        background-color: #f0483c;
    }
</style>
</head>
```

STEP08 赤崁樓（tn-1.html）網頁預覽結果如下。

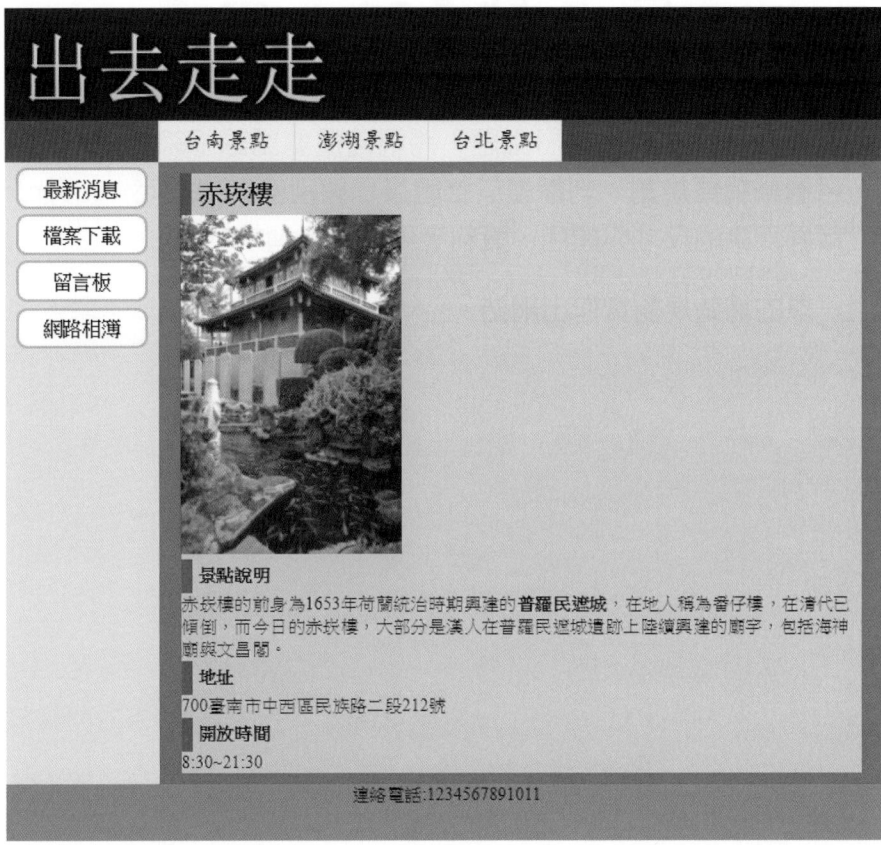

自 我 評 量

1. 假設要製作一個網站,請自訂主題,將網站規劃記錄下來,包含網站的版面配置、各層級網頁規劃、判斷屬於整體還是個別的CSS設定、id與class名稱規劃、版面元素的尺寸與顏色、資料夾與檔案名稱規則等。

2. 接續上一題的網站規劃實作出網站。

國家圖書館出版品預行編目(CIP)資料

輕鬆玩 HTML5+CSS3+JavaScript 網頁程式設計/黃建庭編著.
-- 二版. -- 新北市 : 全華圖書股份有限公司, 2023.03
面 ; 公分
ISBN 978-626-328-399-2(平裝)

1.CST: HTML(文件標記語言) 2.CST: CSS(電腦程式語言)
3.CST: Java Script(電腦程式語言) 4.CST: 網頁設計

312.1695   112000909

輕鬆玩 HTML5+CSS3+JavaScript 網頁程式設計(第二版)

作者／黃建庭

發行人／陳本源

執行編輯／陳奕君

封面設計／戴巧耘

出版者／全華圖書股份有限公司

郵政帳號／0100836-1 號

印刷者／宏懋打字印刷股份有限公司

圖書編號／0640201

二版一刷／2023 年 3 月

定價／新台幣 650 元

ISBN／978-626-328-399-2 (平裝)

ISBN／978-626-328-401-2 (PDF)

ISBN／978-626-328-402-9 (EPUB)

全華圖書／www.chwa.com.tw

全華網路書店 Open Tech／www.opentech.com.tw

若您對本書有任何問題，歡迎來信指導 book@chwa.com.tw

臺北總公司(北區營業處)
地址：23671 新北市土城區忠義路 21 號
電話：(02) 2262-5666
傳真：(02) 6637-3695、6637-3696

南區營業處
地址：80769 高雄市三民區應安街 12 號
電話：(07) 381-1377
傳真：(07) 862-5562

中區營業處
地址：40256 臺中市南區樹義一巷 26 號
電話：(04) 2261-8485
傳真：(04) 3600-9806(高中職)
　　　(04) 3601-8600(大專)